La récréation du monde
I

LA TERRE NE TOURNE PAS AUTOUR DU SOLEIL

FRANÇOIS COUPRY

La Terre ne tourne pas autour du Soleil

nrf

GALLIMARD

Pour Cécile

Prologue

1

Une fois, trois enfants pleuraient dans la savane pleine de lions, deux petits garçons, une petite fille.

Ils n'avaient jamais eu de maman, ni de papa. Ils n'étaient jamais nés, âgés de cinq ans depuis toujours, et sans doute pour longtemps : c'est comme ça. Un jour, des oies sauvages les recueillirent sur un nuage, les apportèrent sur une terre, les installèrent dans deux voitures abandonnées. Ce n'étaient pas des oies gentilles : ils se sentaient beaucoup mieux sur leur petit nuage. Sur terre vivaient des tas d'enfants de leur âge, mais qui étaient nés, eux; alors ils ne trouvaient pas beaucoup d'objets de conversation. Sans doute est-ce amusant d'avoir un papa et une maman? Ils voyagèrent avec les deux automobiles, traversèrent des lagunes où broutaient des taureaux sous le soleil, plus loin que Nîmes et Arles, au-delà de l'étang du Vaccarès peuplé d'herbes rares, et arrivèrent au bout de la terre, dans l'étrange savane pleine de lions et d'hippopotames. Là, soudain, les deux voitures tombèrent en panne et s'immobilisèrent.

Autour d'eux le paysage, lui aussi, restait complètement immobile : étaient dures et sans vie les grandes masses des hippopotames, et elles demeuraient là, une patte en l'air, la gueule ouverte, à tout jamais arrêtées; étaient figées les girafes, cous tendus, langues à toujours tirées et pendantes, pattes maigres coincées et croisées; des lions bloqués, fixés dans leur mouvement, sautaient sans retomber vers des gazelles elles aussi pétrifiées dans un écumant galop. Ces animaux n'étaient pas de pierre, car la pierre s'use; ni de glace, car elle fond; on aurait dit un musée de choses empaillées, mais si l'on donne un coup de pied à des choses empaillées, elles se dépaillent. Là, on pouvait distribuer des coups de pied ou des coups de marteaux, crier, rire ou pleurer, rien ne bougeait; et les deux automobiles restaient immobiles. Dans cette savane pleine de lions, le temps ne vivait plus; et le soleil brillait éternellement au zénith...

Alors les trois enfants se mirent à pleurer entièrement. L'un des petits garçons s'appelait Je, l'autre : Nabucco, et la petite fille : Toi. Du moins c'étaient les noms qu'ils se donnaient entre eux.

Quel ennui : tous les jours ils voyaient le même paysage, avec ces bêtes aux yeux fixes qui n'avançaient ni ne reculaient, avec les herbes épineuses, droites, sèches et inaltérables. Et encore, dire « tous les jours », c'est mentir : il n'y avait ni jour ni nuit, le soleil chauffant toujours de la même brûlure. Quel ennui, oui vraiment. Et ils avaient beau pleurer, et même pleurer faux afin qu'il pleuve, aucun nuage ne pointait son nez!

Pour tenter de passer le temps (quel temps? comment compter les heures?), Nabucco, Je et Toi jouèrent à changer les noms de ces choses qui ne changeaient jamais. Ils se plantaient devant un hippopotame et lui disaient : bonjour hérisson! Et c'était relativement amusant; un hérisson maintenant : une large bête avec de grosses pattes rondes, une épaisse bouche où dorment des chicots, et de petits yeux gris pointus. Ou bien, ils appelaient leurs voitures tantôt escalier (un escalier : un coffre, un capot, quatre roues, un moteur), tantôt salle à dîner (une salle à dîner : quatre sièges devant un volant où attend une nappe), tantôt salle d'opéra (une salle d'opéra : une carcasse de fer avec un capot où s'agitent des chanteurs, deux rangées de fauteuils d'orchestre pour les fesses des spectateurs, un volant pour ouvrir le rideau).

Mais ils pouvaient jouer sans cesse, imaginer de nouvelles définitions, les choses restaient benoîtement immuables. Vraiment, ce bout de terre, où ils s'étaient enlisés, s'appelait l'Éternité.

Comme ils n'avaient pas de papa, pas de maman, et qu'ils étaient trois, ils jouèrent, aussi, entre quelques larmes, au papa et à la maman, au Duc, à la Duchesse et au Petit Prince. Et les voitures, alors, s'appelaient châteaux. Et Toi, seule fille, s'appela évidemment maman. Mais de Nabucco et de Je, qui sera le papa, sera l'enfant?

Sous le soleil, Je se leva très fort, donna un gros coup de poing sur une des deux voitures en panne :

– Faut partir d'ici, sinon on va devenir aussi empaillés que le décor!

C'est lui le papa. Mais la voiture tapée ne remua pas pour autant. Les lions ne furent pas du tout affolés par ce grand bruit, ne rugirent pas, ne fuirent ni ne foncèrent. Est-ce lui le papa?

Nabucco pleurait toujours. C'est lui l'enfant. Mais, arrosée par ses larmes, la terre ne se mouilla pas. Est-ce lui l'enfant?

– Si l'on dansait, dit Toi.

C'est elle la maman. Pourquoi pas la petite sœur?

Ils pleuraient, jouaient, étaient heureux. Il y avait une fois trois petits orphelins abandonnés dans un monde immobile.

2

Mais bon sang, trois petits enfants immortels enlisés dans un décor éternel, c'est vraiment invivable! Certes, ils s'amusaient avec application, imaginaient un tas de choses... Et maintenant, ils allaient au bal, puisque Toi avait décidé de danser; est-ce amusant un bal dans l'éternité?

Sous l'ennuyeux soleil, dans une des autos immobiles (c'était son château), la petite Toi (elle s'appelait maintenant Duchesse) se costumait pour la danse : elle talquait son pipi de fillette. Elle pensait : Que je suis malheureuse, pourquoi ils veulent que je joue la maman?

Nabucco, devant la voiture (c'était toujours un beau château) se regardait dans l'essuie-glace : il y vit un visage rond avec un cheveu en point d'interrogation. Il ferma les yeux, les rouvrit, plein d'interrogations : il voyait toujours dans l'essuie-glace le même visage rond avec un cheveu en point d'interrogation. Il recommença, alors, à pleurer; c'est une des rares choses qu'il sait faire correctement. Moi non plus, pensait-il par le dedans de sa tête, je ne change pas, je suis le plus malheureux des petits enfants, le plus abandonné, seul dans la jungle avec deux vilains cousins qui me racontent des contes de fées, condamné à toujours rester le même dans un monde où rien ne devient autre. Nabucco est très content d'être le plus malheureux des petits enfants. Et pleurait l'enfant dans cette savane pour grande personne.

Mais Nabucco, dans le jeu, était aussi un Petit Prince, tout heureux d'aller au bal joli. Il faut bien s'amuser. Il arrache l'essuie-glace et se le plante dans les cheveux. Ce fut une belle perruque poudrée de frais. Son papa inconnu, Je (il jouait maintenant le grand Duc), lui aussi coiffé d'une terrible perruque fraîche (c'était un enjoliveur de pneu), fut si fier de voir son fils si beau qu'il ouvrit un large bec :

– Bravo, monsieur, vous me ferez penser à vous aimer.

Une fois, trois enfants de cinq ans se croyaient grands, et sous le soleil perpétuel qui protégeait les couleurs invariables des hippopotames habituels et bloqués, c'était peut-être vrai.

Alors tous les trois, le Duc, la Duchesse et le Petit Prince, ils entrèrent majestueusement dans l'autre auto : la salle de bal du château grand. Beau et solennel! Pour danser, ils sautèrent d'un siège à l'autre, passèrent par-dessus le volant, se cognèrent aux vitres. Pour faire l'orchestre, Nabucco disait « broum! broum! » de la bouche, en appuyant sur la pédale de frein.

Une fois, et toujours la même fois, dans deux voitures en panne au milieu des gros lions qui n'arrêtaient pas de ne pas bouger, deux gamins et une gamine se secouaient pour remuer le monde, mais le monde demeurait figé. Ils en avaient vraiment assez d'être ici, mais comment partir? Ils faisaient tout pour ne pas pleurer.

A un moment de cette merveilleuse soirée de festivités ensoleillées, fatigués de danser, le Duc Je et la Duchesse Toi se posèrent sur les sièges avant et s'aimèrent terriblement. Assis derrière, tout seul et triste, Nabucco les lorgnait farouchement. Et Je, tendrement, entra un de ses petits doigts dans le nez de Toi; et Toi, doucement, posa ses cils sur la bouche de Je. Nabucco, lorgnant par-derrière, enfila son doigt dans son propre nez, mais n'y rencontra que des cavités moites et pas tellement d'amour. De jalousie, il éternua, ce qui fut une élégante façon d'encore se faire venir la larme à l'œil. Son petit cœur rouge était trop serré. Pour penser à autre chose, Nabucco pensait : ce serait bien si Toi était vraiment ma maman, et Je mon papa. Je serais moins seul, et puis quand je pleure ils me consoleraient. Mais si mes parents s'aiment tant, ils ne m'aiment pas beaucoup, moi. Et ils vont être malheureux de ne pas m'aimer, moi. Faut faire vite en sorte qu'ils se détestent.

Le Prince Nabucco se dressa sur ses petits pieds, prit appui sur le dossier du siège avant de la salle de bal en panne dans la savane, et, penché en avant, murmura à l'oreille de Je : « C'est pas toi que Toi aime, c'est moi, Nabucco. » Je, sursautant, entendant que Toi aimait un inconnu nommé Nabucco, sentit le lac de la jalousie couler sur sa tête, et frappa Toi. Mais honteux, pour se punir, il attrapa un bras de Toi et se frappa lui-même. Alors, honteuse d'avoir frappé Je, et surtout pour éviter que Je ne se sente plus coupable de l'avoir frappée le premier, Toi attrapa un bras de Je et se frappa elle-même. Ainsi dansaient-ils. Douce est cette danse, soleil.

Le Prince Nabucco scandait la musique : maintenant que mes parents ne s'aiment plus, ils vont enfin pouvoir m'aimer. M'aimer très fort. S'ils m'aiment aussi fort, c'est que je ne suis pas leur fils, puisqu'ils ont besoin de tant manifester ouvertement un amour d'ordinaire si naturel! C'est bien ce que je craignais, je n'ai pas de maman, pas de papa et je ne peux pas partir d'ici, je suis très malheureux.

3

En vrai, il faisait beaucoup trop chaud pour danser quoi que ce soit. Ils se sentaient complètement encroûtés, les enfants, et même un peu gâteux, ce qui n'est pas de leur âge. L'incessante réverbération du soleil ne se reposait dans aucune ombre. A l'intérieur de leurs trois têtes, les méninges ressemblaient à du fromage blanc, légèrement caillé.

Nabucco eut les pensées vides, des frissons développaient son dos; je vais mourir, cria son sang qui circula de moins en moins. Les yeux de Je, entre leurs peurs, regardaient les arbustes mauves et séchés du décor qui ne mourront jamais.

Et Toi. Recroquevillée dans une des voitures brûlantes. Et son regard noir caché derrière ses yeux. Elle tremblait, toute maigre. De l'angoisse battait les paumes de ses mains. Sa bouche murmurait quelque chose, et ce fut seulement audible pour l'oreille de la souris verte qui aurait pu courir dans l'herbe :

– Je suis enceinte.

Nabucco et Je sortirent de leur torpeur, se précipitaient.

Vite, une auto c'est une clinique d'accouchement. Vite : un siège pour s'asseoir à l'envers, un dossier pour poser ses jambes écartées, un volant pour agripper ses mains, un autre siège pour les sages-femmes, un moteur en panne pour faire rigoler le bébé.

Dans Toi sifflaient les contractions. Elle serra les dents. La peau de son ventre éclatait.

Les choses restaient immobiles et brûlées; pourtant Nabucco et Je s'agitaient autour de Toi, le premier courant de gauche à droite, l'autre de droite à gauche, l'un se mordant les mains, le second se tordant les cheveux.

– J'ai peur qu'elle ait mal, disait Nabucco.

– Elle aura mal, répondait Je. Vous aurez un père, bientôt.

– Ah, dit Nabucco. Qui ne savait pas qu'il ne comprenait pas.

– Oui, continuait Je, elle souffre.

Ils se précipitaient, se précipitaient (mais sans doute restaient-ils pétrifiés, comme les hippopotames bleus au soleil), entouraient Toi, la caressaient.

Toi rigola, les pattes écartées, dans la voiture en panne :

– Pauvres types, pauvres mecs. Depuis cent mille ans, vous obligez les petites filles à souffrir en accouchant, pour le plaisir de les soigner. Depuis cent mille ans, les petites filles vous trompent : ça ne fait pas mal, et vous ne pouvez rien contre ce bonheur. Laissez-moi jouir.

Nabucco et Je se tinrent penauds, se firent encore plus petits qu'ils étaient.

Au soleil, mille pépites d'or s'éclatèrent dans le ventre de Toi. Un bébé y courait, y bâtissait des châteaux de sable; un bébé lui caressa le clitoris. Ces baisers traversaient le corps de Toi jusqu'au bout des doigts.

Ce jour-là, Toi accoucha d'Abrico, un beau poupon de sexe incertain. Et ni Je, ni Nabucco ne savaient que faire de leur quéquette. La petite fille téta son petit du bout de ses seins naissants. Tout autour, les lions et les hippopotames et les girafes restaient indifférents à ces saugrenues agitations d'enfants.

– Maintenant, il faut partir, dit Toi. C'est fini de jouer avec un vieux décor. Il faut grandir. J'ai faim.

Le petit Je fit semblant de prendre l'affaire en main, tira

sur les bords de ses culottes courtes pour qu'elles deviennent longues, se fabriqua une grosse moustache de monsieur avec un doigt entre le nez et la bouche, et sauta sur une des deux voitures; la piétinant, au risque de perdre son pantalon long; criant, au risque de perdre son dentier de vieillard en colère :

– Tu vas partir, saleté de tacot, tu vas partir!

Mais la voiture se moquait pas mal de ces agitements, et ne partit point se promener.

Alors Nabucco s'effondra sur le capot de l'autre auto, trouvant sans effort ce qu'il désirait faire : encore pleurer; coulant des larmes, au risque de perdre les yeux.

– Je veux une maman, je veux un papa, sanglotait-il.

Et Toi embrassait son poupon, le câlinait, répétant :

– Pauvres types, incapables de partir. J'ai faim. Vite : allons à Rome.

Et Je vit que ses culottes longues étaient toujours courtes; lui aussi, il s'effondrait sur le capot de l'auto.

Mais Nabucco se redressa, renifla, racla les pleurs de ses joues, ouvrit les yeux, tira la langue, sentit ses cheveux se dresser en points d'interrogation, et demanda :

– A Rome? Pourquoi à Rome?

Le soleil immobile semblait peint comme une lune.

Quant au bébé Abrico, il rigolait.

4

Or, plus loin, sous un autre ciel, volaient les oies sauvages. Les grandes oies blanches, lourdes d'années, aux ailes symphoniques, aux têtes couronnées. Elles allaient, puissantes et larges dans la lumière. Elles galopaient sur l'air, sautaient les rares nuages, les unes derrière les autres, méthodiques, dans un ordre donné de tout temps. Elles volaient, elles volaient toujours, et entre les longs battements de leurs ailes, on pouvait entendre, comme un écho, les chants des routes, les psalmodies puissantes et végétales, glappées à coups de becs, héritées de générations en générations. Elles venaient d'Amsterdam et allaient vers Kaboul, voyageaient des brumes vers le soleil, en processions plaintives. Oh oies venues du Mississipi, oh oies filles des pharaons d'Égypte, et de Ramsès, et d'Aménophis IV, oh oies chéries des princesses aux pieds nus, de Nefertari traînant sa chaîne d'or sur les carrelages d'Asie, oh oies sauvages qui crevèrent les yeux du Graal, qui guidèrent la barque hasardeuse des Saintes-Maries-de-la-Mer : elles transportaient aujourd'hui, vers Kaboul-la-Noire, les diamants bleus des banquiers hollandais, et sur leurs dos reposaient des tiares, des ors, des rubis, des émeraudes qui ensoleillaient le soleil, des casques, des lances. Elles allaient. Leur vol était conduit par la plus vieille oie, Lady Chatterley, grande dame terrible, à la peau du cou ratatinée. Accoutumée aux vents elle connaissait depuis des siècles chaque goutte de soleil et retrouvait avec plaisir certains nuages amis. Elle portait aujourd'hui des lunettes, preuve des ans, et somnolait un peu, il faut le dire, dans la chaleur.

Ainsi volaient les oies sauvages, contre la vivante douceur de l'air bleu; elles criaient : o — oo — oo — oooo — oo! Et tous les autres animaux de l'air, papillons, aigles mauves, libellules, chauves-souris, moineaux et grues argentées s'inclinaient sur leur passage.

Assis dans un petit fauteuil de soie pure dans les flonflons du cou de la Chatterley, le vieux Babour, nain à barbe blanche et amant de l'Oie Reine, regardait sur son écran cathodique les indications mathématiques des aiguilleurs du ciel. Se penchant, il susurrait à l'oreille un peu dure de sa vieille maîtresse : « 5 BC, se relever de 8/9 sur SBN, couloir B6-G7, une aile à gauche. » La vieille conductrice, rêveuse, sursautait; puis, les yeux mi-clos et myopes, suivait d'un quart de plume ces conseils stratégiques. Le ciel devenait de plus en plus bleu.

Et, dans ce même ciel bleu, volait aussi un gros avion, il

volait de Paris vers Rome, il fuyait calmement dans la grande puissance de ses réacteurs, et doucement rencontra les grandes oies sauvages, elles volaient, leurs ailes aimaient la solide caresse de l'air, et l'avion s'amusa à voler un temps avec elles, alors les grandes oies sauvages étirèrent leurs plumes, arquèrent leur corps blanc, poussèrent l'air sous leur ventre, dépassèrent l'avion en grands mouvements amples, oh oies venues du fond du ciel, porteuses d'enfants, elles gagnaient l'avion de vitesse, le vieux Babour battait ses vieilles mains de joie, mais l'avion, pris dans ce jeu, dans cette course, sentit lui aussi ses ailes se couvrir de plumes, rama le ciel tout entier, et bientôt dépassa les oies, alors, vexé, le vieux Babour se dressa sur le cou de la Chatterley, hurlant : plus vite fille des pharaons!, et les oies centenaires respirèrent fortement, bandèrent leurs muscles, dans les larmes données par la vitesse du vent bleu, encore forcèrent les tendons de leurs ailes, élargirent leurs plumes, encore plus de vent, devinrent un mince fil blanc dans le ciel soudain traversé par l'écho des chants des felouques du Nil, soudain traversé par les bruits des anciennes rames, elles, les oies, entre les molécules d'air, passèrent comme des étoiles sous le nez de l'avion, qui, furieux, se ramassa sur lui-même, dans un grand rugissement, élargit son buste, accrocha de tous ses doigts les nuages, et dans l'avion les deux seuls passagers, un paléontologue et un physicien, virent, par les ronds hublots, ce vol ancestral d'oies sauvages venues leur dire bonjour du fond des temps, ce vol d'oies plus long que les rêves, que l'avion, maintenant, dans sa toute neuve puissance, rattrapait, dépassait très facilement, alors sachant que cette course était perdue d'avance, la vieille Chatterley débanda les muscles de ses très anciennes ailes, donna à ses compagnes un rythme plus lent, plus serein, et le vol des oies sauvages reprit sa constance placide, moqueuse.

Et dans les ferrailles secouées de l'avion, le physicien et le paléontologue ne pensaient plus du tout aux oies sauvages. Ils allaient vers Rome, ce jour-là, 9 août 1979. Ils ne se connaissaient pas encore, mais se demandaient tous les deux en même temps, dans le profond réel du demi-sommeil :

– Au fait, la ville de Rome existe-t-elle déjà?

5

Mais, dans leur ciel à eux, dans cette éternité du bout de la terre, les trois enfants et le bébé d'enfants ne connaissaient pas l'avion. Ils étaient de plus en plus fatigués, à rien faire comme ça, dans un monde qui ne faisait rien du tout; à rien faire d'autre que de rêvasser, et encore de moins en moins. Ils allaient bientôt devenir aussi beaux, aussi fadas, aussi de marbre glacé au soleil que les gros lions et les grands hippopotames environnants, aussi de fer inaltérable que les broussailles acérées de la savane, aussi bleus que ce ciel sans avion. Les regardant aplatis tous les trois, avec le bébé, contre les capots brûlants de deux voitures mortes, un œil extérieur aurait pu penser qu'ils étaient simplement peints, légèrement en relief. Deux garçonnets en chemisette et en culottes courtes, une petite fille en jupette blanche avec des tresses noires. Et rien : plus le moindre jeu. Seul le bébé rigolait, tout nu et au sexe incertain.

Lentement Toi se releva de ce bain de soleil, la tête vide, les membres cristallisés, comme si elle se décollait de la brûlure des tôles, un peu écaillée. De sa mâchoire ankylosée, elle cracha à son poupon :

– T'as pas honte de rigoler, espèce de clown, quand nous sommes dans le malheur le plus total!

Comme lors de tous les jours de malheur, il faisait un soleil épatant.

– J'ai faim, pleurait Toi; elle berçait son petit, qui riait, afin qu'il ne pleure pas.

Je, aussi, avait faim. Il se rendait compte – dans la faible mesure de sa tête d'enfant au soleil – que s'ils ne se remuaient pas le derrière, la torpeur de ces lieux les paralyserait totalement, et ils resteraient avec leur faim au ventre sans pouvoir la satisfaire.

Alors, il se redressait au ralenti. Chaque geste lui coûtant tant d'effort, il cherchait quelque chose de vague dans une des voitures.

Ouvrant et fermant la bouche à très longs intervalles irréguliers, Toi disait, comme si elle se souvenait d'un mot endormi dans la vapeur de sa tête coton sommeil :

– Rome, Rome, Rome, filons vers Rome, vite!

Doucement, les mains de Je sortaient de la voiture une carte du Monde.

Et Nabucco, la bouche noire de lumière, s'approchait de Je avec de si petits pas qu'en fait il ne s'approchait pas de Je; tendant si peu un doigt vers la carte du Monde que le doigt restait tombé; disant, sans pouvoir articuler :

– Pour aller à Rome, il faut d'abord traverser la forêt de pins parasols.

Mais comment y aller quand les voitures ne sont plus faites pour rouler? Mais comment aller quelque part quand on s'est fourvoyé dans l'Immobilité Absolue, quand plus rien ne fait distance, passage d'un point à un autre? Mais comment aller à Rome quand peut-être l'Univers tout entier, à l'instar de la savane pleine de lions, s'est lui aussi bloqué dans l'absence la plus totale de mouvement, dans le silence le plus ouaté, dans l'éternité la plus ensommeillée?

Soudain Je sauta en l'air.

Première partie

LES GRANDES MACHINES A REMONTER LE MONDE

Comment Je trouva l'ingénieux système pour sortir de l'Éternité, et comment les enfants fabriquèrent une forêt de pins charmants, une montagne terrifiante et un désert torride pour aller à Rome. – Comment Nabucco s'inventa des papas et des mamans, tandis qu'Abrico rigolait. – Comment le mariage de Toi et de Je ne put être célébré, et comment Toi comprit qu'elle devait se méfier des petits garçons. – Comment Nabucco fabriqua le jour et la nuit, et ce qui s'en suivit.

1

Soudain Je sautait en l'air. Il s'arrachait du sol éternel, dans un grand mouvement douloureux, comme si ses jambes, ses bras, sa tête se tranchaient avec un bruit épouvantable. Ce fut si épouvantable que Toi et Nabucco en profitèrent pour retomber, à plat, sur la terre qui ne se creusa pas. Faut dire qu'il fut grandiose, Je! Ce n'était vraiment plus du tout un petit garçon, il tenait presque une barbe, portait presque une cape noire, brandissait presque une épée de fer, et des éclairs sortaient presque de sa bouche. Les autres eurent beaucoup de mal à garder les yeux ouverts, tant il hurlait, Je, tant tremblait maintenant un écho formidable dans ce vide de vie :

– Oh Monde immobile et Éternel, as-tu besoin de l'âme d'un enfant pour te donner le mouvement? Oh monde, je vais te créer; recréer le temps, et le jour, et la nuit. Pour aller à Rome, je vais créer Rome. Et si nous ne pouvons aller vers la forêt de pins parasols, c'est la forêt de pins parasols qui ira vers nous. Nous allons la fabriquer sur place. Il faut changer le Décor.

Ces paroles historiques, qui créèrent l'Histoire, ragaillardirent beaucoup nos héros. Depuis lors, les paroles historiques servirent à ça. Nabucco, content, s'attrapa le point d'interrogation de ses cheveux, le tira en l'air, sa tête suivit et son corps sauta de joie; il aurait pu jouer du tambour en gonflant ses joues roses. Toi, merveilleuse, lança très haut Abrico son bébé, le rattrapa avec ses pieds et jongla avec, les yeux très coquins; on aurait pu croire qu'elle jouait à la poupée. Quant à Je, il réécoutait, dans ses oreilles internes, l'enregistrement de ses paroles historiques; il était presque inquiet. Même les vieux lions du décor auraient pu paraître de nouveau rugir, comme heureux de changer de vie, heureux de devenir pins parasols.

Tout à coup, Nabucco s'aperçut qu'il ne pleurait plus; ça lui fit vraiment mal. Alors il cria aux oreilles de son copain, de sa copine, de son bébé-copain :

– Eh, les petits, je vous en supplie, ne m'abandonnez pas. Vous savez très bien que je ne suis pas votre enfant. C'est donc pas la peine de me faire souffrir.

2

Il y a certainement multiples façons de fabriquer des pins parasols. On peut planter en terre une graine adéquate, et attendre que durcissent nos veines, pleurent nos yeux, blanchissent nos cheveux d'amertumes glacées; et viendra le pin, grandiose. C'est très long! Pour faire plus vite, on peut, devant la graine, se déguiser en vieux, et ainsi élever le temps à la vitesse de la grimace, et ainsi accélérer la pousse du pin. C'est risqué! Qui dit qu'on ne va rester vieux? Et puis où trouver un marchand de graines dans l'Éternité?

Alors Nabucco, Toi et Je, dans ce méli-mélo de lions momifiés et d'hippopotames figés, difficilement arrachèrent des monticules de poussière, de minuscules fragments de peaux cimentées et d'écorces plus dures que l'or. Et les collaient, à grand renfort de salive, formant des amas curieux, dont nul théologien ne pouvait subodorer la destination future.

Ils raclaient, parmi les formes de l'immortel décor, pour découvrir d'impalpables moulures, des petits yeux de chats, des langues d'huîtres insensibles, et les accumulaient, formant de hauts cylindres qui, petit à petit, devenaient bois, et même bois de pin. Des botanistes auraient été contents.

Ils découpaient des oreilles de lions avec des ciseaux pointus. Ils les taillaient bien pointues, prenant modèle sur les ciseaux avec lesquels ils les taillaient; et les piquaient, en tant qu'aiguilles de pins, sur les branches des pins. Des vacanciers auraient été contents. Mais ils étaient en vacances.

Pour tranquillement réaliser cet impossible travail de changement de décor, ils pensèrent à autre chose : Nabucco pensait à Toi, Toi à Je, et Je à Nabucco.

Bientôt ils relevèrent la tête et furent transpercés par une brochette d'émotions : autour des deux voitures, une trentaine de pins parasols formaient une vraie toile de fond et cachaient complètement la savane et les lions.

On se serait cru au théâtre tant c'était bien imité et plus réel que nature. Une lumière d'été artistiquement projetée sur les troncs marron donnait de la vie à tout ça. Les enfants applaudirent au spectacle de ces remarquables arbres en trompe-l'œil; ils se sentaient des âmes d'acteurs tragiques et cherchaient dans leur mémoire des vers à débiter. Mais ils n'avaient pas de mémoire. Mais ils n'étaient pas cultivés. Il faut mourir un jour pour se donner le courage d'apprendre par cœur.

Alors Je, sur le devant du plateau, une main sur le cœur et l'autre vers le ciel, fit kseu kseu kseu de sa bouche en cul de poule pour imiter le bruit des cigales et peut-être les créer.

3

Nabucco bâilla, huma, étendit ses pattes, comme s'il sortait d'une histoire à dormir. Ainsi la forêt de pins parasols était arrivée aux voitures; on pouvait même envisager de dire : les voitures étaient arrivées à la forêt de pins parasols.

Toi fit quelques pas, en secouant ses nattes dans l'air frais; elle passa un doigt pour écarter sa petite culotte qui lui collait un peu. Dans les yeux de Nabucco, de Toi, de Je et peut-être d'Abrico, les aiguilles de pin se hérissaient pour casser les rayons du soleil; ça sentait la résine.

Alors la première cigale, qui s'appelait Geneviève de Belgentier, se désankylosa, ébrouant ses ailes, et commença à râler. A l'ombre douce, Toi et Je disposèrent le landau coquet où rigolait Abrico, dans le bonheur de son ventre rond; puis ils s'allongèrent sur les aiguilles de pins, pour reposer leurs yeux des fatigues du voyage.

Je serrait, sur son cœur, un petit ours en peluche, et Toi mordillait une minuscule souris grise à roulette. C'était des jouets trouvés dans les voitures.

Bonjour madame, dit l'ours à la souris.

Bonjour, veuillez passer votre chemin, dit la souris à l'ours.

Allongé, Je étudiait la carte, et Toi profitait chaleureusement de l'épaule de Je pour y déposer son menton.

– Et après la forêt de pins parasols?

– C'est la Haute Montagne aux ours!

– Et Rome?

– Plus tard.

– Que c'est loin, que c'est loin!

Comme personne ne jouait avec eux, les jouets jouèrent entre eux.

Vous savez très bien que je ne peux pas passer mon chemin, disait l'ours, je suis en peluche et je peux pas bouger.

Arrêtez au moins d'avoir l'air d'être à côté de moi, répondait la souris à roulette.

Pendant que Je et Toi se faisaient dire par leurs jouets ce qu'ils pensaient l'un de l'autre, ils restaient tendrement enlacés dans l'ombre : un gros câlin endormi sur les aiguilles de pins. Les charmantes cigales accompagnaient et berçaient leur somme :

– Kseu! kseu! kseu!

Nabucco aurait bien voulu être à la place de Je ou à la place de Toi. Mais il restait bêtement à la place de Nabucco, avec personne pour dormir dessus. Les aiguilles de pins lui piquaient le derrière. Toi et Je ronflaient en suçant leurs pouces.

Il fallait absolument que Nabucco les réveille pour leur poser de graves questions. Mais il ne fallait pas qu'ils répondent à ces questions; comme ça, Nabucco obtiendra tout ce qu'il voudra d'eux, qui essayeront de se faire pardonner leur ignorance. Le meilleur moyen pour qu'ils ne répondent pas aux questions graves est sûrement de ne pas les réveiller. Nabucco, sans ouvrir la bouche, demanda :

– Pourquoi les ânes ont de longues oreilles, mais n'ont pas de longues oreilles?

Non seulement ils dormaient, non seulement la phrase était inaudible, mais, en plus, le problème restait insoluble. Trois précautions valent mieux qu'aucune.

Évidemment, Je et Toi se moquaient pas mal de faire l'éducation de ce pauvre Nabucco et le laissaient sur sa soif de savoir! Quelle misère! Nabucco était content : il pleurait.

– Ne fais pas l'imbécile pour te faire remarquer, disait Toi; qui dormait, et rêvait à autre chose.

Évidemment, aucune cigale ne remarquait Nabucco, cet

être insignifiant. De rage, le poing de l'enfant abandonné frappait le sol; et son poing disait :

– Boum! boum! boum! (– Ksi! kseu! ksi! kseu!, ajoutaient les cigales.)

Son poing voulait dire :

– Et voilà : pour eux, non seulement je ne suis jamais né, mais en plus je suis une espèce de bâtard, une ombre maladroite qui les suit partout. Ils aiment mieux Abrico que moi, c'est sûr.

Un jour, les oies sauvages viendront le chercher de nouveau, le voler dans les airs. Et maintenant, en pleurant, Nabucco, pour s'occuper l'esprit, attrapait des cigales, les enfilait sur une broche, réunissait un tas d'aiguilles de pins, y mettait le feu, et tournait la broche des cigales cadavres. Abrico rigolait. Nabucco eut envie de le tuer, mais, certainement, il était immortel lui aussi, cet idiot!

Puis il disposa les cigales dans les assiettes, disant : Monsieur et Madame sont servis, dans l'ordre glacé des cérémoniaux centenaires.

Toi se réveilla en sursaut et cogna la tête de Je qui lui aussi sursautait en se réveillant. Elle cria :

– Pourquoi nous obliges-tu à manger? Pourquoi disposes-tu de nous ainsi? Je ne suis pas ta maman.

Nabucco eut envie de sauter partout de joie, et de manger Abrico. Je et Toi étaient donc ses parents, puisqu'ils ne voulaient pas qu'il les nourrisse. Bientôt, il va pouvoir les perdre. Ils vont pleurer.

Ils se mirent tous les quatre à table; à l'ombre, dégustèrent avec régal les petites cigales. Kseu! Kseu! Kseu!, disaient les autres cigales, contentes de n'avoir pas été mangées.

Puis les enfants partirent vers la Haute Montagne aux ours.

4

Pour remettre la voiture en marche, ils prirent des pelles. Le bébé Abrico avait été déposé dans une des deux autos, et on avait écrit, dessus son berceau, ces mots : « Papa, maman et petit frère sont allés créer le monde; quand tu te réveilleras, réfléchis pour savoir qui sont papa, maman et petit frère dans ce jeu idiot, ça t'occupera. » Mais Abrico dormait dans son histoire à lui et se moquait pas mal de ces histoires familiales fatigantes.

A coups de pelles, Toi et Je et Nabucco couchèrent les pins. Du coup les pelles s'appelèrent des haches. Puis ils creusèrent la terre, et les pelles s'appelèrent de nouveau des pelles. La terre, intelligemment retirée des trous, formait des monticules de plus en plus hauts. Ainsi allait le monde, en ces temps d'autrefois.

Sur ces hauteurs de poussières tassées, avec les anciens bois de pins recouverts de cartons, les enfants malins arrangèrent délicatement des rochers de granit et de schiste. Ce fut très joli.

Bientôt, ils se trouvèrent, avec les voitures, sur de vraies et solides montagnes. Je siffla pour faire le vent, et Nabucco fut tout décoiffé. Il avait beau refaire la raie de ses cheveux, ça tenait pas du tout.

Sur le plus grand des sommets, ils allumèrent du feu. La fumée ressemblait à des nuages. Les nuages noirs cachèrent le soleil immobile. Vint le froid. Toi releva le col de sa veste, eut l'air d'une petite alpiniste, mais personne ne possédait d'appareil photo. La pluie des nuages émietta quelques gouttes. Les premières grenouilles jaillirent du sol, né de lui. La pluie redoubla ses eaux et mouilla les cartons qui luirent comme des rochers; la terre fraîche se creusa de précipices. L'eau y rigola. On ne vit plus le ciel, ni les alentours, tant les brumes s'épaississaient. La pluie et le froid des altitudes enrhumèrent Toi et Je et Nabucco qui se protégeaient sans parapluie : ils éternuèrent. Les rochers vibrèrent. Le tonnerre gronda. Le vent siffla plus fort que Je.

La lumière devint grise, trouée de reflets mauves et verdâtres. Les éclairs rouges troublaient beaucoup les rochers qui parfois s'éboulaient sans qu'on leur demande rien. Le tonnerre éternuait plus fort que Je, Toi, Nabucco, qui, tout mouillés, tremblaient de vertige. Couraient, aussi, des reptiles visqueux, pas plus gros que des poussins, mais impressionnants quand même!

De temps en temps, les montagnes semblaient se soulever, comme s'il y avait des géants dessous. Toi sentait quelque chose lui griffer le dos et le ventre : elle frissonnait, hurlait, mais les grondements criaient plus fort qu'elle, et la peau mouillée de Nabucco se colla tant à ses os qu'on vit nettement la forme de son crâne.

Pour fuir les griffes des eaux et les éclats mauves des éclairs, ils s'enfermaient tous les trois dans une des voitures, avec Abrico qui dormait tranquille dans son soleil à lui. Les gouttes crépitaient sans cesse sur la carrosserie, et les buées collaient aux vitres frissonnantes.

On va trembler dans nos culottes, pensa Je, qui lisait le programme des festivités sur la carte du Monde.

5

– Logique, disait Je, étudiant la carte : sur la Haute Montagne aux ours, c'est la pluie.

Les petites pattes froides de l'angoisse couraient sur la nuque de Toi. Et les dents pointues de l'angoisse saisirent le bas de son dos, petites dents blanches de carnivore. Elle hurla n'importe quoi pour essayer de fuir cette chose frissonnante :

– Logique, logique, est-il logique que je sois la seule femme avec deux hommes impuissants qui font exprès de faire pleuvoir pour me tenir enfermée dans une voiture et pour me prouver qu'ils ne pensent pas à me faire du mal?

Et l'angoisse, toute verte et chatouillante, lui tournait autour du cou; elle aperçut, à travers la vitre, la tête d'un petit dinosaure, pas du tout menaçant, mais plutôt étonné; elle lui cria dessus :

– Allez, dehors, sale bête!

Les éclairs rayaient les granits de ces montagnes sauvages.

La pluie redoubla ses reptiles dans le ciel gris. Il en sortait de partout, des bleus aux gorges roses, des noirs avec des cornes jaunes, des ocre avec des queues en trident. Et la peur glacée mordit un sein de Toi, griffait son ventre. Dans le tonnerre, les rochers s'éboulaient, cognaient la voiture comme des cymbales. Et Toi criait en sueurs froides. Et pour nourrir son cri avec des mots, dit :

– Évidemment, vous allez prétendre, avec votre satanée logique, que crier " dehors " à une bête qui est déjà dehors, c'est idiot!

Les rideaux blancs des pluies s'écartaient comme un petit théâtre. Et apparaissait une autre tête sympathique d'un gentil dinosaure avec la gueule ouverte sur un palais rose plein de vers blancs. Puis le rideau se refermait, la voiture tremblait, tanguée par les coups de queues des sauriens.

Pourquoi Toi est-elle en colère?, se demandaient les deux garçons les yeux ronds.

Soudain Nabucco pensa qu'il manquait à tous ses devoirs.

Il ouvrit vite la fenêtre. Reçut des gifles d'eaux et les haleines vomissantes des gueules de reptiles. Attrapa un petit lézard, referma la fenêtre. Un petit lézard tout mignon, tout vert et très propre, lavé de pluie récente, avec une faveur bleue autour du cou.

En effet, si Toi a une angoisse qui lui court sur le cœur et lui frissonne le dos, c'est qu'un petit lézard doit courir sur la main de Nabucco, doit gigoter entre sa chemise et sa peau. C'est la crainte que ce petit lézard s'échappe, aille galoper sur son propre cou, ses propres seins naissants, aille la mordre, qui fait se fâcher Toi contre Je et Nabucco. Heureusement que Nabucco a pensé donner une raison, une cause, à la colère de Toi. Maintenant, Toi peut crier et avoir peur en paix : un lézard galope, chatouille et pince vraiment la peau de Nabucco; risque vraiment de s'échapper et de glisser en électricité dans le cou de Toi.

Entre deux éclairs, sur la vitre avant, se posa un ptérodactyle verdâtre. Son bec, recouvert de viandes plissées, essayait de percer le mystère de la vitre. Les toiles de peaux vertes de ses ailes s'ouvraient. Et ce futur oiseau ne comprenait pas comment fonctionnait le cœur de cet animal à quatre roues; mais il était content : il le saura dans deux millions d'années!

– Nabucco, lâche ce lézard, hurla soudain Toi, les deux mains dans la bouche.

Surpris que cette petite fille lui parle d'un ton de maman pas contente, Nabucco laissa échapper le gentil lézard, qui, avec ses petites pattes très propres, sa queue toute droite, sa petite faveur bleue, gambada un peu dans la voiture, rencontra la nuque et le cou, qui sentaient bon, d'une petite fille toute contractée, s'y enfourna, rencontra un petit téton, bien appétissant, et mordit le sein de Toi, ses pattes de derrière pédalant pour se rattraper, griffant son ventre, sa queue fouettant ses cuisses. Toi hurla de plus belle, très contente de sentir enfin la raison de sa colère, de sa haine, de sa peur, et pouvant dire ce qu'elle pensait en laissant croire que le lézard mordant en était la cause :

– C'est comme ce petit Abrico, qui ne pleure jamais, qui est toujours content, qui ne dit jamais rien, alors que nous sommes cernés de catastrophes, que notre vie est pleine de monstres, il devrait avoir peur, au moins, mais non, il est content, comme s'il n'avait pas peur d'être abandonné, oh bien sûr c'est pas sur lui qu'ira ce sale lézard.

Le mignon petit lézard, il se fit encore plus petit, pensant : je ne veux pas être une angoisse, non!

Quant à Je, il s'était caché depuis le début des combats sous l'un des sièges, se bouchant les oreilles avec les mains, se bouchant les mains avec les pieds, essayant fortement de ne pas écouter les colères de Toi, essayant malgré tout de les entendre en écartant ses doigts de mains et de pieds.

Pour en finir avec ce climat de craintes et de tremblements, certainement dû à l'orage et à toutes ces bêtes primitives, Toi, Nabucco et Je se jetèrent tous les trois à quatre pattes autour du berceau et injurièrent le petit Abrico, le traitant de reptile, le faisant beaucoup rire.

Tout heureux, Abrico s'agitait dans son berceau, le cœur tout chaud et les pattes douces, rigolant de voir trois clowns qui jouaient les pitres pour son plaisir.

Et tous les dinosaures, dans les bourrasques des montagnes, admirant cette touchante scène de famille, sachant qu'ils n'en comprendront la signification que dans deux millions d'années, eux aussi se mirent à se gondoler de rire. Ils riaient la gueule rose ouverte. Ils riaient en se grattant le ventre avec leurs petites pattes atrophiées. Ils riaient en se tapant la queue par terre. Ils rirent tant que leurs cœurs crevèrent.

Ainsi moururent les grands sauriens, animaux d'autres mœurs. Et avec eux, mourut la pluie, qui les avait produits. Et avec elle, les vents qui l'avaient amenée. La montagne commença, au soleil de nouveau, à s'évaporer.

Dans la calme voiture, Toi étendit ses jambes. Elle jeta un œil à Abrico qui dormait. Les muscles de son cœur se relâchaient lentement. Nabucco bâilla. Sa mâchoire se décrispait. Toi regardait le petit garçon, lui caressait la joue. Il mit un doigt dans son nez, gêné.

– En fait de Montagne aux Ours, c'est plutôt Montagne aux Reptiles qu'il faudrait marquer sur le plan.

Toi avait dit ça comme ça. Elle attendait tranquillement la fin du voyage. Mais le petit Je prit cette question très au sérieux et fronçant ses sourcils d'enfant de cinq ans, étudia le problème sur le menu, répondit :

– C'est une carte toute récente. A mon avis les ours ne sont pas encore nés; nous avons eu à nous battre contre leurs ancêtres.

Toi ne comprit pas très bien, qu'importe. Dans la vie, on ne peut pas faire semblant de tout comprendre. Néanmoins, elle murmura, dessinant un soleil sur la buée de la vitre :

– Encore des histoires de vieux.

Derrière eux, Nabucco contemplait ses genoux. C'est fou ce qu'on peut découvrir sur un genou : des petits poils, des petits cailloux, et même un petit coup de griffe de lézard. Il faudra qu'il pense à pleurer de ce bobo, dans quelque temps.

– Et, après la pluie? demanda Toi; à cause du petit soleil sur la buée.

– Le Beau Temps et le Grand Désert, répondit Je, qui lisait le programme de ce grand et beau voyage.

6

Avec leurs pelles, les enfants comblaient les trous qui avaient délimité la montagne. Leur monde fut de nouveau tout plat. Les voitures arrivèrent dans le désert; ocre le sable et bleu le ciel. Le soleil.

Assoiffés, ils se reposaient tous les quatre dans la voiture de tête, ayant eu soin d'amarrer avec une ficelle la seconde voiture afin qu'elle ne parte point seule. Nabucco donnait le biberon au petit Abrico qui riait dans la profonde joie du soleil. Toi était toute recroquevillée, les jambes sous le menton. Et maintenant, la prochaine étape, c'est quoi? Toi eut envie de poser cette question à Je. Mais Je réfléchissait et même pensait. Et il ne faut jamais poser une question à quelqu'un qui pense; il ne peut répondre qu'à lui-même. Je, qui en vérité ne pensait pas, s'apercevant que Toi hésitait à lui poser une question parce qu'elle le croyait en train de penser, se mit, vite, à penser, pour que Toi ne se trompe pas. Il pensa qu'il ne savait pas à quoi penser, mais ça suffisait, c'était un penseur. A force de penser qu'il ne pensait pas, il se mit à parler, et ça lui échappa :

– Je ne veux plus porter ces moustaches, ce gilet, cette montre, et ce chapeau melon. Je ne veux plus jouer au Père Impossible.

A ces mots, Toi jeta un coup d'œil à l'apparence réelle de Je : un petit garçon avec des culottes courtes, et une chemisette et des chaussettes, et des frisettes. Voyant que Je ne réfléchissait pas profondément, puisqu'il se trompait lourdement sur son apparence, Toi lui posa la fameuse question qu'elle avait déposée dans un coin :

– Où on va comme ça maintenant? Que c'est long, bon sang que c'est long...!

Je lui répondit pour l'empêcher de continuer à parler :

– Nous sommes dans le désert, tu le vois bien!

– Et après?

– Après c'est la Mairie.

– Bon sang, quel travail, quelle misère. Et après?

Je sortait tout ce qui lui passait par la tête. Ça va tourner le lait que Nabucco donne à Abrico qui rit!

– Et après... Rome, bien sûr.

– Quelle histoire!

Avec toutes ces histoires le lait a tourné, Abrico va être malade! Pour rigoler Abrico dégueula, ce qui le fit encore plus rigoler.

Dans sa petite tête inquiète, Toi se répétait les paroles prononcées par Je. Quand le souvenir arriva au chapitre énigmatique de la « Mairie », elle arrêta le bouton, se retourna vers Nabucco :

– Va voir dans la voiture de derrière si par hasard nous n'y sommes pas.

Restés seuls, Je et Toi se regardèrent dans le bleu de leurs cieux. Le cœur de Je fit un tour sur lui-même.

– Quel est le rôle de la Mairie, dans ce trajet? demandait Toi très sèche.

Je ne prit pas ses ailes, ne s'envola pas dans les nuages inexistants, ne s'ouvrit pas les veines, ni n'ouvrit la portière pour se cacher dans le sable en courant; il ne gifla pas Toi pour changer la conversation. Mais, au contraire, avec étonnement, il se regarda rester calme et maître de lui, alors que la situation était catastrophique pour lui qui abattait sur la table ses maigres cartes.

– Nous ne pouvons, répondait-il tranquillement, laisser Abrico heureux et content comme ça : imagine quelle sera sa vie à Rome s'il n'a point appris les conflits du réel. De plus, il aspire tout ce qu'il y a d'heureux dans l'air, et nous ne pouvons lui refiler notre angoisse! C'est immoral! Il faut absolument que nous nous mariions, pour qu'il souffre de notre bonheur. D'où la création de la Mairie.

Ainsi parlait Je, qui avait envie de toucher le pipi de Toi. Et il se boucha les oreilles, pour ne pas être tout à fait sûr que Toi répondait :

– Non, je ne veux pas, non.

Du sang battait son sexe de petite fille.

Nabucco se cachait sous la voiture de derrière; il n'avait pas entendu Toi et Je, mais – va-t-on savoir pourquoi? – pensait :

– Quand vont-ils oser me l'avouer à voix haute, le « coup de la Mairie »?

Il enfouissait sa tête dans le sable; et, la bouche pleine de cailloux, il articulait, il criait, mais sa voix ne dépassait pas sa glotte :

– Je suis en train de m'étouffer, vous devriez vous en apercevoir et m'en empêcher...

Mais plus loin, dans la voiture de devant, ni Je ni Toi ne pouvaient entendre, et Toi se cognait la tête contre la vitre, les cristaux se serraient les uns sur les autres pour résister à cette tête qui s'éloignait, se rapprochait, les cognait, s'éloignait de nouveau, les cognait encore, de plus en plus fort, de plus en plus vite, la peau rouge de sang pressé, oui, sous le soleil, sur le sable infini. Et toujours dans cette journée du 9 août 1979, cette journée qui n'en finissait plus (oh étaient loin les oies sauvages, loin, loin!), elle criait :

– Je veux mourir.

7

– Laisse-moi, dit Toi.

Mais Je était déjà sorti de la première voiture, pour ne pas entendre cette phrase.

Nabucco, caché sous l'autre voiture, dans le désert, bavait. Le vent enfonçait les yeux dans le sable. Il faut partir, maintenant, partir. Les oies vont arriver à Rome avant eux.

Quand Je se rapprocha de la voiture où restait Toi, il attendit qu'elle lui dise de nouveau : « va-t'en », mais elle ne le regardait pas; il resta longtemps devant elle, jusqu'à ce qu'elle le voie avec des yeux de sang et enfin lui dise :

– Va-t'en je ne veux plus te voir.

Nabucco bavait toujours sous l'autre voiture, Abrico se contentait de plus en plus de sa rigolade interne. Et Je, le grand Je, alla au travail, comme ils le lui demandaient tous, pour fuir.

Les tranches de bois qui avaient autrefois servi de pins parasols, puis de soutènement aux rochers de la montagne, traînaient maintenant en vrac devant les deux automobiles, dans le rôle de futurs poteaux télégraphiques. Lentement, comme on commence une tâche que l'on sait dure et longue, mais qui vaut bien un effort, dans ce soleil toujours immobile qui rendait la chose impossible, Je planta, à côté de la première voiture, un de ces poteaux télégraphiques. Puis il remonta aux côtés de Toi, pour qu'elle lui dise :

– Va-t'en, dois-je le répéter encore?, et il s'en alla de nouveau, déracina le poteau, planta à sa place un autre poteau. Ainsi la voiture avançait. Elle avait déjà atteint le second poteau!

– Va-t'en, disait Toi (les gestes devenaient d'inquiétantes coutumes), et Je déplanta le second poteau, en planta un autre. Et la voiture dépassait le troisième poteau. Ça roulait bien.

Nabucco, bavant, caché sous la seconde voiture, s'aperçut soudain, avec un picotement sur une main, d'un mouvement certain de l'atmosphère : la voiture de devant s'était filée! Il rampa dans le soleil du sable, attrapa le premier poteau déplanté par Je, et le planta à côté de sa voiture. Et s'installa dans la carrosserie. Mais personne ne lui disait : va-t'en. Il perdait du temps. Sortant, il plantait à côté de sa voiture le second poteau, ayant arraché le premier; mais devant, Je plantait déjà le dixième poteau à côté de la voiture de tête.

Et Nabucco remontait dans sa pauvre voiture de queue, après avoir planté le quatrième poteau. Mais les autres, devant, dépassaient le quinzième poteau. Ils fuyaient pour se marier à la Mairie. Pour qu'Abrico se mette à pleurer. Et Nabucco pleurait.

Et Nabucco avait beau sauter vite, planter un poteau sans déplanter celui d'avant, l'auto de tête prenait une avance irrattrapable, filant devant le vingtième poteau, de plus en plus vite (va-t'en, disait Toi, affolée de tout faire pour son malheur), tandis que la guimbarde chancelante de Nabucco traînait irrémédiablement devant le cinquième poteau. Si toujours les mêmes cinquante centimètres séparaient les deux voitures, en réalité plus d'un kilomètre les distançait. Nabucco, dans son œil, voyait toute petite au loin la carrosserie rose de la voiture gagnante.

... Dans le ciel, les oies sauvages murmuraient de vieilles complaintes, sanglante monotonie de leur voyage. Elles volaient les yeux mi-clos, ayant, depuis des siècles et des siècles, oublié de découvrir des paysages. Quelle oie aurait pu penser qu'on était le 9 août 1979? Soudain l'Oie Reine, cette vieille poule de Chatterley, laissant couler son regard vers le bas, sursauta : deux voitures filaient à toute vitesse sur le sable, et arriveraient à Rome avant sa troupe! Elles roulaient si vite, ces voitures, que leurs chauffeurs descendaient sans cesse, tentaient de planter des bouts de bois dans le sable pour se raccrocher à eux. Or ça, se dit la Lady Reine, allons-nous nous faire distancer par ces monstres terrestres? Et elle piqua du bec le vieux Babour, son amant barbu, qui arrêta de faire le beau, comprit qu'il devait manifester son existence, faire signe aux autres oies. Il se dressa, lança le fameux cri : o, ooooo, oo oh oh! Alors les oies rentrèrent leur train d'atterrissage, accélérèrent, fendant l'air comme des flèches apaches!...

– Va-t'en, dit Toi, pour que Je sorte encore de cette voiture immobile, rouillée, à jamais incapable de rouler. Pour que Je déplante le vingtième poteau et plante à sa place le vingt et unième poteau, faire semblant d'avancer. Remonte dans cette carcasse rouillée, secoue Toi qui n'en pouvait plus, qui ne pouvait plus dire :

– Va-t'en, pour que Je, de nouveau, sorte de la voiture, pendant que Nabucco hurlait :

– Ils m'abandonnent, ils m'abandonnent, en sautant de plus en plus vite pour saisir le sixième poteau, le planter dans le sable, sous le ciel bleu, à la place du cinquième poteau, vite, vite. Mais l'espace entre les deux voitures devenait de plus en plus large! Et Je plantait le vingt-neuvième poteau, quand Nabucco n'en était qu'au dixième!

... Les oies battaient des ailes, fermaient les yeux très fort pour que le vent ne pleure pas dans leurs pupilles, perdaient des plumes, mais les deux voitures roulaient trop vite, filaient irrémédiablement plus vite que les oies volantes. J'ai vu beaucoup de choses, pensait la Chatterley, j'ai vu Ramsès VI hurler, j'ai vu les Gaules envahies par les casques romains, j'ai vu Constantinople devenir pourpre, j'ai vu les Croisés découper les testicules des esclaves nus, j'ai vu les camps de mort et l'odeur des gaz, j'ai vu le sexe nu de la grande Nefertiti au bord du Nil, j'ai vu Jumbo l'éléphant qui vole, j'ai vu les arbres à fièvre du fleuve Limpopo, j'ai vu les singes qui mangent l'intérieur de leur propre ventre, j'ai vu mourir Staline, Napoléon et Hegel, j'ai vu les crocodiles d'or qui servaient de jouet au petit Tout-Ank-Amon, mais jamais, au grand jamais, je n'ai vu des voitures rouler si vite!...

– Va-t'en, dit Toi. Et Je, de nouveau, dans la tranquillité d'un geste inutile, ressortait de la voiture. Il sursauta. Devant lui, la Mairie. Avec écrit dessus : « Mairie ». Une bâtisse carrée de bois.

Nabucco le rejoint. Je le regarde. Pour faire passer l'incroyable de cette vision impensable, il lui dit :

– Tes poteaux. Plante tes poteaux. Rattrape-nous.

Mais le cœur n'y était plus. Les deux vieilles carcasses de ces voitures rouillées, sans roues ni moteur, se trouvaient comme toujours à quelques centimètres l'une de l'autre, et réellement devant une Mairie perdue en plein désert. Des poteaux de bois, les uns plantés, les autres couchés, entre les deux voitures, seuls permettaient de supposer qu'un travail énorme avait été donné pour se rendre à ce lieu. Mais comment?

Ainsi le monde devenait fou, puisque d'autres avaient construit la mairie. Le monde devenait fou, puisque deux voitures immobiles pouvaient rouler vers un lieu déjà créé.

Ils n'eurent plus du tout envie de respirer.

Seul Abrico riait, dans les lumières et les joyeux glissements de plaisirs aigus.

8

– Nous n'avons fait que planter des poteaux devant nos voitures pour nous donner l'illusion d'avancer...

– Oui!

– Pourtant nous nous sommes vraiment roulés jusqu'à cette Mairie...

– Oui!

Et Je avait beau frotter ses deux yeux, les écarquiller rouges comme des œufs, les deux autos n'étaient que des amas de ferrailles bien incapables de parcourir gaiement ces contrées.

Et ils la voyaient belle, la Mairie. Dans le soleil, Toi s'avançait, avec sa robe rose, son petit bouquet de fleurs blanches. Et Toi était contente. Une Mairie toute blanche, avec des fenêtres vertes, des balcons verts, des plantes vertes dans des pots d'un vert moins vert. On aurait dit qu'elle était en nougat peint!

Toi se retourna vers Je, ses cheveux blonds sur la figure :

– C'est pour mon anniversaire, cette belle maison verte?

– Oui, dit Je; et il était bien ennuyé.

– Et quel âge j'ai?

– Le même, puisqu'on est toujours le même jour. Mais ce n'est pas une raison pour ne pas te fêter.

Bon sang, pensait Je, Toi devrait se méfier! Elle sait pourtant ce qui va lui arriver dans ce bâtiment! Mais la petite fille caressait les murs, toute ravie. Oh, elle devrait avoir si peur! Dans la plus grande inquiétude, Je essayait de lire sur le visage de Toi les signes annonciateurs de la fureur : haussement des narines, fumées qui sortent des oreilles, cils qui se rebiffent en angle droit. Mais le visage de Toi demeurait lisse comme des fleurs sous une cloche à fromage. Bon sang, pensait Je, je ne peux pas supporter attendre une angoisse qui va sûrement venir. Et il faisait tout pour que Toi ait peur. Mais il ne faisait rien du tout pour ça. Au contraire, il disait calmement :

– Mes amis, nous nous trouvons devant un phénomène incompréhensible. Cette Mairie ne devait pas être là. Elle aurait dû être construite par nous. Remettons à tout à l'heure nos états d'âme. Nous devons construire cette Mairie déjà construite, oui. Mais attention, nous ne devons pas la reconstruire.

Ils reposèrent leurs réflexions intimes dans leurs poches.

Toi et Je, avec deux bras, soulèvent un mur de bois blanc, l'élèvent verticalement, le plantent, ce mur blanc déjà verticalement planté; Je et Nabucco, avec un marteau, clouent une fenêtre déjà clouée en s'escrimant à ne pas la déclouer; Nabucco et Toi, avec une main, posent, sur la charpente, des tuiles déjà posées; Toi et Je, avec un pinceau, peignent en vert les fenêtres déjà peintes en vert, tout en faisant bien attention à ne pas passer une seconde couche. Eux trois travaillant beaucoup à devenir les maîtres sur lesquels règne la réalité. Abrico rigolait tout plein.

Puis ils reprirent leurs réflexions intimes, et regardèrent. Oh qu'elle était belle ma Mairie. Avec son mur blanc et ses fenêtres vertes! Mais pourquoi Toi fait-elle tant de peine à tout le monde en restant si contente, battant des mains joyeuses?

Je jeta un coup d'œil à l'imbécile ravissement de la petite fille, et atrocement peiné de sa stupide réaction, ouvrit la porte de la Mairie, et dit au Maire qui s'y trouvait sûrement :

– Oh, écoutez, vous! Arrêtez de faire le Maire! Et venez

m'aider! Ma future femme est heureuse alors qu'elle devrait être si malheureuse. Vous ne pouvez pas savoir ce que représente ce damné mariage : nous voulons faire souffrir Abrico...

Je en arrivait là de sa chanson quand le disque s'arrêta tout rond. Il y avait bien un Maire, devant lui, avec qui il parlait, un Maire avec un costume vert-blanc-rouge, mais pas de Mairie! A l'intérieur de la Mairie, c'était le désert en plein soleil, comme à l'extérieur. En vérité, de la Mairie, n'existait que la façade, retenue par cordes. Et le Maire était assis sur une petite chaise, sous un parapluie contre le soleil. Pour prouver son existence intérieure, dont on aurait pu douter vu l'inexistence de l'intérieur de la Mairie, il disait, le Maire :

– Vous êtes en retard. Je dois vous marier avant que de goûter.

Je passa de l'autre côté de la façade de la Mairie. Pourvu que Toi ne pleure pas, c'est déjà assez compliqué comme ça. Évidemment Toi pleurait. Bien calmement, Je hurla, marchant à pas de papa :

– Vous croyez que c'est drôle de me donner le rôle du Grand Organisateur, alors que je suis un petit enfant dépassé par les événements?

– Oh ne me touche pas, hurlait Toi, toute sanglotante, cachée sous une voiture, pour fuir Je, pour bien marquer l'ignominie du geste qu'il faisait, la tirant du bras hors de sa cachette, dans sa robe blanche, où le vent n'osait pas se nicher.

Les boyaux de Nabucco, caché sous l'autre voiture, se serraient sur eux-mêmes, se ratatinaient, avec un mal comme une ampoule électrique sur la paupière.

Et sur la piste de sable devant la façade de la Mairie, Je tirait Toi qui serrait les dents pour ne pas hurler; qui hurlait, se collait du sable entre les cuisses, pour cacher son sexe; et il retombait, le sable. La façade de la Mairie barra un instant le soleil.

Les petits pieds de Toi, traînée, laissaient des rails sur la terre. Nabucco aurait pu jouer au train, mais il avait trop mal au ventre, sous la voiture.

Le Maire se leva. Il était tout blanc. Il vit deux enfants qui avaient peur de lui, et qui pleuraient. La petite fille essayait de retenir le petit garçon en s'accrochant à lui, mais le petit garçon avait si peur qu'il préférait avoir l'air courageux et marchait droit, les yeux fermés vers la mort. Le Maire se rassit. Il était encore plus blanc.

– C'est moi qui vais mourir, pas vous, mes petits, disait-il doucement.

Il avait trente ans à peine, et la main serrée sur le cœur :

– Je m'appelle Monsieur Arlequin. Je suis français. Comme si la France, en cette fin du XXe siècle, existe encore, comme si le français peut encore se parler. Ma mère s'appelait Colombine. Mon père n'est pas mort à Waterloo. Je suis arrivé là, moi qui vais mourir, par des voies normales, prévues, et pourtant quel étonnement quand j'ai vu cette Mairie pas construite, dans ce désert.

Il écarta sa main. Plein de sang sur son ventre, où s'amusait un couteau planté.

– Et maintenant, continuait-il, j'entends ma maman qui me demande de prononcer un discours grand et généreux, pour au moins servir à quelque chose. Mais qu'y puis-je? Je n'ai rien de grand à dire, moi à qui un jour les supérieurs de la Compagnie de Théâtre où je travaillais ont dit : « Cela vous intéresserait-il de jouer le Maire dans une Mairie isolée dans le désert, sans administrés? ». Et j'ai répondu oui. Parce que j'ai toujours eu peur de parler aux gens. Parce que je n'ai rien à dire. Et maintenant, non seulement je suis obligé de mourir, mais aussi je dois vous parler, pauvres petits enfants, sales gosses qui venez vous moquer de moi en ayant peur de ma mort. Oh, cette solitude, je la voulais. Et quand l'hélicoptère m'a abandonné devant cette façade de Mairie, ce décor de théâtre inutile, sans spectateur, en plein soleil, je fus, une seconde, heureux. Heureux du silence. Jusqu'au moment où je me suis aperçu que même sans spectateur, un décor de théâtre restait un décor de théâtre. Alors, j'ai cherché mon rôle. Il y était. Devant la porte inutile de la Mairie, il y avait ce couteau, et le texte dactylographié du récit que je suis en train de vous dire. Que faire d'autre que vous attendre? Comment vous attendre autrement qu'en me tuant avec ce couteau? Et maintenant vous êtes contents, oui? Vous voyez quelqu'un en train de mourir.

Il se leva. Il était si blanc qu'on aurait pu croire qu'il devenait bleu. Il souriait, mais ça ne se voyait pas du tout :

– N'ayez pas peur. La mort, ça fait pas mal...

Mais le sang empêcha sa propre allocution funèbre. Et il comprit enfin qu'il ne possédait, en tout et pour tout, qu'un couteau enfilé dans le ventre. Tout devint insensible, comme un lac vu de loin. Et tout n'avait aucun sang, comme un squelette de chaux vive (il faut que je pense que je vais mourir). Se tenaient six yeux, devant lui, six yeux d'enfants. Le sang se gonflait dans son ventre. Chaque morceau se divisait selon les lois du genre. (Bon sang, il est inadmissible que je ne souffre pas, il faut absolument que je pense que je vais mourir.)

Il aurait pu y avoir de la nuit, des éclairs, de la pluie. Mais rien de tout cela. Du soleil. C'était tragique.

Quel bonheur, pensait Nabucco, je vois, je ne suis pas aveugle. Caché sous la voiture, il regardait le sable, le ciel bleu, avec la belle façade de la Mairie, et ce Maire qui avait la colique parce qu'il ne voulait pas faire de la peine à Abrico en mariant Je et Toi.

Le Maire cracha du sang.

– Vous voyez, disait-il, la mort, c'est rien, c'est tout simplement ridicule.

Je et Toi pleuraient. Toi pleurait parce qu'elle ne voulait pas épouser Je, son mari. Je pleurait parce qu'il avait honte de penser : pourvu qu'Arlequin meure d'une façon ridicule, qu'on rigole, enfin! En fait ils pleuraient parce qu'ils aimaient ce pantin qui va mourir. C'est enfantin!

Rien n'est plus ridicule qu'un monsieur de trente ans qui éternue. M. Arlequin choisit cette fin stupide pour rejoindre les oies sauvages. Soudain il lâcha son couteau, mit son nez en l'air, essaya de le pincer avec les mains en remuant les pieds, devint tout rouge et fit :

– Atchoum!

Et mourut.

Je rigolait (pensant : bon sang, pourvu que j'aie l'air de pleurer). Il pouffait, le rire partait de partout, de ses oreilles, d'entre ses joues, d'entre ses cuisses.

Et Nabucco, sous la voiture, se cachait les mains dans les yeux, pensant : Oh Arlequin, oh Arlequin, sauve-nous, il va tuer Abrico! En effet, dans son fou rire, Je s'approchait du berceau où rigolait le petit Abrico, et lui montrant Toi, lui disait :

– Nous sommes tes parents, maintenant.

Abrico regardait Toi, une petite fille avec une robe bleue, et des cuisses toutes propres. Il rigolait, heureux.

Alors la petite fille s'approchait d'Abrico, lui disait : « Viens, tout cela ne nous regarde pas, je veux que tu sois une fille; toutes ces histoires d'hommes, ces histoires de sang, tous ces meurtres ne nous regardent pas, tu es une petite fille et tu vas venir avec moi », et Toi la prenait doucement, la petite Abrico, dans ses bras, elle marchait sur le sable. Les fourmis polissaient les grains afin qu'ils ne blessent pas la plante des pieds nus de Toi. Elle allait, serrant Abrico dans son ventre, vers l'une des deux voitures, s'y enfermait avec son enfant, sans un regard pour ces hommes qui avaient joué au papa et à la maman, au mariage et à la guerre.

– Je suis un grand dadais qui casse tout, disait Je.

– Oui, répondait Nabucco.

Ils restaient assis, sur le sable, un peu perdus.

Pourtant la façade de la Mairie existait vraiment, au soleil.

9

... Dans le ciel noir de nuit, les réacteurs de l'avion ralentissent la descente vers Rome. Du brouillard.

– Je ne vois pas les lumières de l'aéroport, pense le pilote.

– Nous devrions être déjà à Rome, pense le paléontologue.

– Ma montre, sans doute, avance, pense le physicien.

On descendait, les estomacs remontaient lentement. Mais le pilote, en son oreille, n'entendait point les doux conseils de la tour de contrôle de l'Aéroport de Rome. Inquiet, l'avion remonta le long des airs, dans la nuit. Pourquoi le pilote eut-il cette idée stupide :

– Bon Dieu, on dirait que Rome n'existe pas...

Dans le soleil du désert, juste au-dessous de l'avion qu'elles ne pouvaient pas voir, les deux voitures se craquelaient de chaleur.

A l'intérieur d'une des voitures, Toi et la petite Abrico peignaient la rue d'une ville nocturne. Sur l'intérieur du toit, Toi passait un pinceau tout noir comme la nuit. Et la petite Abrico, avec un autre petit pinceau, y tachait des petits points blancs : des étoiles. Toi dessina une lune toute jaune. Ce fut la nuit dans la voiture. Puis la petite fille et la toute petite fille, sur l'intérieur des portières, sculptaient des façades de maisons, un réverbère pour les éclairer. Sur les vitres : des fenêtres illuminées. Avec des petits rideaux bleus. Ainsi étaient-elles, en pleine nuit étoilée, dans la rue bordée de maisons peintes; si on sortait de la voiture, on se retrouvait en plein soleil.

Dans la voiture, sous les étoiles, assise devant la façade d'une maison, Toi caressait la petite Abrico. Lui glissait ses lèvres sur son ventre content. Lui prenait la main et se baisait la bouche avec. Le bonheur de son cœur avait goût de bonbon. Elle lui disait, à la petite Abrico :

– Tu vois, petite fille, nous avons réussi plus vite qu'eux. Nous l'avons construite notre ville, notre Rome à nous deux. Et notre voiture y est arrivée à notre ville, pour la bonne raison que la ville c'est elle.

Et elle jetait sa petite fille contre la lune peinte. Abrico rigolait d'étoiles. Et le sexe de Toi, c'était la petite Abrico. Toi embrassa son sexe abricot.

Soudain Toi regarda en l'air. Au milieu des étoiles de la ville peinte de la voiture, le bruit d'un avion semblait perdu. Toi se mordait la main. Le cœur plein de sang, elle frappa la porte d'une maison. Mais personne ne lui répondit. L'avion allait s'écraser sur sa petite Rome. Son menu poing tapait, tapait la tôle de la porte. N'y avait-il personne dans les maisons? Elle ouvrit la porte, et pénétra dedans. Le soleil l'aveugla. Le sable brûlant s'engouffra dans les rues de la ville. La lumière éblouissante éclatait le noir du ciel intérieur. Du sable blanc à perte de vue, et deux enfants perdus qui pleuraient.

Ils arrêtèrent d'un commun accord leurs larmes, voyant

cette petite fille entrer chez eux, dans leur désert ensoleillé à eux. Elle criait :

– Non mais, vous vous rendez compte? Dépêchez-vous de construire votre ville, votre Rome, il ne vous reste plus que deux minutes : l'avion va s'écraser. Vite.

D'un commun accord les deux garçons levèrent la tête pour voir l'avion. Mais ne virent rien à cause du soleil figé et persistant. Et Toi rentrait dans sa voiture, dans sa ville, dans sa rue, dans sa nuit.

– Comment veut-elle qu'on construise une ville, disait Je, on n'a qu'une façade de Mairie, et même plus de Maire!

– Il faut continuer, pourtant, à bâtir, répondait Nabucco.

– C'est pas le travail de petits enfants comme nous de construire Rome.

– En mille ans non; mais en deux minutes, oui.

Ils devisaient gaiement en plein soleil.

Depuis que Toi s'est enfermée dans une des voitures, pour en faire les rues de sa ville, les tôles, les coffres et les capots de l'extérieur de cette voiture se sont ramassés sur eux-mêmes, formant des circonvolutions, des creux et des bosses, comme une cervelle. Dans le désert Nabucco regarde cette cervelle. Il pense : c'est ma cervelle, là sur le sable! Qui a osé dire qu'on ne voit jamais l'intérieur de sa tête?

Alors vite Nabucco se lève, fier, courageux. Il va donner le mouvement au Monde. Il va construire Rome, pour sauver sa cervelle; pour sauver Toi et Je et Abrico; pour donner un aéroport à l'avion qui va s'écraser! Il fabrique un pain de sable, le met à cuire et produit de l'acier (il ne faut absolument pas que je pense que c'est impossible), de l'acier dur qu'il aplatit pour former une hélice, de l'acier doux qu'il dente pour former une chaîne de bicyclette. Vite. Construire Rome. Le soleil.

... Au-dessus d'eux, dans la nuit, le pilote de l'avion commença à s'angoisser sérieusement. Aucune tour de contrôle ne répondait. Le pilote sentait ses mains suer. Bon sang, c'est impensable, je ne sais plus où je suis : là où il y a eu toujours Rome, il n'y a que du silence! Il paniquait et s'appelait William, le pilote. Dans l'avion, les deux seuls passagers de cet étonnant vol, le paléontologue et le physicien, eux aussi, commençaient à se sentir le cœur tout petit. Pourquoi l'avion remonte-t-il, redescend-il, comme si le train d'atterrissage était bloqué, comme si la terre n'existait pas? Et l'estomac passait du gosier au ventre, en grand frisson. Oh ciel, je veux la terre, autre chose que ce vertige flottant! La nuit...

Sous l'avion, ne le voyant pas, dans le soleil, Nabucco jeta un œil à cette voiture devenue sa cervelle, où pleurait Toi. Et puis l'enfant, astucieux, planta l'hélice sur le toit de l'autre voiture, celle restée voiture, fixa la chaîne de bicyclette entre cette hélice et la pédale de l'accélérateur (il ne faut absolument pas que je pense que je pense que c'est impossible).

Et Nabucco poussa fort la pédale de l'accélérateur avec ses petits pieds. La chaîne de bicyclette se mit à tourner. Et l'hélice se mettait à tourner. Lentement, puis de plus en plus vite. Nabucco pédalait, pédalait. Pour essayer d'attirer l'attention sur lui, Je attrapa un tambour et frappa dessus comme un sourd-muet. Nos cœurs battent.

Et tourna l'hélice, encore plus vite qu'il est possible d'aller vite. Et bientôt, dans ce mouvement, les quatre pales, qui la formaient, semblaient ne faire qu'un cercle compact, un rond solide de métal brillant. Et les jambes de Nabucco pédalaient, pédalaient, les muscles de ses cuisses, de ses mollets se gonflaient en petites boules, il suait, secouait ses cheveux d'étranges incendies. Et tournaient les pales blanches de l'hélice si vite que bientôt un grand miroir rond, brillant, uniforme, de métal, se posa là, devant le soleil qui y envoya la lumière que, bien distraitement, il laissait tomber sur la terre sans y réfléchir. Le soleil reçut sa propre lumière multipliée. Quand on est, comme lui, lumière aveuglante, irregardable, on ne peut être qu'aveuglé, irregardé, en voyant sa propre lumière dans un miroir. Miroir qui ne devait pas laisser percer qu'il n'était composé que de morceaux disjoints. Et Nabucco devait pédaler, tendre et détendre ses jambes sans s'arrêter un millième de seconde, ignorant quelle figure historique il tenait, figure plus tard repeinte en des ex-votos aux couleurs noires et mauves. Et Je battait toujours son tambour sourd. Maintenant, frappé par le spectacle palpitant de sa propre aveuglance, brûlé par sa propre brûlure, le soleil, cette boule d'où s'échappaient des lignes jaunes comme des pattes d'araignée, commença à rétracter ses pattes, à les déplacer lentement le long de la voûte des cieux bleus. Exactement comme se déplace une araignée aveuglée, il commençait à tourner autour de la terre. Certains ânes furent brûlés en prétendant le contraire. Pédalait Nabucco, sans faillir, oh Nabucco grandiose, avec l'immense barbe blanche des prêtres porteurs de lois. Et le soleil arriva aux limites des terres, se déchira comme un œuf rouge. Premier crépuscule de la remise en marche de l'univers.

Soudain Nabucco, dans le noir, hurla : au secours, le monde bouge! Effectivement, la terre se mettait de nouveau à tourner sur elle-même! Dans le noir, les étoiles se superposaient. Peut-on imaginer quel effet ça fait, la terre qui tourne sur elle-même! C'est insupportable! Précipités l'un vers l'autre, Je et Nabucco se cognèrent et tombèrent. Impossible de tenir debout si la terre tourne! Hurlant, l'un : je suis aveugle, l'autre : je bouge. Échangeant leurs répliques pour se rassurer mutuellement.

La nuit noire, pleine de noirs nuages torturés.

... Et un grand bruit secouait l'avion dans le ciel, le pilote pleurait, bon sang, ce n'est pas possible, la terre n'existe plus, je vais descendre en vertige total, jamais plus le sol ferme, et au milieu des centaines de fauteuils vides, l'angoisse verte serrait la viande des deux passagers sentant cette chose aussi frêle perdue dans des tressautements, des descentes, des remontées...

Et plus bas, à l'intérieur de la voiture, Toi sentait aussi dans la rue noire peinte entre les maisons, la terre trembler, les plâtres tomber, et elle protégeait la petite Abrico, lui fermant les yeux, les oreilles, avec les mains, pour ne pas l'effrayer, oh mon Dieu, que c'est dur la création du Monde.

Deuxième partie

LA CRÉATION DE ROME

Comment les enfants comprirent qu'ils n'étaient pas les seuls à bâtir Rome, et quel étrange spectacle leur fit découvrir Polichinel. – Comment Rome fut créée le 9 août 1979 bien qu'existant déjà depuis des siècles, et comment cette ville était faite de pierre et non plus simplement de carton-pâte et de ficelle. – Comment Nabucco rencontra Nabokov, comment il décida de naître, quand les chars de guerre entraient dans Rome, que tout allait bien mal dans les esprits et que Nabokov apprenait qu'il avait toujours vécu ici lui qui avait toujours vécu ailleurs. – Comment Je entra dans la police, et la nouvelle compagnie que trouvèrent Toi et Abrico.

1

Il est doux de hurler à la lune.

Dans le noir de cette première nuit de la création, s'élevait toujours la mince façade de la Mairie, blanche avec des colonnades, des balcons, si haute. Des couches de nuages noirs se posaient mollement, comme de grands incendies sans feu. L'angoisse les serrait, Je et Nabucco, cachés dans le sable. D'immenses ballons rouges, avec des petits paniers dessous, semblaient apparaître entre les brumes, volant au ras du sol noir. Des cris furent mis au vent par des gorges de lézards invisibles.

Ils tremblaient, Nabucco et Je, et la terre tremblante n'amortissait pas leurs tremblements. Ils fermaient les yeux, mais, dedans, c'était la nuit, comme dehors.

Alors : des quatre coins noirs de l'horizon, d'entre les brumes arrivaient d'autres façades de maisons, des minces tranches de bois représentant des fenêtres, des portes, des balcons, des toits en trompe-l'œil. Des façades oscillantes éclairées par la lune, portées par des enfants. Toute une armée d'enfants qui sortaient de la terre. Et ces panneaux de bois se collaient les uns aux autres, en un front de maisons, une muraille de maisons, de chaque côté de la façade de la Mairie, à l'infini, vers le nord, vers le sud. Des façades multicolores, ruisselantes de lune. Ça sentait le soufre.

A l'intérieur de la voiture où elle avait peint une rue de nuit, Toi, avec la petite Abrico, ne pouvait plus respirer. Elle avait froid, faim. Elle s'approcha d'une maison coloriée sur l'intérieur de la portière, une façade avec des fenêtres vertes et des balcons rouges. Elle ouvrit la porte. Son cœur tomba dans son ventre : elle s'attendait à voir le désert de soleil, mais elle vit le même ciel noir étoilé que dans sa voiture; et, devant elle, oui, la même façade avec des fenêtres vertes et des balcons rouges; et de chaque côté à l'infini, vers le nord et vers le sud, des façades semblables. Oh Abrico, ma petite fille, n'aie pas peur; elle léchait le poupon. Et, lui cachant la réalité avec ses mains sur ses yeux et ses oreilles, elle fuyait le long des maisons. Ses pieds rencontrèrent deux viandes, elle tombait. Ce tas de viande, c'était la peur mêlée de Je et de Nabucco. Elle se jeta sur eux, les serra, sentant leur souffle et leurs dents claquer. Elle pouvait enfin pleurer, ils abritèrent de leurs bras la petite Abrico.

Le sable glacé se leva en fumée de nuit.

Dans la brume, les autres enfants, qui avaient apporté les façades, se réunissaient en cercle autour d'un feu de joie. Ils chantaient doucement, et cognaient en cadence leur crâne rasé. Ils avaient des yeux d'au-delà de la peur.

De la brume, un étrange personnage jaillit : il portait un costume de hussard d'avant les guerres atomiques, un costume blanc où se secouaient un tas de pompons; un gros sabre traînait sur le sable. Il disait :

– Bien, bien!

Comme s'il avait lui-même construit tout seul cette rue de façades. Il reculait d'un œil, vérifier la perspective. Il se retourna, vit ces trois enfants et ce bébé qui se nouaient les uns aux autres. Il leur parla, comme s'il savait tout d'eux, comme si tout cela avait été convenu d'avance :

– Eh bien, ça y est. On a gagné! N'ayez plus peur. Je suis votre ami Polichinel.

Plus loin, les feux léchaient de poussières vivantes les trompe-l'œil des panneaux de bois, et donnaient d'étranges ombres aux crânes rasés.

... Plus haut, dans la toujours nuit, un pilote essayait de penser à autre chose qu'à cette irréalité d'un avion qui vole dans le vide, ne peut plus prétendre à la terre ferme. Soudain, une voix sortait de la radio, une voix que le pilote crut d'abord être la sienne, celle connue d'avant la mort, puis qu'il identifia comme une sorte de miracle, résonnant métalliquement :

– « Ici ce qu'on pourra appeler Rome. Attendez un peu avant de vous poser. »

La bouche du pilote répondit, tandis qu'il se demandait où se trouvait sa bouche :

– Attendre quoi?

– « Attendre que nous soyons – »

La voix murmura un borborygme qui pouvait contenir les mots « prêts », « construits », ou « vivants ».

Le pilote s'aperçut alors que sa bouche se trouvait par hasard entre son nez et son menton. Et cette voix de la radio semblait si lointaine, comme si elle n'existait pas encore...

Du sol, dans cette rue qui s'étendait à l'infini, éclairée régulièrement par des réverbères, devant ces fenêtres, ces balcons, on entendait parfaitement, maintenant, le bruit régulier et fragile d'un avion. Polichinel continuait à vérifier l'inclinaison d'un panneau, à admirer un parfait raccord de peinture imitant une moulure du XVIIIe siècle. Sa lourde épée clignait sous la lune et les éclats des feux de bois. Il continuait son discours avec application. Nabucco, Je, Toi, Abrico, se lovaient pour ne pas l'écouter, pour l'écouter :

– Évidemment, nous n'avons aujourd'hui, je veux dire

cette nuit, construit que des façades. C'est assez cependant pour « créer » la réalité de Rome : les rues naîtront, et dans quelques instants, il y aura un aéroport, et cet avion pourra se poser.

Il examina de nouveau un détail des façades, puis se tournant vers la peur des trois gamins et du bébé :

– L'important, c'est que notre aventure ait réussi. Que travaillant chacun de notre côté, souvent dans le « noir » le plus complet malgré le soleil, nous nous soyons réunis, retrouvés.

Sur le sable noir de la rue, Toi, Je, Nabucco, Abrico ne savaient pas qu'ils étaient en train de penser : nos rêves, nos constructions, n'étaient que les maillons prévus d'un plan d'ensemble dont nous sommes les jouets.

2

Ainsi tournait la terre, ainsi tournait le soleil. Les décors des maisons se balançaient, les gens ne tenaient pas debout. Et quelque chose modifia les couleurs noires du ciel : cela s'appelle le petit matin. Et les enfants roulent sur eux-mêmes.

Je, Nabucco, Toi, Abrico, se cachaient les yeux pour ne pas voir leur vertige. Et apparut le soleil à l'horizon. La terre tournait de plus en plus vite. Ils tombaient. Tentaient de s'agripper aux buissons. Il fallait, pour rester debout, marcher, faire des choses, penser, parler, avoir des activités colossales, être intelligent. Le soleil se posa au bleu du ciel. Tout va trop vite. Il faut toujours courir pour ne pas tomber. Quelle absurdité que soit ronde la terre! Se penchaient, se redressaient, les façades difficilement retenues par des ficelles.

Polichinel, dans ce matin, devant cet alignement majestueux de façades, se balançait vers le nœud des enfants de la savane. Il était suivi d'un joueur de tambour, en costume d'époque, qui, lui aussi, avait beaucoup de mal à vivre depuis qu'un imbécile donna du mouvement à l'univers. Qu'ai-je fait, pensait Nabucco, pour un simple avion? Toi, Je et le bébé Abrico, sur le sable de soleil, se frottaient bouche contre bouche, pour ne pas mourir de cet oxygène que la rotation de la terre produisait nuisiblement. Le soleil n'avait plus cette tranquillité sereine du soleil éternel d'autrefois, dessiné avec des pattes jaunes sur du bleu; il ressemblait aujourd'hui à une boule fuyante et terrifiée.

Le tambour disait :

– Et ra et ra et ra ta ta tataplan!

Et Polichinel, la tête sublime en arrière, mais titubant ivre, criait :

– Oyez, oyez, oyez, mes enfants! Le Grand Spectacle des marionnettes savantes va commencer.

Et d'un geste large il montra, au soleil matinal, les fenêtres, les portes, les balcons des maisons blanches. Les enfants abandonnèrent chacun la bouche de l'autre, et, déposant leurs yeux dans leurs trous, assistèrent à l'instructif spectacle qui se déroulait sur ces décors :

Une chose qui tombe de haut en bas fait un choc plus dur, plus blessant qu'une chose qui monte de bas en haut. Donc il vaut mieux se trouver en haut qu'en bas. Ainsi va la physique depuis que Je, voyant que Nabucco remettait en marche la terre, créa la force centrifuge, et même la centripète, lui qui tenait tant à rester auprès de Toi.

Or du décor des fenêtres des maisons, sortent les têtes et les bras de marionnettes artistiquement peintes. A la suite de cette intuition physique sur les effets de la chute des objets, les têtes des marionnettes des fenêtres du haut se ravissent; et les têtes du bas regardent peureusement les têtes du haut, craignant de mourir décapitées par la « Grande Chose » qui peut tomber. Les têtes du haut, ravies, examinent ironiquement les têtes du bas. Et les têtes des marionnettes des fenêtres intermédiaires regardent alternativement, inquiètes vers le haut, orgueilleuses vers le bas; les cous de ces têtes font cric vers le haut et crac vers le bas : elles râlent de ce cric crac perpétuel.

Mais, dans leur benoîte béatitude, les têtes des marionnettes des fenêtres du haut pensent : j'ai faim, je dois manger. Les choses (viandes, carottes, betteraves, blé) mangeables vivent au niveau du sol, à portée de bouche des têtes des fenêtres du bas. Effectivement, les bouches des marionnettes du bas, entre deux regards inquiets vers le haut, mangent des tomates pour ventre, des choux pour intestin; mâchant lentement, la salive coulante. Et les têtes tranquilles des fenêtres supérieures, les têtes mi-tranquilles mi-anxieuses des fenêtres intermédiaires, commencent à ne plus être tellement contentes de leur sort : elles ont la faim du loup maigre.

Le problème, pour ces têtes hautes, est de faire monter la nourriture.

Soudain, un bras d'une marionnette du haut scie un bout du volet de sa fenêtre. On comprendra pourquoi les fenêtres ont des volets. Battent en cadence, dans un brutal silence, les cœurs des pantins du bas et des fenêtres intermédiaires. Des cris font des récits d'interrogations diverses. La marionnette du haut lance la rondelle de bois qu'elle vient de scier. De plus en plus lourd, le bois tombe sur la tête d'une marionnette des fenêtres basses. Cette tête de carton s'écrabouille et ne mange plus. Mais un pantin voisin des fenêtres basses se met à crier, sort un bras et attrape sur le sable à sa portée une pomme de terre qui pousse par là; et, avec un grand soufflement, envoie violemment, pour défendre ses frères, cette pomme de terre en l'air. La pomme monte. Devant les fenêtres des deuxième et troisième étages, elle passe de regards en regards. Elle arrive enfin en haut de la façade blanche devant la fenêtre aux volets sciés, où l'attend la tête satisfaite du lanceur de bois. La pomme de terre s'immobilise un instant, prête à retomber. Alors la main tranquille de la marionnette du lanceur attrape cette pomme promise et attendue. Et il la croque.

Le principe est posé noir sur blanc. Les bras des hautes fenêtres jettent tous des bouts de volets sur les têtes bosselées des fenêtres du bas, qui se défendent, fouillent de leurs mains la terre, saisissent les radis, les navets, les topinambours, les artichauts, et les envoient, avec bruit et fureur, contre les ennemis d'en haut. Les têtes d'en haut s'en mettent plein la bouche. Avec les bouts de bois reçus, les pantins du bas, en se penchant, remuent la terre pour trouver des munitions, lardons, aubergines, riz, spaghetti, qui, jetés très fort feront très mal aux assiégés du haut. Quant aux marionnettes des fenêtres intermédiaires, trop basses pour envoyer du bois avec efficacité, mais trop hautes pour cueillir la nourriture, elles donnent des poussées supplémentaires aux bouts de volets qui tombent, et saisissent au vol quelques bribes de nourritures lancées sans force par les bras du bas.

Mais bientôt les fenêtres du haut ne vont plus avoir de volets disponibles. Et les têtes qui correspondent à ses fenêtres, pour préserver leur capital de départ, ne mangent, démocratiquement, que des moitiés de tomates, de céleris, et rejettent les trognons aux pantins du bas qui les avalent, prennent des forces pour fouiller la terre, découvrir les nourritures appétissantes, les envoyer en l'air : faire mal!

Et Toi, Je, Nabucco regardaient, sans savoir qu'ils le comprenaient, cet étrange spectacle. Soudain Abrico se dégagea des bras de Toi, s'échappa sur le sable, à quatre pattes, petite bébée au bras dodu dans des langes blancs. Toi lança sa main pour l'attraper, mais ne lança pas sa main, tant elle avait peur de lâcher Nabucco et Je. Et Je, Nabucco auraient bien voulu crier à Abrico : « Attention, tu vas recevoir de la nourriture sur toi et ça va te tuer », mais ils ne pouvaient même pas ouvrir leurs bouches tant elles étaient sèches et douloureuses.

La petite Abrico se dressait, petite bébée titubante, se retenant d'un pied sur l'autre, devant la vertigineuse hauteur insurmontable des façades ensoleillées qui s'agitaient de millions de têtes gesticulantes et mortelles. Abrico, tu vas te faire casser par la carotte des guignols! Mais la petite bébée, dont les langes mal fagotés s'emberlificotaient dans ses jambes, avançait toujours, quelquefois tombante. Qui aurait pu penser qu'une bébée puisse marcher si jeune?

Qui aurait pu penser qu'une bébée puisse parler si jeune? Ce spectacle de marionnettes laissait planer dans l'atmosphère un bruit épouvantable; mais une toute petite voix, un mince filet de flûte sourde qui glissait de la salive sans dents d'une bébée, pas plus fort qu'un éternuement de fourmi, couvrit cet inaudible bruit. Et tous les combattants se figèrent. Seules, dans le silence, les nourritures dures continuaient leurs trajectoires, et, non attrapées, retombaient bêtement sur le sol, plof.

La bébée parlait aux marionnettes des fenêtres basses :

– Vous ne comprenez donc rien. Arrêtez immédiatement de vous battre. Mangez tranquillement les fleurs du sable. Ne les envoyez plus aux gens d'en haut. Ils vont crever de faim!

Il y eut un hurlement comme un ventre d'éléphant qui crève. Ceux d'en bas jaillirent de leurs fenêtres, et l'on s'aperçut, avec effroi, qu'ils n'étaient pas simplement composés de têtes et de bras de bois et de carton-pâte, mais aussi de ventres, de seins, de testicules, de clitoris, de jambes, de pieds. Corps nus dégoulinant des fenêtres près de la terre, corps nus de viandes très semblables à cette terre. A grand rire de dents rares, ils hurlaient vers Abrico, de la même énorme voix :

– Petit sauvage, tu veux affamer des hommes comme nous? Tu crois qu'on va se laisser assommer sans riposter? Et tu ne vois pas que nous gagnons : ils sont assiégés, ils sont à notre merci! Au contraire, nous devons travailler dur pour produire des munitions, du blé, des vaches, des cochons, pour le grand assaut final, pour la grande victoire.

Ce fut si énorme que le vent frappa la tête d'Abrico de front. Soulevée, roulée, la bébée tomba, enfouissant du sable dans ses oreilles pour ne plus entendre l'écho de cette tonitruance qui gonflait douloureusement la peau de sa mignonne fontanelle.

Alors le peuple se mit à cultiver la terre, devant les hautes maisons blanches, sur lesquelles le soleil couchant coulait ses oranges, ses mauves et ses bleus de nuit. A toutes les fenêtres supérieures, les têtes sans corps arrondissaient leurs angles de contentement, boursouflaient leurs joues de bonheur, et préparaient les casseroles.

La première charrue pénétra le sable, le changea en boues grasses. Poussée par des bras de glaise, elle fit tourner la terre encore plus vite. Le temps passait, comme un vol d'oies sauvages. Le premier sillon rencontra le soleil rouge à l'horizon, et s'appela crépuscule. La terre devint grise et la lune éleva encore plus la hauteur des façades irrémédiablement plantées, blanches et noires, toujours solides.

3

Or Abrico pleurait, qui avait rigolé. Quelque chose, dans Toi, ne pouvait supporter ça, quelque chose là où Je avait mis son doigt. Elle se leva, Toi, petite fille dans la nuit. Elle s'était dégagée de ce nœud de peur, de bouches, de souffles, et peut-être d'amour. Je et Nabucco s'étaient écartés d'elle comme les peaux d'une banane. Elle avançait à petits pas. Cette chose, là, dans son ventre : elle ne voulait plus jouer la mère d'Abrico. Nabucco et Je lui tiraient la robe, pour ne pas la perdre, leur mère, leur fille, leur femme; sûrs de l'avoir déjà perdue. Et Nabucco pouvait faire pipi, vidant tous les fleuves de son corps, il savait que Toi ne le consolerait plus. Avançait Toi, sûre d'elle. Je et Nabucco bloquaient leurs petits pieds sur le sable sans pouvoir la retenir. Devant les blanches planches du décor planté d'inutiles maisons, elle avançait, sachant exactement sur quel grain de sable elle mettait ses pieds. Et quand elle arriva au lieu où la flaque blanche des réverbères faisait pleurer Abrico, elle claqua ses doigts. La bébée se leva. L'écoutant, elle, Toi, qui lui disait d'une voix totalement monocorde :

– Monde d'hommes uniquement d'hommes pauvres futilités déjà mortes qui se battent qui ne savent que vivre en histoire oh déjà en histoire en temps présent passé futur en guerre je hais ce monde de guerre ce monde où je t'aime veut dire je te hais ce monde d'hommes.

Toi, toute seule, et Abrico, toute seule, et Nabucco, et Je, et leurs ombres orphelines, pénétraient sous la voûte noire d'une façade, pensant que, derrière ce décor de carton, il y aurait un autre désert de sable dans la nuit, une autre façade de carton, d'autres fenêtres blanches, noires, illuminées de réverbères hiératiques, figés, et ainsi de suite, miroirs de miroirs.

Ils se retrouvèrent dans une rue de vraies maisons de pierres, comme si les façades peintes en trompe-l'œil avaient fait pousser des choses de sang dans les dix dimensions. Une rue éclairée, où circulaient des hommes en chemises, des femmes grandes aux jambes nues. Des maisons ocre. Des pavés.

Ils virent des choses étonnantes : des dames et des messieurs se serraient les mains; des voitures roulaient en klaxonnant; des motos vertes; des jeunes gens prenaient des cigarettes dans un paquet; des hommes gras entraient dans des lieux où étaient exposées des viandes. Les gens n'avaient pas du tout l'air étonnés d'être là. Toi, Je, Nabucco, couraient dans tous les sens.

– Oh regarde, disait Toi, toute ravie.

Et elle montrait quelqu'un en train de se gratter le nez.

– Oh regarde, disait Nabucco, tout étonné.

Et il montrait quelqu'un qui posait ses yeux sur un grand morceau de papier.

– Oh regarde, disait Nabucco, tout content.

Et il montrait quelqu'un avec une robe qui mettait sa bouche contre la bouche de quelqu'un avec des pantalons.

Et ils sautaient de partout. Abrico passait de bras en bras. Et rigolait, pétillant de jouissance frissonnante.

La chaleur avait nom habituelle. Les étoiles avaient nom habituelles. Ils entrèrent dans un lieu qui avait nom : Trattoria. Là, un tas d'humains prenaient des choses dans une assiette, les conduisaient à leur bouche. Les enfants allaient de table en table, regardant, s'interpellant, se montrant mutuellement un gros bouton sur la joue d'une dame (ils applaudissaient, émerveillés), des verres ronds sur le nez d'un monsieur (ils riaient, contents). Ils battaient leurs ailes de plaisir.

Ils s'approchèrent de deux vieilles personnes, qui reposaient autour d'une nappe, déposant des choses blanches et rouges dans leurs bouches; et, d'une seule voix formée par leur bonheur d'être ensemble, leur demandaient :

– Où sommes-nous?

Les deux hommes s'arrêtèrent de manger. Ils s'appelaient Jorge-Luis Borges et Vladimir Nabokov, respectivement paléontologue et physicien, s'étaient trouvés ensemble dans cet avion qui avait cherché pendant si longtemps l'aéroport, s'angoissant de plus en plus, jusqu'au moment où la ville noire, sous eux, s'illumina soudain, comme si cette panique provenait simplement d'une rupture de courant. Et pourtant Borges et Nabokov s'étaient dit, en descendant de l'avion : « Nous sommes les seuls passagers, et on dirait que le monde vient d'être créé spécialement pour nous. Nous y avons sans doute une chose importante et capitale à faire, une chose fondamentale, mais quoi? » Et maintenant, ils dînaient ensemble, essayant en silence de trouver quoi faire, et venaient d'être interrompus par quatre enfants.

Quatre enfants qui avaient semé la panique en sautant de joie au milieu des autres dîneurs. Quatre enfants : un petit garçon avec une grosse cravate à moitié déchirée, l'air trop sérieux pour ses cheveux blonds; un autre petit garçon, encore plus maigre et sale que le premier, habillé très habilement d'un assemblage de déguisements en papiers crépons multicolores et superposés; une petite fille brune aux yeux noirs, dans une longue chemise de nuit autrefois blanche aujourd'hui constellée de larmes; et enfin, un petit bébé tout nu, avec de telles couches de crasse qu'il devenait impossible de définir son sexe.

Et ils rigolaient, quatre enfants heureux descendus du ciel

au milieu du silence de la foule étonnée du restaurant, quatre enfants à qui Borges et Nabokov répondaient, amusés :

– A Rome, bien sûr!

4

Il est possible que le réel existe.

Telle est la vérité d'ordre futur qui tourne dans la tête de Nabucco, en ce restaurant de Rome. Dès que Toi sut qu'elle se trouvait en cette ville, et que, donc, cette réalité d'où elle sortait se terminait en rêve, les rythmes qui lui battaient le cœur excitèrent ses jambes. Elle sortit par la fenêtre, avec Abrico qui rigolait.

Je la regardait partir, un peu inquiet. Sur qui va-t-il pouvoir exercer maintenant son autorité, pour être bien certain qu'il n'en possède point?

Le restaurant. Des tables carrées. Des murs blancs. (Quand le décor va-t-il se lever pour laisser voir la salle de spectacle?) Et Nabucco se regardait et s'étourdissait et se rêvait dans un plat de spaghetti, comme en un miroir formant. Et sa cervelle ressemblait – il le sentait – à un grouillement tendre et onctueux de pâtes blanches amoureusement mêlées, où le sang s'amusait à la sauce tomate.

Les spaghetti, qui dégoulinaient dans la tête de Nabucco, s'ébrouèrent. Réveillé soudain, l'enfant battit des yeux, s'aperçut que Je était aussi parti, et qu'il lui avait dit avant de partir :

– Ne sachant pas d'où je viens, je me rends au commissariat de police, afin qu'ils m'arrêtent et m'identifient.

De Je, maintenant, il ne restait même plus l'odeur. Et les lattes du parquet, sur lesquelles ses pieds s'étaient posés, revenaient à leur courbure courante. Nabucco se retrouvait seul. Bien que l'irréalité de la chose soit évidente, il faut croire que cela semblait une réalité sans problème, vu l'impensable indifférence qui bâtissait les gestes des habitants de ce lieu de nourriture. Nabucco se demanda très sérieusement s'il devait pleurer ou pas de son malheur. Pour mieux examiner la question et lui donner les réponses satisfaisantes, ainsi qu'il sied à tout bipède hantant le macadam d'une cité, il s'assit sur une chaise entre Borges et Nabokov. S'il pleurait, ces deux nobles personnes lui demanderaient pourquoi, alors qu'il y avait de quoi manger dans leurs assiettes! S'il ne pleurait pas, les mêmes deux nobles personnages lui demanderaient aussi pourquoi, quand il se retrouvait tout seul dans la vie, abandonné de ses petits camarades de jeu. Il décida d'à la fois pleurer et pas pleurer. De sa vie, il ne saura jamais comment il a pu réaliser tel exploit. Ça lui posait, sur le squelette, en tout cas, une étrange tête, triste d'un côté, gaie de l'autre. Mais de quel côté?, aurait pu se demander une puce.

Jorge-Luis Borges et Vladimir Nabokov, de temps en temps, pour arrêter la profondeur de leur communication muette, osaient ouvrir la bouche pour s'offrir mutuellement du sel, du poivre.

Même dans cette conversation si banale, une oreille, tant soit peu creuse, pouvait bien renifler que s'y passait le poids d'une histoire. Ainsi, les souvenirs des sourires de sa mère, quand, enfant, il salait à outrance les viandes rouges, sourires qui signifiaient : « Vas-y, sale petit, le sel retient l'eau et, rempli d'eaux, tu vas crever, tu ne vas pas t'apercevoir que je suis plus vieille que toi », les souvenirs de ses sourires hésitaient la main de Nabokov, et il renversa la salière, pour saler hors de son assiette. Ainsi, cette touchante scène rappelait à Borges le chapeau « sale » de son père, et il se précipita pour ramasser la salière, tout en donnant un coup de pied dedans, pour ne pas l'attraper, pour ne pas toucher au chapeau de son père, ce chapeau sale entre les doigts de son père mort. Les mangeurs semblaient comprendre le sens de ces événements. Mais qui pourrait concevoir des explications aux gestes de Nabucco, dont les parents n'existaient pas? Coupés d'histoires, ses actes demeuraient sans sens, ses veines sans sang. Toi, qu'il aimait, et qu'il épouserait, n'était pas sa mère, quelle déconvenue! Mais, un père, une mère, il lui fallait en trouver coûte que coûte, afin qu'il donne un sujet à ses pensées! Tout cela défilait dans son corps; sans qu'il le sache et sans qu'il l'ignore.

– Je travaille à une machine à remonter le temps, disait Nabokov. Mais comment savoir qu'elle marche? Si elle marche, il n'y a plus de preuve qu'elle a marché. Je veux dire, si elle marche, elle ne marche plus. Si elle existe, elle n'existe plus. C'est comme la mort.

– La mort, soupirait Jorge-Luis Borges. Moi qui vis avec les fossiles, j'ai un cancer. Et, lui, ne se fossilise pas. Il vit sa vie. J'ai peur, quelquefois.

– Tout le monde a un cancer, répondait Nabokov.

– Le mien est plus évident que ceux des autres.

Nabucco picorait dans l'assiette de celui qui mangeait le moins vite. C'était Nabokov. Il lui demanda :

– Voulez-vous être mon père?

– Adoptif?

– Non. Mon vrai père. Qui me concevra avec ma mère.

– J'ai quatre-vingts ans, gamin, et ne suis point marié.

– Alors recherchons ma mère, et faites-moi naître.

Nabokov et Borges étaient deux vieillards. Le plus vieux des deux n'est pas celui qu'on croit. Le futur père de Nabucco hocha la tête :

– Intéressant; où habitez-vous?

Et Nabokov tirait de son chapeau un calepin pour noter son adresse, quand Nabucco, qui suçait des spaghetti, répondit :

– Chez vous, bien sûr!

5

Ainsi Rome s'était ici créée en une seconde, ce 9 août 1979, et pourtant existait déjà depuis longtemps. Que ce fut troublant, cette ville née d'un instant et qui grouillait déjà de gens divers, de métiers variés, ayant depuis plus de deux mille ans construit son économie, avant sa fondation officielle!

Voilà Nabucco qui suit Nabokov!

Tous les gens, dans les rues illuminées, marchaient comme à l'accoutumée. Nabokov, qui ignorait tout de la ville, qui ne connaissait aucun lieu pour dormir, entra dans la première maison qui se présenta à lui. Il s'y installa, comme si depuis des siècles ce lieu appartenait à sa famille. Simplement, il eut la précaution de dire à Nabucco :

– Voici notre maison.

Et une vieille bonne, qui attendait, les accueillit d'un gros baiser, bien qu'elle ne reconnût point Nabokov et l'enfant. Le vieux haussa celui de ses sourcils qui se haussait le plus vite, se pencha vers la vieille, comme s'il voulait entendre une phrase déterminante d'elle; elle dit :

– Le repas est prêt, monsieur.

La vieille bonne est-elle aveugle, puisqu'elle ne reconnaît pas qu'elle ne connaît point son maître? Nabokov s'attacha aux objets de cette maison inconnue où il se trouvait chez lui; tapis, petits pierrots pensifs sur une cheminée de marbre, tables d'acajou où dormaient des nappes bordées de broderies. Comme s'il les connaissait depuis longtemps.

Ainsi des millions de gens, dans cette Rome nouvelle née, retrouvaient des gestes, des coutumes, des langues, tout en ayant l'impression pointue qu'ils ne se rappelaient rien. Les pâtes se mangeaient, les monuments archéologiques s'éclairaient, comme s'ils avaient été les supports d'une quelconque civilisation. Les gens parlaient italien, comme si cela se faisait naturellement. Se réveillait le palais de la belle au bois dormant, sans s'être endormi. Une nuit d'été.

Des fantômes avec des moustaches, des somnambules avec de longs doigts peints, se saluaient, se serraient dans leurs bras, se croisaient indifférents, dans les rues pavées, devant ces maisons ocre où se retenaient des balcons à fleurs sous la lune. Mais chaque personnage de cette comédie se demandait : Qui suis-je? Et ce fut, en cette nuit d'éveil, le premier signe du phénomène qui trancha net l'Histoire du Monde. Plus tard, chacun saura en voir les conséquences.

Et Nabokov pensait : ce repas a été préparé par une servante qui ne savait pas qui je suis; une servante aveugle, et nous sommes tous aveugles.

Nabokov s'installa à table comme s'il n'avait pas mangé.

Il vit Nabucco devant lui. Il se rappela que ce gamin, son futur fils, existait, mais n'était pas encore né. Un peu comme Rome, qui semblait avoir beaucoup vécu d'aventures, avant d'être née. Nabucco ne disait rien, ne savait rien, ne sentait rien, ne pouvait rien, ne pensait pas. Ce qui est très difficile pour un enfant courant.

La vieille servante apportait une soupe où s'ennuyaient des pâtes cuites. Elle n'était pas assez vieille pour ne pas se demander elle aussi : que fais-je ici?

Et Toi avait erré dans cette ville impossible où la nuit était pire qu'un terrible oubli. La sueur s'incrustait sur les murs. La lumière des réverbères formait d'étranges fenêtres au-dessus des fenêtres. Ça sentait la naissance. Elle déambulait, Abrico sous le bras, sur le ventre.

Ses yeux reposaient, inépuisables, dans les grottes de sa tête. Pas de vent, mais ses cheveux volaient comme en pleine tempête. Pas de pluie, mais ses joues se mouillaient, collaient les paupières. Pas de fusils braqués, mais elle protégeait sa fille de tous ses bras réunis. Les rues étaient espacées de formes étranges. Des mains bleues de peur se caressaient sur des visages aux joues insupportables. Des dos se croisaient, se regardaient, se fuyaient, comme s'ils voulaient se planter des couteaux. Les gens, l'air souriant, se disaient des grâces avec les mains, se mouillaient les sourcils d'élégance raffinée, mais si quelqu'un soudain semblait resserrer ses épaules de crainte, les autres aussitôt sursautaient, mordaient leurs mains, se mettaient à courir, le cœur battant. Les couples, sous les réverbères, le long des magasins puissamment éclairés, dissertaient langoureusement, dans la fraîcheur du soir, mais leurs sourcils tremblaient sans cesse, leurs doigts s'agitaient d'énervements spasmodiquement pointus. « Que fais-je ici? » se disaient, dans les coins, des bouches soudain tirées en arrière; « que fais-je ici? » se disaient des doigts de pieds soudain recroquevillés; « que fais-je ici? » se disaient des cœurs pincés de petits infarctus douloureux et passagers. Une électricité bleue parcourait la nuit de ville; les automobiles se freinaient, inquiètes, sans raison.

Il y avait des grandes rues bordées d'arbres, et, illuminés dans le noir, des monuments blancs, des statues étranges et alanguies, enveloppées de draps d'or, des ponts où des figures droites se répétaient, blanches dans la nuit, se reflétaient. Deux jeunes gens marchaient devant ces figures blanches, se racontant leur repas du soir. Soudain ils s'aperçurent qu'ils regardaient ces figures familières comme s'ils venaient de naître, comme s'ils les découvraient, n'ayant jamais remarqué que tel ange avait le regard si blanc, que les plis des vêtements de pierre étaient si froissés; étonnés, leurs traits se tiraient, leurs doigts se remplissaient de fourmis, le sang glissait de leur tête. Avant de s'évanouir, ils virent, en brume, cette petite fille qui courait, courait, un bébé dans ses bras, jusqu'à ce qu'épuisée, elle se réfugie, à bout de respiration, dans un couloir conduisant à une porte qu'elle ouvrit.

Dans une pièce blanche, se pelotonnaient dix-sept femmes vêtues de voiles blancs. Elles portaient des joues de tendresse et des doigts de fleurs. Toi s'enveloppa dans les cheveux d'une des femmes; elle sentait son souffle dans son cou. Elle vit des petits fils d'amour qui lui caressaient les yeux. Alors le sang glissa mieux dans ses veines, elle eut envie de s'endormir. Elle se berçait dans des plumes qui volaient, ça chantait, une voix douce disait, une petite abeille qui butine le miel des oreilles :

– Protégeons-nous de ce qu'ils vivent là-bas, protégeons-nous de cette violence extrême : la naissance de l'Histoire...

6

Nabucco tombait, roulait sous un buffet, dans la salle à manger de Nabokov. Là, l'angoisse, qui revenait de son estomac, serra sa bouche. Le vieux Nabokov, durant cette prouesse de gymnastique, demandait à la vieille servante, étudiant son air bon dans un petit miroir intime :

– Vous vous appelez comment ma bonne amie?

La servante faillit avoir un dentier d'étonnement!

– Anna Anastolka, vous le savez très bien, monsieur, allons, un peu d'humour, jeune homme, depuis quarante ans que je vous sers.

Pour occuper la paralysie naissante de ses vieilles mains, elle portait à la cuisine des assiettes propres, les rapportant ensuite, sans les avoir remplacées par des sales.

Sans doute Nabokov connaissait depuis longtemps le nom de sa vieille servante qu'il venait de découvrir! Et maintenant, il marchait, perplexe, à grands pas, dans la maison, découvrant ces pièces inconnues où il aurait vécu, paraît-il, depuis quarante ans! Nabucco, regardant passer et repasser les pieds de son futur père, pensait : pourvu que je sois un petit chat.

Sans doute il savait un tas de choses, Nabokov; un tas de choses qu'il inventait totalement. Mais on n'invente jamais rien, c'est bien connu. Il inventait que cette femme de marbre nu sur la cheminée était un des cadeaux reçus par son père lors de son mariage avec sa mère (pourquoi pas?), qu'il était notaire (pourquoi pas, puisqu'il était physicien?), un grand notaire romain servi depuis soixante-dix ans par la vieille Anna qui l'avait vu naître (on pouvait le prétendre, bien qu'il soit né à cinq mille kilomètres de là, et qu'Anna n'ait jamais quitté Rome!), que Rome se trouvait en Italie (au point où on en était, on pouvait dire n'importe quoi!), qu'on était le 10 août 1979 (prouvez-nous le contraire!), qu'un mètre égalait cent centimètres (c'est une hypothèse plausible, élégante et pas plus vraie qu'une autre!), que la Chine existait (qui aurait pu démontrer le contraire?) et qu'il s'appelait Nabokov (puisqu'on s'invente un nom, autant prendre le sien, d'ailleurs c'est un nom parfaitement italien!).

Pour perturber ces merveilleuses trouvailles capitales, s'ouvrit la porte de la maison et l'ancien propriétaire entra, disant : « Petite Anna, le lapin rentre dans son nid, le lapin a faim, le lapin... », et il se trouva en face de Nabokov! Nabokov ressemblait à un vieux monsieur très petit, dans un costume gris, avec des cheveux blancs, des oreilles décollées, un visage de singe, et des yeux loin, loin, loin... Le propriétaire de la maison ressemblait à un vieux monsieur très petit, dans un costume gris, avec des cheveux blancs, des oreilles décollées, un visage de singe, et des yeux loin, loin, loin... Nabokov ouvrit la bouche. L'autre ouvrit la bouche. Nabokov (pensant : il ne faut absolument pas que je fasse le même geste que lui, il va croire qu'il est mon miroir) leva le bras en agitant les doigts. L'autre (pensant : il faut absolument que je fasse le même geste que lui, sinon il va croire que je fais attention à ne pas être un miroir pour cacher le fait que j'en suis un) leva les bras en agitant les doigts. Ils restèrent ainsi l'un devant l'autre, dans cette attitude, aucun des deux n'osant bouger, de crainte de paraître le miroir de l'autre, et faisant tout pour le paraître.

Tant et si bien que l'un des deux, mais lequel?, dit :

– Excusez-moi, je ne savais pas que j'étais déjà là.

Et il s'en alla de là.

Resté lui-même, dans la solitude absolue que cet état d'âme nécessite, Nabokov solidifia ses membres, ses muscles et ses cervelles, autour de cette pensée :

– L'arrivée inopinée d'un autre propriétaire de cette maison prouve bien que cette ville a un passé. Nous avons assisté à une coïncidence redoutable. La coïncidence hasardeuse entre l'existence d'une ville depuis des siècles et sa soudaine fondation; coïncidence entre des concepts qu'on pourrait toujours croire liés par un jeu de cause à effet, mais qui apparaissent comme pouvant être pensés séparément, puisqu'aujourd'hui leur liaison tardive nous étonne et paraît le fruit d'un rêve tout ce qu'il y a de plus providentiel.

Mais Nabucco, insensible aux formules de philosophie

absolue, sous le meuble, pleurait. Il ne pleurait pas ces histoires de naissance ou d'existence, ces improbables coïncidences. Il pleurait parce qu'il avait perdu Toi.

Et les grands rideaux de velours grenat de la salle à manger reflétaient les lumières sombres des feutrés abat-jour, vers la figure magistrale de Nabokov. Ce vieillard, on ne peut plus chétif, balbutiait vertement les fameuses équations du calcul des coïncidences monumentales. Dans la pénombre de la nuit, seules des puces qui fourmillaient sur le col de sa veste pouvaient happer de leurs oreilles le petit bruit des calculs formulés. Ces sympathiques puces, en rangs serrés, pattes velues, se tenaient coites et attentives. De temps en temps, elles prenaient des notes pour l'évolution probable de leur ethnie. Et de leurs mille pattes applaudirent à tout rompre quand le savant Nabokov conclut :

– Tout est vrai, il suffit de le dire.

Bêtement insensible aux plaisirs des petites puces, Nabucco, pas encore né au monde et aux mathématiques qui les gouvernent, sanglotait toujours sous cette armoire de bois considérable. Elles tombaient, les larmes, en une flaque liquide et auréolée des rides océanes. Ce bruit de pluie affola les puces. Elles oublièrent les mathématiques des coïncidences, pour se passionner de physique pratique. D'une patte elles enfoncèrent bien leurs chapeaux melons sur leur tête, d'une autre elles attrapèrent leurs petites mallettes d'urgence où vivaient des anti-insecticides; et, en colonnes de quatre, une deux, une deux, descendirent les laines de la veste de Nabokov. Sautèrent, toujours se tenant fidèlement les unes aux autres. Avant d'atterrir sur l'aéroport rouge du carrelage, elles lancèrent mille petits parachutes auxquels elles se retenaient avec une patte, pas avec celle qui tenait le chapeau, pas avec celle qui portait la mallette, mais avec encore une autre. Combien de pattes ont les puces?

Elles glissèrent et patinèrent sur l'infinie étendue du carrelage, jetant un coup d'œil aux grandes forêts trop touffues des tapis rouges. Arrivèrent devant la mer de larmes où la grande figure de Nabucco se penchait. Alors, grimaçantes d'efforts, elles traînaient, à coups d'épaules, un gros bol sous la cascade de l'œil. Et grimpèrent sur le rebord du bol, pour regarder, ravies, l'eau qui s'écrasait dedans. Elles auraient de quoi boire cet hiver!

Nabucco voyait les larmes de ses yeux se tortiller au fond du récipient. Une à une, les larmes plongeaient dans l'eau, ridant sa surface, se fondant dans l'océan. Et les petites puces, les yeux contents, applaudissaient, pas avec la patte du chapeau, pas avec la patte de la valise, pas avec la patte qui les retenait au bol, mais avec d'autres pattes encore. Les puces ont tant de pattes qu'elles ne savent pas compter! Elles sauront, en tout cas, où se baigner cet été!

Nabucco pleurait parce que c'est si dur de vivre quand on n'est pas encore venu au monde. Nabucco pleurait parce qu'il ne se souvenait même pas du visage de Toi qu'il aimait. Il ne se rappelait même plus qu'il l'aimait. Nabucco pleurait parce qu'il n'était pas triste. Il n'était pas triste parce qu'il avait oublié pourquoi il aurait pu être triste. Et ça, c'était trop triste.

Mais, s'il ne se souvenait plus des yeux, de la voix et même de l'existence de Toi, il gardait cependant, caché dans quelque chose qu'on ne pouvait pas tellement nommer mémoire, le mot, le nom de Toi.

7

Nabucco se précipita (renversant le bol et les puces vilaines se noyèrent à qui mieux mieux) vers le téléphone trônant sur un coussin de soie, pour appeler Je qui sans doute est avec Toi.

Comme il ne connaît pas le numéro de téléphone de Je, il va composer toutes les combinaisons possibles des chiffres du cadran, et va forcément (au bout d'un temps T + 1) trouver le bon. Il commence et compose le 000000 ... mais au moment de pousser le dernier 0, il pense qu'il a peu de chances d'arriver à un résultat valable avec un numéro aussi nul et met le doigt dans le trou du 1.

Ça sonne, Je répond. Il entend Nabucco à l'autre bout du fil, quelque part dans la ville. Je dit :

– Bonjour Nabucco? J'attendais ton coup de fil. Je savais que tu ferais toutes les combinaisons pour m'atteindre, et la mienne étant la première de toutes les séries possibles, je savais que tu y arriverais vite. (Ne parlons pas là de coïncidence!). Je le savais parce que quand tu parles de toi, tu dis « je », et donc, dans une certaine mesure, tu te confonds avec moi.

A l'autre bout de la ville, Nabucco, à ce moment-là, raccrocha : la voix de Je lui donnait des boutons, et c'est très vilain des boutons sur un enfant pas né.

Je savait que Nabucco raccrocherait, mais il continuait à parler à Nabucco, certain de ne pas être écouté et sans doute entendu.

– Donc, mon cher Nabucco, après notre séparation, je suis allé au commissariat de Police. Entre nous, c'est très mal organisé, on dirait qu'ils viennent de s'installer. Des papiers traînent partout, et la moitié d'entre eux ne parle pas italien. J'ai dû sacrément insister avant d'être reçu par un commissaire en train de téléphoner partout pour savoir qui était son chef et dans quel régime politique il vivait. Enfin, j'ai pu attirer son attention, et je lui ai demandé de me demander mes papiers. Il m'a demandé mes papiers, et je lui ai répondu que je n'en possédais point. Ça n'a pas tellement eu l'air de l'affliger. J'ai expliqué au commissaire que j'avais commis un crime, que j'étais recherché, et que, me promenant sans identité, il devait m'arrêter. Il m'a montré un placard entier empli de fiches signalétiques de criminels recherchés. Et puis le Commissaire m'a dit qu'il faudrait que je lui démontre quel rapport il pourrait y avoir entre mon crime et mon arrestation; que je lui démontre au nom de quelles lois il se devait d'arrêter des criminels. Je lui ai répliqué assez vertement que j'en avais assez des doutes et des remises en question, qu'il nous fallait maintenant des lois sûres et sévères. Au fond cette histoire n'intéressait absolument pas le commissaire, et j'avais beau insister il n'arrivait pas à comprendre le bon sens de ma requête. Il m'a demandé pourquoi je voulais absolument avoir commis un crime, alors que cette notion de crime semblait nettement dépassée, depuis Marx et Freud. Je lui ai répondu que, n'ayant ni père ni mère, être recherché par la Police me donnerait au moins une existence légale. Mais d'après lui, la situation était grave, tendue; aujourd'hui, en ce pays, personne n'avait l'air de posséder un père, une mère et ces notions, elles aussi, lui semblaient dépassées, comme celle d'avoir une existence légale ou un nom. Alors j'ai affirmé que j'exigeais de lui une existence légale, une véritable identité politique et judiciaire. J'avais besoin d'être fiché, recherché, reconnu; et au besoin d'aller en prison, sous un nom, un matricule. Lui, il hurlait : si je continuais à l'embêter avec mes histoires de fou, il allait me mettre en prison pour absence d'identité. Très calmement, j'essayais de lui faire comprendre que le problème était au contraire de me donner une identité, et qu'il y avait une grande difficulté à me mettre en prison si on ne savait pas qui j'étais; on risquait de commettre une lourde erreur judiciaire. Mais il continuait à hurler et soudain m'avoua que lui non plus ne savait pas qui il était; puis sentant que cet aveu pourrait porter tort à son prestige, il se calma et presque tendrement me parla de la situation du pays, inexplicablement désagrégée pendant la nuit. Des tas de gens devenaient amnésiques; d'autres se baladaient avec des papiers d'identité qui n'étaient pas à eux; Rome, tout entière, était à feu et à sang; des groupes de terroristes pillaient les maisons, s'y installaient comme chez eux et viraient les vrais propriétaires. Il n'avait, lui, le commissaire (est-il bien commissaire?), jamais vécu ça. Je le consolais un peu, et insistais sur mon cas, certainement plus tragique que celui des autres, étant un enfant sans parent perdu dans la Jungle des villes. Alors il me serra dans ses bras comme si j'étais son fils, et je dois dire que, sans doute pour la première fois de ma vie, j'ai eu envie de me reposer. Très gentiment, avec plein de fleurs dans les mots, il me dit que la meilleure solution pour moi serait d'entrer dans la police, d'enquêter sur moi-même, de me rechercher moi-même, de trouver mon identité et celle de ma victime, de me conduire moi-même en prison. Voilà pourquoi, depuis quelques heures, j'appartiens au corps de la police romaine, pour trouver quel criminel je serai, quel crime je commettrai, pour posséder enfin un casier judiciaire, preuve suprême de mon existence. Voilà, cher Nabucco, ma vie. J'espère recevoir bientôt de tes nouvelles.

Et il raccrocha. Son trop grand costume blanc de policier,

ses pantalons trop longs, dégoulinaient sur ses godasses de clown, et sa casquette trop large, dans sa chute, n'était retenue que par son nez. Pour se donner de l'importance, il mit ses pieds sur le bureau, mâchonna un cigare, l'air méchant. Mais la petite souris grise, qui grignotait les papiers dans ce bureau triste où seule l'odeur d'encre donnait illusion de vie, n'arrêta pas son travail nourrissant, et ne s'enfuit pas devant cette humaine présence.

Dans la chapelle Sixtine, le cadavre d'un Pape inconnu, secoué par les vers, mourait de rire.

8

Le lendemain, les chars de guerre entraient. Nabucco, qui suivait Nabokov, son futur père, assista à cette interrogation historique.

Le 10 août 1979, dans Rome, un jour après sa fondation, se mélangeaient des immeubles rectangulaires et hauts, des hôtels tarabiscotés, de couleur ocre, qui se détachaient sur le ciel bleu, un tas de monuments blanc sale, des colonnades, des monceaux de pierres (on aurait pu difficilement dire s'ils étaient en construction ou en démolition!), et enfin des églises enceintes de dômes, d'angelures. Certains arbres ou fleurs verts essayaient de pousser entre les interstices des maisons; de légères collines, au nombre de sept, autour de la ville, bombaient les rebords d'une cuvette obligeant les maisons à se tasser en un équilibre très précaire. De grandes avenues tentaient de percer ce fouillis de pierres naissantes, mais souvent se perdaient dans d'étranges angles droits où de petites placettes attrayantes, fleuries et légumières, condensaient sur elles les populations gesticulées.

Le premier matin après la création, un monsieur se réveilla en pleine via Veneto, se disant : « Ciel, je m'appelle Giuseppe Carulina, j'ai trente-six ans, je suis né d'un père et d'une mère, mon père s'appelait Carlo, et ma mère Ida, ils étaient pâtissiers, je suis marié avec Antonietta, née Berto, je tiens une librairie via Nazionale, ne trouvant pas de place dans l'enseignement après mes études de lettres classiques, mais jamais je ne me suis aperçu de ce passé de pâtissier, jamais je ne me suis aperçu de mon état de libraire, pourtant, sans nul doute, c'est ma vie, et depuis trente-six ans! » En ce matin, tous les habitants de Rome, de l'étroite via del Tritone aux larges avenues du Trastevere, de la piazza Cavour aux thermes de Caracalla, se tenaient, dans le secret de leurs corps, à peu près le même discours, en remplaçant pâtissier par plombier, Antonietta par Maria ou par Julio, et libraire par conducteur d'autobus ou par marchande de journaux. Des millions et des millions d'habitants, en un millième de seconde, en ce petit matin revirent clairement leurs passés, leurs histoires familiales, comme s'ils venaient de leur être révélés. Et qui revivait le sourire d'une petite sœur qu'il avait toujours ignorée. Et qui se souvenait d'une petite maison aujourd'hui détruite, où auraient vécu ses grands-parents. Et qui revoyait ses années dans un collège de Jésuites et l'odeur des tilleuls. Mais le grave problème fut que ce passé revécu dans la mémoire ne correspondait pas toujours au présent. Il s'agissait bien d'une coïncidence, et des plus hasardeuses. Un esprit futile aurait pu croire que le signor Bellavista, dans sa petite maison blanche et basse de la via Cerveteri, qui se souvenait soudain de multiples précepteurs lui apprenant le latin, le grec, l'hébreu, le français et le serbo-croate, dans les quatre-vingts salons du palais de son père ministre, était aujourd'hui ou bien un épanoui savant, ou bien un riche préfet, ou bien un élégant spécialiste des infections rénales. Mais ce signor Bellavista, qui se rappelait clairement ce passé, ne parlait en réalité aucune autre langue qu'un approximatif italien, et fonctionnait comme chiffonnier triste. Pourtant réellement, tous les détails de son enfance dorée lui revenaient dans les palais de son crâne! Et pourquoi Armanda Preciosa a-t-elle passé toute son enfance dans un cirque (oh elle se rappelle comme si elle y était l'odeur de foin des chevaux savants) quand, aujourd'hui ingénieur en pétrochimie, elle sait avoir toujours été incapable du moindre tour de piste sur un cheval bai? Alberto Santolli, s'il revivait soudain le moment éclatant où, pendant la guerre de 1940, les Allemands le torturèrent comme juif résistant (et il se souvient très bien des détails électriques de la torture), n'avait aujourd'hui que vingt ans, n'était point né durant cette guerre; sur son petit vélo il pédalait dans l'ombre des arbres de la via Casilana pour livrer des petits pains, voilà son métier. Vraiment la réalité d'un *autre* passé venait prendre la mémoire de chacun. Ces nouveaux souvenirs arrivaient de partout, comme des vents, s'enfilaient où ils pouvaient dans les moindres interstices entre les cervelles, les bâillements de bouches. En cette aube, dans la fraîcheur des premières chaleurs s'ensuivit un tas de cafouillages terribles, les gens hésitant totalement entre ce que prouvaient ces souvenirs inconnus et ce qu'ils croyaient être leur réalité. Des ouvriers se rendaient dans les usines de plomb des faubourgs, commençaient à travailler aux diverses chaînes, sans savoir qu'ils possédaient des comptes en banque de plusieurs millions de lires. Des centaines d'autres personnes se retrouvaient derrière des bureaux directoriaux, confrontés à des problèmes de gestion, de marketing, d'échéances de traites dont jamais ils n'avaient entendu parler. Dans les banques s'amusa la confusion la plus extrême. Certains venaient réclamer de l'argent et découvraient un compte vide ou inexistant. D'autres, sans fortune, se trouvaient à la tête de richesses incalculables. Dans les écoles, beaucoup de professeurs se pensèrent élèves, tandis que des élèves s'installaient à leur place. Des médecins commençaient de bonne grâce et de bonne heure leur visite dans les hôpitaux, et restaient plantés, là, devant des malades qui ne l'étaient plus, sans savoir de quelles maladies ils souffraient. Des bouchers rentraient dans leurs boutiques, n'y voyaient que des livres, se mettaient à les débiter en tranches de leurs longs couteaux sanglants. Les secrétaires s'asseyaient devant leur clavier, et tentaient de taper des phrases incompréhensibles dans une langue qu'elles ne connaissaient plus. Des yeux écartés, des lèvres blanches, des jambes crispées, allaient et venaient, dans les rues à peine ensoleillées, de maisons en maisons. On cita même le cas d'un coiffeur qui coupait systématiquement la barbe de ceux qui n'en possédaient point, leur expliquant : monsieur, vous en aviez une hier, et si vous n'en portez pas aujourd'hui, c'est que justement je vous la coupe.

Le soleil du matin se promenait sans nuage ou odeur de fumée. Chantaient les oiseaux. On aurait dit un lendemain de fête, quand on rentre chez soi au petit matin. Des serpentins traînaient partout. Les vêtements froissés, les haleines lourdes, les hoquets touchants.

C'est dans ce climat euphorique que les premiers chars arrivèrent, créant ainsi une heureuse diversion guerrière à l'affolement national.

9

Nabucco, dans le petit matin, donnait la main à son futur père. Nabokov commençait à s'inquiéter, se demandant le cœur serré (émigré russe, il enseignait – du moins le croyait-il – la physique dans une université américaine) qui il était vraiment? Devant le petit enfant et le vieillard, les blindés descendaient, à la queue leu leu, la via del Corso. Ça faisait du bruit, de la poussière.

Sous les yeux de ces femmes décoiffées, de ces hommes en chemises sales, aux regards confits de rêves nocturnes, de ces fillettes dormantes, noctambules du petit matin, avançaient les ferrailles, ces chenilles brunes, sans conducteurs apparents, sonnaient les cloches de Rome, lourdes et mélancoliques cloches graves de San Giovanni in Laterano, petites sonnettes rocailleuses de San Andrea della Valle, cloches sinistres, fausses et cassées de Sant'Anastasia, cloches imperturbables, colossales, noires et or, de San Pietro, avançaient les chars, lentement, devant la piazza Colonna, le soleil pâle frappait les maisons ocres, roulaient les roues boueuses, les canons lourds comme du plomb, frappait le battant du lourd tocsin, une goutte d'eau lente tombante dans l'œil, de Santa Maria Maggiore, lui répondaient les petites clochettes froufroutantes de San Eusebio et de Santa Bibiana, se charriaient les ferrailles imperturbables, noires, rouillées, des centaines de chenilles, avec un bruit de montagne, les bronzes millénaires de Santa Maria di Vittoria laissaient couler leurs glas, échos coupeurs de têtes, battements de gorge à l'échafaud.

Quand les premiers chars atteignirent la piazza Venezia, devant cette étrange sucrerie élevée à la gloire d'un certain et inconnu Victor Emmanuel, le bruit leva les yeux des endormis de nuit blanche, ouvrit les fenêtres, jeta dehors des bras, des jambes, des seins, des cuisses, des têtes qui se réunirent pour la plupart en corps à peu près cohérents. Les masses compactes des carrosseries porteuses de canons hésitaient maintenant sur la direction à prendre, confrontés à des sens giratoires ou interdits. Angoissés, lyriques, muets, furent les premiers contacts des Romains avec les chars : – qui êtes-vous? (silences); – d'où venez-vous? (regards ronds des gros yeux qui dépassaient des lucarnes sous les tourelles des canons). Bientôt on dut se rendre à la réalité. Il y avait des chars russes, des chars américains et des chars allemands, conduits par des épaves, des espèces de soldats morts et ressuscités de l'histoire, qui ne savaient pas très bien ce qu'ils étaient et ce qu'ils n'étaient pas. La plupart de ces carcasses, rouillées au-delà de toute espérance, dataient des dernières décennies, se conduisaient mal, éraflaient les trottoirs et les coins de maisons, pourtant signalés. Et tremblaient de partout, comme si elles voulaient faire la guerre.

Tous les souvenirs qui venaient, comme les chars, de nulle part, et qui formaient, aujourd'hui, les cervelles des Romains, attrapèrent des pavés, des manches de pioches, et les lancèrent fracassant, contre les vestiges archéologiques des guerres anciennes. Le soleil brûla ses feux. La sueur rayait les visages d'angoisses indéfinies. Une foule entière et sans nuance, en bras de chemise, protégée de foulards sur la bouche, se ruait. Des femmes montraient des enfants pas encore morts et pas très réveillés non plus. La ville devint, plus rapidement qu'en une journée ordinaire, un champ de plâtre, de briques renversées, de voitures retournées. De la fumée noire se cacha du soleil. Les conducteurs des chars, les yeux outre-mort, regardaient les projectiles leur arriver dessus, les déchiqueter sans comprendre le pourquoi et le comment de cet accueil sauvage à leur résurrection. Des avalanches de gravats ruisselaient contre les carrosseries des blindés qui continuaient cependant leur marche victorieuse, brisaient les ventres des maisons, ressortaient des ruines; il y eut une panique épaisse.

Puis on allait dans tous les sens, ne reconnaissant plus

sa propre main ensanglantée. On réveillait les derniers endormis.

Avançaient toujours, régulièrement et infatigablement, les masses serrées des canons à chenille, on leur criait : partez! avec des larmes et des haines. Mais les conducteurs nous regardaient comme s'ils pensaient qu'ils n'existaient pas.

Alors, du Corso Vittorio Emmanuele au Monte Palatino, on se groupait en corps étroits formés de mille viandes emmêlées, on avançait, chacun contre le ventre de l'autre, et un pas, un autre pas, dans la douceur du matin, on s'avançait, devant la marche infinie des chars d'outre-guerre, et une pierre passait de mains en mains, de doigts en doigts, avec une exquise fragilité, jusqu'au premier lanceur, puis une autre pierre, de paumes en mains, comme un éclair, les bras du danseur tourbillonnaient.

10

Un homme courait. Il filait ses jambes. Il rentra dans une maison. Dans une minuscule cuisine de vaisselles sales où dormait un vieillard.

– Signor Presidente!

Le vieillard réveilla un de ses yeux pour mieux endormir l'autre. Le coureur le secoua sans pincette :

– Espèce d'éphémère, vas-tu te réveiller?

– Quoi? fit le vieillard; d'une bouche pour mieux endormir l'autre.

– Les chars sont là, Presidente!

– Je suis un plombier, répondit le vieillard, en fermant tous ses orifices.

– Non, vous êtes Président de la République et les chars sont là!

Le vieillard rêvait à haute et intelligible voix :

– D'abord, Rome est une royauté, c'est bien connu. Ensuite je suis plombier, c'est bien connu. Donc je ne peux pas être le Président de la République de Rome.

Or le vieillard avait deux chapeaux. L'un de nuit, avec les étoiles dessinées dedans. L'autre de jour, avec un soleil peint. Aux coups de pied de l'inconnu debout, il décida de se réveiller, et, dans le plus profond sommeil, enleva son chapeau de nuit. Posa sur sa tête son chapeau ensoleillé. Regarda l'inconnu, s'aperçut qu'il le reconnaissait, bien qu'il ne le connaissait pas (ce phénomène devenait banal!); se leva. Pour éprouver la solidité de son réveil matinal, le plombier dit n'importe quoi :

– Ah, c'est vrai, je suis Président de la République, diable!

L'inconnu reconnu ôta sa gabardine et montra sa magnifique livrée de valet discipliné qui, maintenant, préparait le café sur l'évier sale. A une époque moins troublée, il aurait préparé le café sur la cuisinière, après l'avoir nettoyée. Café bu, ils descendirent dans la rue. Ils prirent un vélo. Le vieil homme sur le porte-bagages et le valet pédalant. Dans les yeux du Président, c'était vraiment la guerre. Il faut dire qu'il avait sommeil. Des fusils construisaient des barricades avec des chaises, des meubles et des fruits. Au milieu de cette cohue renversée, ils atteignirent, l'un s'endormant, l'autre pédalant, le siège du Parlement. Le Président, cherchant des bretelles, qu'il ne portait point, pour bien fixer son pantalon flottant, entra dans l'hémicycle, hurlant : « Messieurs, gardez votre calme, ne criez pas tant, je suis là qui prendrai mes responsabilités. » Mais ces messieurs gardaient un silence parfait. Il n'y avait strictement personne. Personne à part les innombrables rangées de bancs de bois vides qui montaient, bruns et durs, jusqu'au ciel représentant une coupole. Personne à part un Noir qui frottait de cire les bancs. Le Président s'approcha de cette Auguste Personne :

– Où est le gouvernement?

Le Noir leva ses yeux vers ce Blanc ridicule, qui manquait certainement de sommeil, de soleil; et peut-être murmura-t-il distraitement, discrètement :

– Qui peut prétendre encore gouverner en cette fin du xxe siècle?

– C'est vrai ça, répondit le Président.

Et s'allongeant sur un banc bien ciré, le plombier se rendormit.

Dans la rue, c'était le bonheur. Le soleil brunissait les fleurs. Tous les cœurs riaient. Le soleil soufflait du jaune, du rouge, du vert sur les pierres, les poussières, les haines et les habits des gens. Les cordonniers, les banquiers, les électriciens, les libraires, les dentistes, les télégraphistes, les pompiers, dans leurs petits costumes verts et jaunes, bleus et lilas, roses et pomme, pouffaient des étincelles dans leurs joues mignonnes. Circulait le sang des révolutionnaires. Les petits enfants sautaient. Leur maman leur donnait du gruyère. Ils jetaient de gros pavés, enrubannés comme des œufs, contre les têtes de turc des chars allemands, américains et russes. On portait des mouchoirs sur la bouche pour se protéger des confetti.

Pour faire passer cette panique originelle de posséder soudain tout un passé qui contredisait les habitudes, pour déplacer cette angoisse de soudain se connaître, de se réfléchir, le peuple de Rome se réjouissait de ces chars entrés dans la ville, créant une guerre, comme divertissement.

Un malheur n'arrive jamais seul : évidemment, dans le ciel, qui voilà? Ces vieilles oies sauvages! Elles allaient, filles de Pharaon!

Troisième partie

LE SQUELETTE ET SON DOUBLE

Comment Borges découvrit un squelette humain au milieu des fossiles de dinosaures, et comment un enfant de sept ans ira mourir avant sa naissance. – Comment Artemisia Sanseverina devint la future mère de Nabucco à la place de sa sœur amnésique. – Comment Nabokov emmena son futur fils visiter le Squelette miraculeux, et quelles étranges révélations il fit à Borges sur l'avenir de la science et de Nabucco. – Comment mourut la Reine des oies sauvages, comment Nabucco fit connaissance avec sa future mère et avec la servante Saïse, et où il est montré la complexité des âmes humaines. – Comment Nabucco conclut un étonnant pacte avec un personnage qui, pour l'instant, n'est pas mystérieux, mais peut réserver des surprises.

1

L'événement le plus important de la journée ne fut pas la fête que se donnait Rome célébrant sa naissance. Les journaux, les télévisions ne s'y trompèrent pas : le 10 août 1979, une découverte paléontologique modifia le cours de l'histoire naissante. On se rendit tous sur l'une des sept collines de la Ville éternelle.

Sous le ciel bleu, foulant de leurs pieds durs les aiguilles rousses des pins verts, il y avait : les grippés, grelottant de fièvre, sous quatre écharpes aux nez rouges; les accidentés de la route, les jambes écrasées sur des fauteuils roulants; les asthmatiques, la bouche ouverte et qui ronronnaient l'air qu'ils n'arrivaient pas à avaler; les schizophrènes qui passaient leur temps à enlever leur chemise pour trouver où ils pouvaient bien se cacher; les constipés qui, les dents crispées, forçaient, pour se retenir; les goitreux qui faisaient le gros dos pour qu'on ne regarde pas leurs mentons sour leur menton; les cancéreux qui sifflotaient, heureux de n'être pas malades, car, après l'ouverture de leur ventre, on les avait renvoyés gentiment chez eux; les hémophiles et leurs petits bocaux de sang en cas de blessure; les aveugles qui en cherchaient d'autres pour se casser la figure ensemble; les leucémiques, la peau gonflée, les yeux au-dessous de la bouche;

les lépreux, et leurs petits paniers d'osier, pour y déposer les lambeaux tombés de leurs chairs granuleuses; et tout ce beau monde vrillait ses yeux illuminés vers la Montagne.

Les premières équipes de télévision déroulèrent leurs films contre ce cortège de plaies et de bosses sous le ciel bleu. Le soleil faisait pousser les poireaux. Les prêtres portaient les châsses de Sainte-Marie-Jacobé, de Sainte-Marie-Salomé. Des culs-de-jatte haussaient la statue de sainte Sarah. Les cigales priaient. On s'amassait, on y allait, la route sera longue et dure.

Enfin, cerclé de motards noirs, il arriva, dans sa deux-chevaux verte, et descendit : Jorge-Luis Borges, un vieillard presque aveugle, soutenu par des pages aux yeux fardés. Dieu, pensait-il, une découverte archéologique aussi importante doit-elle s'accompagner d'autant de miracles?

Borges serra sa bouche contre ses yeux blancs. Toujours secoué par les pages, il gravit les aiguilles ombragées des pins de la colline. On lui touchait les mains, on lui palpait les pieds, on lui regardait sous les paupières. La partie de lui qui s'efforçait de tenter d'avancer grommelait :

– Pourquoi, de peur d'être affolés par ce qui est étonnant, m'admirent-ils, moi, qui ne suis que le porte-parole du Mort?

On montait vers le lieu d'Admiration et de Connaissance. Un mystérieux agent d'une puissance extra-terrestre, perdu dans la foule des boiteux, des tordus, des poitrinaires piaillants, cachait ses yeux invisibles derrière des lunettes noires, et Borges lui chuchota à sa troisième oreille :

– Ce que je ne comprends pas, c'est que, venu à Rome exprès pour creuser une montagne et y faire une découverte paléontologique fondamentale, je trouve, arrivant, la montagne déjà creusée, la découverte déjà faite, déjà prête à mes savantes déductions, comme si j'étais venu à Rome avant de venir à Rome...

– Oh, vous savez, répondirent les lunettes noires de la puissance extra-terrestre, le temps est une notion périmée depuis le XXIIe siècle.

On montait. Bientôt, il n'y eut ni pins ni parasols, les monts devenaient sauvages, plantés d'herbes rudes. Le vent gonflait les yeux. Sur chaque brin d'herbe se perchait un pèlerin, se juchait un voyeur. Vue par l'hélicoptère qui relatait en direct l'événement au monde entier, la colline verte était noire de têtes noires, blanche de chemises blanches, bleue de jupes bleues, rouge d'yeux qui n'osaient pas voir.

Quand les rideaux des paupières se levèrent, apparut la scène :

La montagne avait été découpée comme un gâteau. On apercevait tout son intérieur. Se marquaient les différentes couches géologiques de sa formation. De bas en haut : une couche bleue pour l'ère primaire (ou Paléozoïque), une couche jaune pour l'ère secondaire (ou Mésozoïque), une couche vert pomme pour l'ère tertiaire, et enfin une couche rouge pour l'ère quaternaire, la dernière aux dernières nouvelles.

Entre cette immense coupe verticale et les regards du peuple de Rome, s'avançait Borges; sa silhouette démantibulée se découpant sur les tranches de gâteau colossal. Un violoniste hyperchauve racla son archer pour rythmer la profondeur du moment. Le vent illumina les yeux du savant.

Le peuple (des yeux noirs, irisés de cheveux violets, des yeux bleus, où se noyaient des lacs rougeâtres, des yeux verts, où rigolaient des poils de chat) hurla son désir qu'un discours arrête son hurlement. Les valets rassemblèrent les différents morceaux du corps du vieillard, ainsi que le réclame le système des Beaux-Arts. Plantèrent une grande perche dans la main mécanique de Borges. Remontèrent ses serrures. Il disait :

– Peuples qui m'écoutez, regardez cette montagne, où, comme en trop d'horloges, se lit la vérité du Temps. Regardez : chaque étape de l'histoire de la terre est à sa place, couverte des traces de la suivante, le Paléozoïque, le Mésozoïque, et enfin le Cénozoïque qui se divise en la période tertiaire et notre actuelle période quaternaire (et sa perche tâtonnait, piquait la bonne couleur sur le gâteau, on prenait des notes, c'était instructif et épatant). Chaque vestige de chaque animal, nos frères qui de leurs pourritures ont bâti ces empires, chaque trace est là, à la place que nous enseignent les livres. Les lycopodes, les trilobites, les placodermes, les premiers poissons à mâchoires, reposent en leur béatitude fossilisée, dans le bleu de l'ère primaire. Les squelettes figés des grands sauriens, des Dinosaures, les Ignanodontes, les Ankylosauriens, les Brontosaures, n'en finissent pas de mourir dans le jaune de l'ère secondaire. Les premiers mammifères, ongulés à paridigité, Proboscidiens, terribles Mammouths aux yeux tristes d'ennui, dorment dans le terrible secret du vert pomme de l'ère tertiaire. Enfin des milliers de petits lapins en squelette contemplent leur absence de nombril dans les croûtes rouges et récentes de notre époque quaternaire. Tout est en ordre, mais... (il s'arrêta, on remonta sa clef...), maintenant regardez l'énigme, regardez l'angoissante question qui soulève les os de mon crâne, oui, regardez!

On entendit les déclics des yeux qui prenaient le vu : au milieu de la tranche jaune de l'ère secondaire, au milieu des os oubliés et pourtant nécessaires des Dinosaures, reposait, dans une grande mélancolie : un squelette humain.

L'hyperchauve roula du tambour.

– Oui, hurlait Borges, vous voyez l'invisible, l'irregardable, le scientifiquement, métaphysiquement et théologiquement inexplicable : là en pleine terre de l'ère secondaire, repose un squelette du XXᵉ siècle! Au milieu des grands sauriens nous nargue un squelette du XXᵉ siècle! Un squelette d'un enfant de sept ans, environ. Du sexe masculin. Hauteur : un mètre. Parfaitement constitué, parfaitement conservé. Développement des os et grandeur des articulations typiques du XXᵉ siècle, et plus exactement de la seconde moitié du XXᵉ siècle. Dans la mâchoire, deux dents en or, de fabrication datable exactement des années 1980. Une fracture réparée du péroné, réparée comme on sait le faire dans les plus actuelles pointes de la chirurgie contemporaine. Et une balle de revolver dans la boîte crânienne, sans doute cause de sa mort, une balle de fabrication chinoise qui ne sera commercialisée en Italie que dans deux ans. Il est impossible que ce cadavre ait glissé, ait, du propre gré de son poids, creusé la terre pour s'enfouir dans le nid chaud d'une telle profondeur. Nous devons nous rendre à l'évidence : dans deux ans, un enfant mâle de sept ans ira se suicider d'une balle dans la tête en pleine ère Secondaire, ira mourir avant d'être né. Oui, un enfant, un petit garçon que nous côtoyons aujourd'hui, un de nos fils peut-être, qui a aujourd'hui cinq ans...

Des éclairs zébrèrent l'absence d'étoiles du ciel. Les visages tremblaient. De grands bruits secouaient l'abîme. Chacun se voila la face qu'il venait de perdre.

On entendait dans les cœurs, en songe, les pattes des grands sauriens qui tassèrent les sables pour constituer cette boule folle qui tourne provisoirement sur elle-même, tassèrent les argiles et les schistes, tassèrent les arbres, les fleurs, ces grosses pattes qui bitumaient la croûte de nos vies futures, en riant.

2

Nul art n'est plus profond que la cuisson des pâtes. N'importe qui peut réussir un chevreuil sauce grand veneur, une omelette baveuse aux truffes, un soufflé aux fruits de mer, ou quelques autres platitudes des cuisines françaises, allemandes ou périgourdines. Il faut une grande rigueur intime pour saisir la seconde exacte où la pâte va passer du délicieux au pâteux. Et justement, trop de gens, confondant négligemment l'étymologie de pâte avec pâteux, ne conçoivent la nouille que fondante, alors qu'elle doit être un délice de rugueur douce, solide et onctueuse. Sans parler des sauces, stupidement toutes nommées « tomates », alors que peuvent s'y vivre de délicates nuances, si l'on asperge la casserole de thym, de sarriette, de basilic, ou de fenouil, et quand s'y nouent les saliveuses papilles de quelques miettes de viandes, de poissons, de fruits de mer, amoureusement enlacées à la pulpe charnue et grasse des tomates chaudes. Et cet échafaudage d'extase : dans l'assiette, la sauce, délicieusement enrubannée de toutes les combinaisons possibles, reposera, pointue, en haut du nœud bien coulant des pâtes blanches; et fourchette mêlant, s'y mélangera sans pourtant s'y confondre, glissant sur le cuir doux des nouilles, distinguant subtilement les goûts dans les tréfonds caressés du palais.

Maria Sanseverina préparait ainsi des macaroni à la sardine. Grillées, les petites sardines étaient délicatement séparées de leurs arêtes, puis émiettées, recuites dans un filet d'huile d'olive, où crépitaient, aimables, quelques cœurs de tomates. C'était la nuit, à Rome nouvelle née.

Cette nuit, on invita les armées étrangères à se restaurer, les fossiles ressuscités des conducteurs de chars à loger; on les bichonna. Dès le crépuscule, la fête de la guerre, lassante, traîna en longueur; on se fatigua. Alors on fit trêve pour reposer ses yeux. Et on invita les cadavres à casser la nouille à la maison. On les aimait tant! Ainsi s'asseyèrent-ils, ces Américains, ces Allemands, ces Russes, ces morts, très droits, aux tables. Ils regardaient la nourriture de leurs yeux de tombe. Ils ne parlaient pas. En quelle langue s'expriment ces cauchemars? Ils restaient secs dans l'angoisse totale de leur pourriture. Les demoiselles des familles romaines leur posaient des questions sournoises : « comment c'est de ressusciter? », ou « que se passe-t-il après la mort? ». Il est bien évident qu'ils ne pensaient même pas qu'il aurait été amusant de soudain s'effrayer à répondre.

Tania, Giuseppina et Andréa, les filles de Maria Sanseverina, invitèrent, folles de peur, un beau cadavre d'un char russe. La mère apporta les macaroni à la sardine et l'on se mit à table. Le père était ingénieur, et donc, depuis le Grand Cafouillage, travaillait comme veilleur de nuit. Fumaient les pâtes. La salle à manger se voulait blanche, moderne et électrique; elle y arrivait facilement.

Dans cette pièce chirurgicale, aveuglée par des spots droits et tordus, la petite Giuseppina souriait et ses ongles bleus tourbillonnaient en trajectoire inverse. Et voilà que soudain, sa tête se secoua, bouleversée par des souvenirs inconnus qui lui tombaient dessus : elle s'ébouriffait, elle s'ébrouait, elle voyait dans le miroir noir du fond de sa cervelle une étrange scène enfantine :

Un vieil homme se promenait, dans la forêt sombre, avec un cheval blanc à roulettes. Et les petites filles couraient derrière la queue du cheval, disant : vieux, vieux, laisse-nous faire un tour sur ton cheval blanc à roulettes! Et le vieux répondait : attention, filles, sauvage est ce cheval, il peut m'échapper. Oh ça ne fait rien, laisse-nous monter dessus! Alors le vieillard regardait une à une les petites filles, son doigt désignait la petite Giuseppina et, nouant ses mains, lui offrait un marchepied doux pour qu'elle monte sur ce cheval blanc à roulettes. Et roulait le cheval, tiré par le vieux! Et riait la petite fille! Et tiraient la queue du cheval les autres petites filles déçues. La forêt sombre circulait les songes terribles. Soudain, la route descendait! Le vieux criait! Le cheval lui échappait! Et dévalait tout seul le cheval avec la Giuseppina criant dessus! Hurlait la fillette s'accrochant aux ficelles de la crinière! Et une rivière coulait, indifférente, au bas de la côte, dans la nuit. Plouf, faisait la petite fille qui giflée de froid mouillé, tombait dans l'eau!

Cria Giuseppina. Dans la salle à manger blanche. Toutes ses sœurs se tournèrent vers elle. La tête de Giuseppina tombée dans les macaroni, pleine de bouts de sardines collés, de terre et de boue, criait :

– Maman, qui est ce vieillard avec un cheval de bois à roulettes?

Les deux autres sœurs, et leur robe à tournure, corsage étroit et seins relevés, se balançaient sur leurs fesses, et bafouillaient et chuchotaient et insinuaient :

– Oh, c'est notre nouveau père... nouveau père!

– Oh, c'est notre oncle, le vieux Gustave!... vieux Gustave!

Maria Sanseverina se levait, en longue cape noire, elle élargissait ses grands doigts héréditaires, s'adressait à ses filles :

– Taisez-vous, filles de peu de foi. Il s'agit de mon arrière-grand-père, le prince Kropotkine, qui n'a sans doute jamais existé, né certainement de ta mémoire antérieure, Giuseppina.

Le cadavre du Russe était toujours là, avec son costume

d'une autre guerre, son casque à pointe, son treillis souillé de boue, dans le silence le plus froid, dans l'étonnement le plus massif devant cette imperturbable logique. Il essayait d'utiliser ses mains pour manger, mais tombaient ses couteaux, ses fourchettes, et d'ailleurs il n'avait pas besoin de manger.

Et Tania, l'aînée, hurlait à sa mère :

– Oh, maman, ma mère ce n'est pas toi, ce n'est pas toi. Ma mère, c'est cette grosse femme rousse qui m'a montré son cul et dont je rêve depuis deux jours!

Les deux autres filles se cachaient déjà sous la table. Maria Sanseverina écartait ses bras dans le plus grand comique :

– Ta mère c'est moi, ta mère c'est moi...

Elle plongeait ses mains dans les macaroni, les jetait contre les murs pour qu'ils n'aient plus cette effroyable blancheur innocente! Seul le cadavre restait tranquille, regardant les robes à crinolines s'agiter dans la nouille, autour de lui, se levant, lui aussi, retenant, du bout de ses os, les peaux tombantes de ses joues parcheminées d'où sortaient des dents tremblées. Il ne pensait même pas qu'il aurait dû penser que c'était assez ridicule.

– Ta mère c'est moi, ta mère c'est moi, répétait Maria Sanseverina.

Elle se glissait sous la table, où se secouaient ses trois filles. Maria Sanseverina s'écroulant lentement dans le fracas net des jupes cassées, pensait : mon Dieu, comment Tania savait-elle que j'étais rousse et grosse, oui comment savait-elle que j'étais ainsi, moi qui n'ai jamais été rousse et grosse? Aux quatre coins, à quatre pattes, les filles la lorgnaient salement, cette mère indigne et indignée. Au-dessus de la table, blanc et piqué de vert pourri, abandonné, le cadavre russe demeurait imperturbé. Sous la nappe, ce n'était que touchers de robes : la petite Andréa, la dernière née, s'approchait de Maria Sanseverina :

– Maman, tu es ma maman...

– Non, Andréa, je suis une toute petite fille, une toute petite fille.

Et Maria Sanseverina, la toute petite fille, s'enfuyait, dévalait les grands escaliers de marbre du palais impérial, à chaque marche se plantaient des soldats bleus, elle fuyait, précipitée par sa peur (une chaussure d'elle se déchaussa et demeurait versée sur le marbre brillant). Elle traversait les salons dorés, les grands parquets laqués, et s'ouvrit sa robe blanche dans la nuit.

Dans la rue, Nabokov traînait Nabucco. La petite silhouette de Maria Sanseverina devenait grande. Les étoiles marquaient bien le noir autour d'elle. Maria pleurait sur les vieux seins de Nabokov :

– Au secours, au secours, mes filles ne sont plus mes filles!

Depuis la création de Rome, un tel spectacle s'offrait à chaque coin de rue.

Le vieil homme attrapa le menton de la Maria avec ses doigts, s'étonna que la bouche tordue de la femme suive son menton, et les yeux, la bouche, le regardant. Il disait, Nabokov :

– Voulez-vous être la mère de cet enfant?

La nuit était trop noire pour s'appeler jour. S'y lisaient d'inflexibles étoiles. Les yeux de Maria Sanseverina se tournaient vers l'enfant. Mais les larmes de cette mère ne virent pas Nabucco qui suivait son futur père. Et Maria Sanseverina, ne voyant rien, ne disait rien, tant il est vrai que l'on parle des yeux. Tant il est vrai que l'on parle avec la bouche, Nabokov (pensant : où est mon mouchoir pour lui moucher les larmes?) demandait à la dame :

– Votre nom?

– Oh, je ne sais plus mon prénom, non, je ne sais plus, je ne me souviens que du prénom de ma sœur, Anastasia, Anastasia Sanseverina. Oui Anastasia; mais moi ce n'est pas Anastasia; moi c'est... je ne sais plus.

– Alors votre sœur sera sa mère à votre place, répondit Nabokov.

Il faisait nuit, la sœur inconnue de la future mère de Nabucco pleurait son prénom oublié et ses filles perdues, le vieux Nabokov avait froid et très mal au dos, et le petit Nabucco ne pleurait pas, ne criait pas, n'avait pas du tout l'air de penser des choses raffinées. Qu'est-ce que ça peut bien penser, quelqu'un qui n'est pas encore né?

Nabucco regardait la nuit, écoutait les gémissements. Il se sentait incapable de la moindre imagination. Il aurait bien voulu savoir des histoires dans sa tête, comme les grandes personnes. Pourtant les gens n'avaient pas tellement l'air content d'avoir tant d'histoires. Le long des rues noires tachées de réverbères, on se cognait la tête contre les murs. Des êtres étranges aux longs corps munis de pattes râpaient le ciment noir des maisons de nuit, pour se briser.

Tout vide, Nabucco marchait. Il n'avait pas du tout envie de se cogner la tête. Il n'avait que si peu de tête! Les choses, vues par ses yeux, n'évoluaient point dans cette élégante continuité qui fait notre quotidien content. Nabucco se retrouvait où il se trouvait, sans bien suivre comment il y venait. Il tenait la main de son futur père dans une rue étroite et cassée d'escaliers où des formes se tapaient la tête contre les pavés. Mais les têtes n'éclataient jamais. Et puis d'un seul coup, il se retrouvait au bord d'un fleuve, sur les berges, des centaines d'ombres mal éclairées se plongeaient la tête dans l'eau, pour que le fleuve charrie les idées. Mais personne ne se noyait : c'était terrible! Et puis tout d'un coup, il n'y avait plus de ville! Il se retrouvait, Nabucco, tirant en arrière la main de Nabokov qui le tirait en avant, dans un champ d'herbes noires, comme un petit pantin bleu aux yeux grands ouverts. Un pantin rose aux yeux tout étonnés de ne pas être étonné. Quant à Nabokov, d'étranges coliques sourdes comme des pots lui tiraient le ventre. Ainsi marchaient-ils, le futur père et l'enfant, dans cette plaine noire d'herbes vertes, vers la montagne du Miracle.

3

Autour d'eux, les boiteux, les paralytiques, les aveugles tâtonnaient vers la Montagne avec des cierges à la main. Nabucco levait une patte en l'air et la reposait en bas. Puis recommençait cette délicate opération. Vivement qu'il naisse et puisse prononcer de grands discours pour faire pleurer les éléphants, épater les coccinelles.

Au fond de l'horizon nocturne, la Montagne Sacrée se découpait, éclairée par des spots vachement réflecteurs. Et le peuple s'y rendait, immense et n'en finissant plus; procession de cierges. Et l'on murmurait : miracle, miracle! Les unijambistes s'appuyaient sur les aveugles, les sourds portaient les manchots. Et d'étranges barbus peuplaient cette longue herbe noire : des têtes énormes aux yeux dilatés sur des corps rétrécis; des formes sans ventre, la tête directement vissée au bassin; des êtres sans yeux ni lèvres et donc sans fards ni rouge à lèvres; des femmes aux seins fragiles avec des corps de cheval mâle. Ceux de devant étaient grands comme des maisons, ceux du fond petits comme des mouches sans ailes, et la Montagne Illuminée aurait pu, vue d'ici, se contenir dans un verre à dents. Pour avancer plus vite, certains avaient inventé d'étranges machines autonomes, qui de-ci de-là dépassaient du niveau de la foule, à la lumière des cierges. Certains paralysés totaux s'étaient collé des ailes sous leurs moignons de bras, et barbotaient dans l'air avant que de retomber sauvagement. D'autres pédalaient sur des vélos, pas pour avancer mais pour souffler plus vite, et gonfler un ballon qui les élèverait confortablement dans les airs.

Les millions de petites flammes de cierges gémissaient toujours, gorges trépanées, miracle. Un agent de police se donnait l'illusion de dresser la circulation. Un petit enfant de cinq ans, tombant tout le temps à cause de pantalons trop longs, aveuglé par une casquette. Les mouvements désordonnés, qu'il machinait dans tous les sens pour se retenir étaient compris comme de subtiles indications stratégiques : des ordres du représentant de cette Loi. Je, car c'était lui le flic, parmi les adorateurs, reconnut Nabucco, la petite marionnette patte en l'air, patte en bas, tête cahotante, qui suivait un vieux monsieur par la main. Je se précipita à grand renfort de coups de bras; le peuple s'écarta, parcourut des nœuds compliqués pour éviter l'arme de la matraque.

– Nabucco, mon petit Nabucco, que je suis content de te voir. Tu as vu mon joli costume?

Mais Nabucco, les yeux écarquillés, ne voyait rien. Il continuait, au-delà du temps, à suivre sans y croire la main moite de son vieux futur père.

Je envoyait bien en l'air les tuyaux vides des bas de son pantalon, souvent s'emmêlant dedans :

– Quoi, mon petit Nabucco, tu ne connais pas le petit Je, le doux compagnon de ton enfance?

Celui qui a donné sa mémoire à Rome serait-il devenu amnésique?

– Et la savane pleine de lions, tu ne t'en souviens plus, non?

Mais Nabucco continuait sa route sans se retourner, petit pantin au bois joli. Je s'accrochait à ses basques tout en se prenant les pinceaux dans ses propres basques.

– Et celles-là, Nabucco, mon petit Nabucco, tu ne les reconnais plus?

Dans le ciel noir, un paquet d'ailes blanches tourbillonnaient. Les oies sauvages survolaient inlassablement Rome depuis des heures. Alors Nabucco se tourna vers Je et quelque chose en lui murmura :

– Laisse-moi tranquille, laisse-moi naître! Va-t'en!

Content d'être reconnu, Je donnait des coups de matraque partout pour faire partager sa joie, pour faire comprendre aux handicapés qu'ils pouvaient courir, mais il ratait ses coups. Et Nabucco serrait très fort la main de son futur père. Sa subtile stratégie : plus il paraîtrait débile, et même gâteux, plus vite son père et sa mère le feront naître, lui donneront une famille. Et plus vite il pourra donner sa raclée à Je.

Et soudain, voilà que Nabucco et Nabokov se trouvaient devant *Lui*, le Squelette. La Montagne Coupée était plus haute que la nuit.

Plus bas, derrière eux, dans la plaine noire, cette multitude de petites flammes, ce long murmure, ces pleurs, ces regards blancs des paranoïaques, des hystériques, des névrosés et des marchands de papillons. C'étaient les flammes de la mémoire. Les têtes aux yeux se crevaient, les têtes sans yeux se cognaient. On élevait nos cierges. Les mains furent des remparts aux étoiles grossissantes. La sueur passait de visage en visage. Oh squelette de là-bas, donne-nous l'éternité! Mille bras, deux mille bras se tendent, cierges, vers *Lui*. Et mille bouches sans dents claquaient, les bouches avec dents s'embrassaient. Ceux qui n'avaient pas de bouche crachaient du feu. La cire fondue se tordait de rire. Et volaient les oies sauvages.

Oh squelette de là-bas, donne-nous l'éternité. Ramure des ramures. Vierge infinie de l'éléphant blanc. L'air se concentra sur les cervelles basses.

Lui, dans la Montagne, il reposait, serein et monocorde. Toutes les couches géologiques dansaient de lueurs. Les fossiles des premiers reptiles et des premiers mammifères portaient des cierges sur leur os. Et au centre, dans la couche jaune de l'ère secondaire, il dormait, *Lui*, le squelette ineffable et adoré; le squelette de celui qui va aller mourir avant sa naissance. Deux cent quatre-vingt-dix réflecteurs s'illuminaient. Et on baissait la tête et on levait la tête. Des milliards de cierges s'élevaient.

Et volaient, grandioses, les oies sauvages. Puissantes, larges, elles tournaient tels des aigles qui feraient l'oie. Alors la Chatterley lança sa tête en arrière, et, la couronne droite, hurla vers ses sœurs : « Femmes oies, femmes-filles des Pharaons, femmes-mères de Ramsès, génitrices des Pyramides, nous voici à Rome. » Elle écumait, l'oie! Elle hurlait, toutes ailes dehors : « Et ne voilà-t-y pas le moment, fidèles sœurs, de brandir hors de nos gorges les " Stances à Rome "? ».

Et cette cane de Chatterley gémit sa première stance :

Je suis romaine heureuse puisque je suis oie

Et sur terre, le peuple devant l'infini squelette gémissait :

– Oh squelette de là-bas, donne-nous le temps de naître!

Devant l'indicible présence du Squelette, Borges, dans sa petite voiture poussée par des valets, accueillit Nabucco et Nabokov. Le vieillard serra dans ses bras l'autre vieillard :

– Vous connaissez mon futur fils?

Et Nabucco attrapa la main de Borges, étonné qu'elle ne

se détache pas de ce corps en lambeaux. Nabokov et Nabucco se tenaient debout, comme des singes, devant l'auguste paléontologue, à qui un valet ouvrait la bouche :

– De ma profonde pourriture, disait Borges, j'ose contempler : eh oui, là nous regarde, depuis deux cents millions d'années, l'absence d'yeux de quelqu'un qui vit aujourd'hui et qui n'est pas encore mort...

Et, dans le ciel, la tête en arrière, la gorge déployée, la Chatterley, une aile contre le cœur déclamait dans l'absolu :

Rome aux mille coupoles spectres d'agonie
Je suis ta pleureuse la larme de tes dômes
Le sang de tes temples de ton passé voilé
Et tu reposes vive lumière mortelle

Le vieux père se retourna vers l'enfant. Il lui montrait, d'un doigt sans puce, le Squelette Adoré :

– Tu vois petit idiot, ce cadavre. C'est celui d'un enfant qui a ton âge aujourd'hui, mais qui est déjà mort depuis deux cents millions d'années.

Et Nabucco regardait le squelette. Pourvu que Nabucco ne comprenne pas. Pourvu que Nabucco soit bien, comme il paraît, complètement idiot! Mais quelque chose flambait dans le regard de Nabucco, comme le reflet des milliers de cierges. Catastrophe, pensait Nabokov, j'ai fait cette impardonnable erreur de lui faire comprendre quelque chose! Pourquoi ai-je l'air si intelligent? se demandait Nabucco; faisons semblant d'avoir compris. Avec contentement, puisque ça signifiait l'approche de sa naissance, il se sentait très malheureux :

– Quand est-ce que je vais naître papa?

Le divin squelette, auréolé de lumière d'or, les regardait, ironique. Le cœur de Nabokov battait très fort. Le cœur de Nabokov disait :

– Il faut d'abord aller voir ta mère petit!

Et le petit Nabucco, illuminé de cierges priants, regardait beaucoup son père d'immenses yeux tendres :

– J'en ai assez papa.

Et Nabucco disait tout, à ce vieillard qu'il aimait, devant ce squelette inconnu, dans les chants des infirmes; il disait tout, Nabucco :

– J'en ai assez de ne pas être né. Je voudrais bien avoir tout plein de souvenirs, comme Rome, des histoires de mon pays. Je voudrais avoir des choses solides sous les pieds. Mais je ne sais pas d'où je viens. Oh papa, dis à maman de me faire naître. Je veux pouvoir mourir un jour et avoir peur.

Le squelette les regardait, le futur père, le futur fils; et les bossus, les ventrus, les milliards de cierges, dans la nuit, répétaient cet inlassable gémissement :

– Oh Squelette de là-bas, donne-nous un baiser!

Le vieillard attrapa la main de Nabucco et la serra si fort qu'il aurait dû lui faire mal, s'il était déjà né. Quelque chose, qu'il n'osait pas dire, lui poussa la bouche vers l'oreille de Borges qu'un valet ouvrait avec des pinces :

– Il faut que je vous parle d'une chose capitale. Je sais le commencement et la fin. Je vais chez vous la nuit prochaine.

Un valet battait la paupière du paléontologue. Et Nabokov partait avec l'enfant. L'enfant qui se collait contre lui. Ils longeaient dans la nuit les pèlerins aux cierges coulés. Et leurs longs gémissements, les larmes creusaient les lèpres de leurs joues.

4

Volaient les oies sauvages, au-dessus de Rome, au-dessus de la montagne sainte, elles tournaient en rond, scandant les célèbres stances de leurs retrouvailles avec la ville aimée, elles voyaient le squelette et les cierges se baisser, se lever, dans le noir, et la Reine Chatterley, le bec renversé, froufroutant ses ailes, les yeux chavirés, bramait sa complainte, oh Rome éclat de verre de nos yeux joyeux, tandis que sur le sol les mains se pressaient vers le squelette illuminé dans la nuit, oh squelette de là-bas, bientôt tu renaîtras, et Nabokov avec son futur-fils se frayait difficilement un chemin parmi les cierges, tombait, bousculé par les bossus, les sans-jambes, les sans-bras qui gigotaient vers l'Infini Os de la Mcntagne; furieux, dans la boue noire, le vieux physicien se relevait, frottait les plis un peu froissés de son pantalon, rattrapait cet idiot qui sera son fils pour aller le coucher (c'est pas une heure pour les enfants pas nés), quand il s'aperçut qu'une étrange fureur inondait Nabucco : l'enfant pointait son index tout droit, repliant les autres doigts de sa main, faisant : poum! poum! Il arriva une panique compliquée. Les mains, les pieds se prenaient dans les oreilles, les cheveux, les cinq cent mille personnes qui assistaient à la cérémonie s'éparpillèrent. Et dans les piétinements, chacun retrouva ses jambes, ses bras, ses têtes pour échapper à l'assassin. Le ciel est affreusement noir.

— Poum, disait Nabucco, avec son petit costume de cowboy et ses yeux tout doux.

C'est alors que l'Oie Reine reçut comme un coup de bâton dans le ventre. Son beau plumage blanc se tacha de sang. Elle sut qu'elle allait mourir. Dans la nuit, les autres oies blanches devinrent noires de deuil. Chatterley tombait. A cheval sur elle, le vieux Babour se cacha les yeux dans le plumage de son aimée, pour ne pas voir leur mort.

– Adieu monde innocent de déluges monotones, disait-elle, adieu rives du Nil que je ne reverrai plus; adieu feuillages de Mésopotamie; adieu Rome, blanche cité qui me fut fatale.

– Adieu! Adieu! pleuraient les autres oies.

La Reine regarda le sol : plus que deux mètres! Il fallait faire vite! Elle leva sa tête mourante vers le ciel noir d'étoiles :

– Adieu mes sœurs. Oh mes compagnes noires, mes semblables accoutumées à la douceur du vent et au bleu du soleil : je meurs triste et sereine. J'ai aimé vivre dans le nénuphar blanc des espaces (elle perd du temps pensait le vieux Babour, caché dans son plumage, elle se perd dans des mots; vite, vite : le message final!), j'ai aimé être l'ombre de la terre mouvante et pénétrante. Et maintenant que je meurs dans l'infinie grandeur de mes ailes cassées (le message, vite, vite!), je dois vous dire mes sœurs, le secret du monde, le secret des filles de notre race, secret que j'ai appris en personne de Ramsès, oh impénétrable pharaon à l'œil d'écume, oh fils de la pluie d'or, et voilà ce que m'a dit Ramsès, et voilà ce que je vous dis (vite vite! plus que deux centimètres avant l'écrasement!), oui, filles des rêves qui sortaient des lèvres endormies des filles d'Égypte : volez! (ouf, pensa le vieux Babour).

L'Oie Reine et son amant s'écrasèrent sur l'herbe. Aux pieds de Nabokov. Qui attrapa l'oiseau et le mit dans sa poche. Il faudra que j'empaille cette pintade, ça peut toujours servir.

Et Nabucco sautait toujours sous les étoiles, tout content, s'amusant gentiment. Avec son index, il faisait : poum! poum!

5

Les coups de canon avaient parcouru la ville toute la nuit. De la pièce blanche où, depuis la Création, Toi vivait avec d'autres femmes, on entendait, immensément, ces coups.

Les femmes se terraient; et Toi était toute câlinée. On lui passait des mains sur les cheveux. On lui coulissait des petits baisers en bruit derrière les oreilles. On lui chatouillait le ventre. Elle serrait dans ses bras la petite Abrico. Elle lui parlait :

– Ce sont eux qui font certainement toutes ces guerres, eux, Je et Nabucco, tu te souviens, ces deux pauvres enfants qui prétendaient construire Rome et n'ont réussi qu'à mettre droit un pan de mur! Oh, ce ne sont que des petits soldats!

Abrico montrait son petit ventre. Et Toi embrassait le petit ventre d'Abrico. Les mouches n'osaient pas voler de peur de faire du bruit. Et Abrico rigolait!

– Oh, toi tu rigoles tout le temps, lui disait Toi; mais eux, ils sont sérieux comme tout, attention : ils veulent avoir un nom!

Et Toi soufflait des bulles sur la peau plissée du ventre d'Abrico :

– Je suis sûre qu'ils sont en train de se chercher des parents! Toi, Abrico, tu ne veux pas de maman, hein que tu ne veux pas de maman?

Et Abrico rigolait. Et Toi lui embrassait ses petits pieds. Les femmes lui tenaient la nuque quand elle était fatiguée. Les femmes la berçaient quand elle était un peu triste. Parce que, à cinq ans, même si on a eu une bébée, on reste quand même une enfante!

Dans la pièce se remuaient des nuages de toutes les couleurs, et des arcs-en-ciel, et des soleils sur les murs avec des pattes. Tout le monde s'amusait pieds nus.

Un matin, Abrico, lentement, à quatre pieds, sans rigoler, s'échappa de la pièce. Et Toi, sursautante, se réveilla et la suivit. Elle criait (en chemise de nuit toute blanche et les pieds tout plissés) : « Abrico, reviens », mais Abrico (en barboteuse bleue et les cuisses roses) lui fit chut de la bouche.

6

Le lendemain du jour où il avait été présenté au Squelette Éternel, Nabucco décida de prendre en main sa destinée, si cette notion a encore un sens. Sinon, à coup sûr, jamais il ne viendra au monde. Il chercha dans un annuaire l'adresse de Artemisia Sanseverina (pourquoi ce nom? comme ça, au plus grand des hasards!), et appela un taxi.

Les maisons défilèrent à toute vitesse. L'adresse (13 via Galileo Galilei) stoppa la voiture; et sortit Nabucco du taxi. L'enfant ne sait pas que ce moment est capital dans sa vie.

– Je n'ai pas d'argent pour vous payer, disait-il au chauffeur de taxi. Mais je vais bientôt naître : transportez-moi toute ma vie. Et vous aurez ainsi une certaine chance d'être payé. Il est bien évident qu'à chaque seconde de service, vous augmenterez ma dette et votre crédit. Vous aurez moins de chance d'être payé, mais l'avantage de recevoir une somme colossale si vous êtes payé un jour. A mon sens, c'est un risque à tenter.

Nabucco n'a pas exactement compris le sens de son discours. Vivement qu'il soit né. Et le chauffeur comprend très bien que, plus tard, cela s'éclairera : il s'installe dans son taxi, laissant le compteur ouvert. C'est pour le chauffeur de taxi une rente. C'est pour Nabucco un boulet. Quand on n'a pas d'argent pour payer quelqu'un, on le prend à son service, s'obligeant ainsi à gagner de l'argent pour pouvoir le payer.

Au-delà de ces hautes considérations, Nabucco pénètre chez sa future mère. Il y a d'abord un couloir sombre, puis une porte, puis une pièce assez verte où se trouve une dame habillée de blanc, habillée de cheveux blonds, habillée d'une peau d'un certain âge, habillée d'une bouche limée de mots, habillée de gros seins aimés de baisers, habillée de jambes méconnues; vivement qu'elle soit nue. Sa bouche parle :

– Qui êtes-vous?

– Nabucco, dit Nabucco.

– Ah oui, Nabokov m'a parlé de vous. Je serai, paraît-il, votre mère? Pas question, je ne suis pas stérile et peux avoir de vrais enfants.

– Mais, madame, je suis un vrai enfant.

– Peut-être, mais je n'accoucherai pas de vous monsieur.

– Personne ne vous demande d'accoucher. On vous demande simplement de me mettre au monde, madame.

Et pour ne pas entendre un mot de plus de la bouche de cette tartignolle, sa maman chérie, Nabucco sortit de la pièce.

Sortant, il ne faisait qu'entrer plus profondément dans l'appartement secret de sa mère. Sortant, il pénètre dans un patio frais, entouré de colonnes; le ciel bleu se regardait dans un bassin et se trouvait joli. Saïse vint des coulisses.

Comme tous, lors de la fête de la Création, Saïse, la servante d'Artemisia, reçut son plein d'histoires en prime. Et ça la bouleversait : elle marchait maintenant sur ses jambes! Elle vivait si seule, autrefois, quand elle existait sans avoir été fondée. Aujourd'hui vivaient mille Saïse au printemps, à l'automne. Quand elle levait les bras, maintenant, elle savait que beaucoup de parents se levaient dans son bras. Elle devenait savante, la servante. Sa grand-mère, qu'elle n'avait jamais connue, mais qui maintenant courait dans sa tête, peignait patiemment tous les matins les cheveux blonds de Saïse, et piquait des taches de rousseur blondes sur son minois.

Et la voix de son père, ce père professeur, cette voix détestée qu'elle ne pouvait pas s'empêcher de reproduire, cette voix aiguë, démonstrative et pathétique, disait dans la bouche de Saïse :

– Monsieur? Que venez-vous faire ici?

Mais Nabucco, à qui sans doute s'adressait cette phrase, transformant son incapacité de répondre en un mutisme têtu, s'assit. Puis il nota sur un bout de papier : « Ma mère sera têtue », sans bien savoir à quoi ça pouvait servir.

Dans la tête de Saïse courait aussi sa tante. Et cette tante qui avait élevé Saïse à la place de sa mère, cette tante qui avait raconté à la petite fille que sa mère ne l'aimait pas, cette tante expliqua à Nabucco par la bouche de sa nièce Saïse :

– Artemisia est bien incapable de devenir ta mère, Nabucco. Elle est bien incapable d'être amoureuse de toi, la Sanseverina...

– Justement, puisqu'elle n'est pas amoureuse de moi, elle sera ma mère!

Nabucco dit des choses qui ne sont pas de son âge. C'est normal, puisqu'il n'est pas encore né.

Saïse, nu-pieds, en jupette blanche, étendait du linge en travers des colonnades. Nabucco faisait les cent pas. Le linge le rendait heureux. Il nota : « Ma mère sera sans doute lingère »; et commença à comprendre à quoi pouvait servir ce pense-bête : un pense-mère!

La voix aiguë de son père remuait de nouveau les lèvres de Saïse :

– Vous me gênez, petit enfant, vous m'empêchez de travailler, d'étendre mon linge.

Mais aucune voix ne parlait dans la bouche de Nabucco, ni celle de son père, ni celle de sa mère, ni même celle d'une tante amoureuse ou inconsolée. Et c'est pas toujours facile de parler sans langue.

Il ne faut absolument pas que Nabucco reste une seconde de plus avec Saïse : Artemisia risque d'entrer dans la pièce, d'être jalouse. Et si elle est jalouse, Saïse sera obligée de devenir amoureuse de Nabucco pour légitimer la jalousie de celle qui deviendra la mère de Nabucco.

La voix énervée de son père répète dans la langue aimée de Saïse :

– Va-t'en, Nabucco, va-t'en!

Mais les mains de la tante de Saïse (le jour où cette tante, il y a cent cinquante ans, délaissée des hommes à cause du bec-de-lièvre qui anormalisait sa bouche, saoula un soldat pour l'embrasser) piquent avec les mains de Saïse les épingles à linge sur les draps, les petites culottes bleues, tournant autour de Nabucco, l'empêchant de partir.

Il faut absolument que Nabucco reste ici. Et Nabucco arrange ses cent pas pour toujours se trouver devant une petite culotte lui barrant la route, petites culottes pointues, nappes dorées, draps enjolivés de fleurs. Il marche ses cent pas pour toujours rencontrer la main de Saïse qui pince l'épingle à linge, empêchant toute fuite. Dirigée par ce souvenir de sa tante, Saïse étend le drap fatal; que Nabucco reste; Nabucco qui s'affole!

– Partez, vous voyez bien que je veux que vous partiez, et vous m'obligez à tisser autour de vous une toile de draps pour vous faire croire que je ne veux pas que vous partiez, disait la mère de Saïse dans la bouche toute rouge de sa fille blonde.

Et Saïse se souvenait du jour où le tramway est passé sur les jambes de sa mère. Cette mère souhaitait que personne ne vienne l'aider, ne vienne ramasser les trognons sanglants de ses cuisses, parce que c'est si ridicule d'avoir les jambes coupées en deux quand sa petite culotte est tachée de sang : son mari, le père professeur de Saïse, n'aurait pas supporté qu'on voie ainsi « sa femme indisposée ».

Les grasses jambes nues de Saïse passent et repassent sous les draps blancs. Et le cœur de la jeune fille se serre, sa main se met à trembler. Nabucco, d'où il est, voit ses jambes coupées! Mais vite elle se rassure : sa main tremble, parce que, dans le panier à linge, il n'y a plus le moindre mouchoir à tendre devant Nabucco, et il va trouver la sortie! Elle va se retrouver seule, oh Saïse!

Enfin Nabucco trouve la sortie de ce labyrinthe de petites culottes : il va pouvoir enfin rester sans être obligé de tout faire pour sortir de cette toile de draps. Il note : « Ma mère aura peur des lieux fermés et supportera mal l'avion. »

Nabucco s'assoit sur un fauteuil là pour ça. Les petits pieds nus de Saïse tournent autour de lui. Il faut absolument que la Sanseverina arrive, pour ordonner à Nabucco de rester et qu'il parte, se heurtant enfin à une autorité maternelle. Nabucco attrape deux couvercles de casseroles là pour ça et tape : zim, zim! Saïse se penche sur les lèvres de Nabucco, les effleure avec la bouche de sa tante. Donc la Sanseverina arrive :

– Évidemment, dit Artemisia, vous faites tout pour que je sois forcée de le chasser de ma maison, et qu'ainsi, me voyant acculée à cette décision, je décide de le garder.

– Zim! Zim! disent les deux couvercles de Nabucco. Donc sa maman aimera la musique.

– Jeune homme, parla Artemisia Sanseverina, jamais je ne serai celle que vous croyez.

Nabucco se lève comme s'il voulait partir, étend ses bras comme s'il voulait rester et hurle :

– Maman!

– Quel malheur! crie de joie Saïse.

Et la servante alluma une allumette pour ne pas avoir à pleurer.

Le cœur tout blanc, la Sanseverina enfonce son pouce dans sa bouche pour jouer au bébé et ne pas être maman. Nabucco se rassoit comme un oiseau arrivé au nid.

Saïse pense qu'elle n'habite pas pour rien chez Sanseverina. Sans doute un enfant de la Sanseverina est mort, écrasé par un tramway comme la maman de Saïse. Cet enfant aurait sans doute l'âge de Nabucco, aujourd'hui. C'est pour cela que la Sanseverina ne veut pas devenir la mère de Nabucco. Pour ne pas remplacer cet enfant mort. C'est pour cela que la Sanseverina va devenir, contre son gré, la mère de Nabucco. Pour ne pas s'avouer qu'elle pourrait avoir peur de le remplacer. Pour être certaine qu'il est inoubliable, cet enfant.

Un grand courant d'air balaie la tête de la Sanseverina. Dedans ça grésille. Elle grimace. Se frappe la tête cinglante contre la colonne de marbre dur.

Nabucco se lève encore. Il montre la chaise vide où il demeurait avant. Il dit :

– Regardez, madame, l'angoisse de cet enfant (et tout le monde regarde la chaise vide). Il n'est pas encore né. Mais il existe déjà. Madame, pour lui, faites ce qu'il a fait pour Rome : donnez-lui des histoires. Aujourd'hui, il est sans consistance. On dit qu'il s'appelle Nabucco; mais l'appelle-t-on dans la rue, répond-il? Il peut être n'importe quoi! Il peut même être une petite souris.

Nabucco est une petite souris grise qui joue du violon. Les petits draps se balancent, les dentelles des petites culottes soulèvent leurs pieds, déhanchent leurs élastiques, les draps blancs se gonflent en fantôme suivant le souffle de l'archet.

– Vous pouvez rester, monsieur; je vous mettrai au monde dans quelque temps.

Artemisia Sanseverina a dit ça pour que Nabucco reste une petite souris grise. Elle ne pourra jamais accoucher d'une petite souris grise! Elle a dit ça parce que Nabucco vient de redevenir un petit garçon : elle n'aurait pas supporté que son futur fils soit une souris grise!

Comme sa future-mère lui a donné l'autorisation de rester, Nabucco s'en va. Saïse est triste, sans son nouvel ami. Elle l'attendra. La mère, aussi, attendra que l'enfant vienne dans son monde.

Dans la rue, le chauffeur de taxi attend Nabucco. L'enfant monte dans la voiture. Nabucco possède un chauffeur, donc il ne peut pas le payer. Nabucco vient de découvrir les complications des cervelles humaines. Il a mal à la tête.

Le soleil bleu blanchit la terre et les maisons. Les voitures sont chaudes. C'est l'été. La lumière gonfle les jupes. On a envie de manger de grosses glaces.

7

Vers la lumière, à quatre pieds, Abrico longe le couloir. A quatre pieds, Toi la suit. De temps en temps, la bébée se retourne vers la petite fille, lui fait signe de venir en catimini avec elle.

Abrico atteint la porte. C'est une très grosse porte pour son âge. Abrico l'ouvre toute grande. La lumière blanche. Des tas de petits miroirs sur roues reflètent le soleil. De brillants tramways rouges étincelants de joie, passaient et repassaient, funambules en équilibre à l'envers sur leurs fils électriques blancs. Abrico avait la bouche toute large et les yeux aimés.

– Que c'est beau!

8

Pour utiliser le chauffeur, Nabucco se laisse conduire devant la maison de Borges. Il descend et regarde curieusement la scène.

Façades de briques rouges, noirâtres, contre lesquelles se posent patiemment de hautes et minces portes blanches et vertes. Façades rouges et toits d'ardoise qui bordent le lit très vert d'un canal sous le gris-bleu des cieux. La lutte est intense entre l'eau et la pierre. Et gagnera l'eau, le savent les façades! De l'eau grise naissent les reflets des saules pleureurs, et ces reflets plantent sur la berge les racines des feuilles vertes de ces arbres frileux. Quelquefois, au hasard d'un arbre, d'une vague, d'une bizarrerie de brique, surgissent du rêve, accrochées à la berge, des petites maisons miniatures. Là réellement, dans la moiteur d'un intérieur de velours et de meubles cossus, vivent les petits nains à barbe blanche, et Jorge-Luis Borges. Et Nabokov, venu rendre visite au paléontologue.

Le ciel se colore de nuit pâle. Nabokov a du mal à tenir son gros derrière sur la petite chaise de la maison des nains! Quelle drôle d'idée de loger chez les nains! Depuis qu'il était devenu plus vieux que d'habitude, depuis qu'il avait découvert ce squelette, il se rapetissait, Borges. Des nains s'occupaient de sa momie. Vivait-il encore, Borges, ou bien, mort depuis peu, seule l'agitation des nains lui prêtait un semblant d'animalité?

Le frère de Nabokov était mort, il y a aujourd'hui soixante-dix ans, à sa naissance. Le jour de l'accouchement, quelque chose se retint dans le ventre de leur mère, et le nouveau-né tomba tout bleu sur le drap blanc. Depuis, très souvent, Nabokov se regarde comme si ses yeux étaient ceux de son frère mort. Et avec cette agitation de la mémoire qui secouait Rome, cette sensation effrayante et jouissive se répétait sans cesse.

Ainsi, maintenant, il s'imaginait de loin, assis devant Jorge-Luis Borges, derrière une petite fenêtre éclairée et reflétée dans l'eau grise, entre de minuscules rideaux. Comme s'il était l'œil de Nabucco regardant la scène de l'autre côté du canal sombre.

– L'affaire qui m'amène est fondamentale, disait Nabokov.

Un nain se penche sur l'oreille de Borges et lui souffle dans l'oreille ce que le paléontologue est incapable d'entendre sans ce traducteur à barbe rousse. Un autre nain secoue la tête de Borges qui ferme ses paupières et les rouvre :

– Oui.

Une douleur soudaine remonte dans la jambe de Nabokov. Sa cervelle se replie dans sa jambe, s'épingle à l'aiguille de cette douleur. Sa bouche de physicien et sa douleur de vieillard affirment :

– Je rêvais de fabriquer une machine à remonter le temps. Je sais maintenant que cette machine va marcher.

Les petits nains (ils avaient des barbes longues, des gilets verts et des pantalons bouffants) agitaient les mains pour diriger les sons vers les oreilles ouvertes de Borges. La douleur (de l'air gonflait ses veines) empêchait Nabokov de s'empêcher de parler :

– Je sais cela à cause de ce squelette, de ce squelette d'un enfant du XXe siècle que vous avez découvert en pleine couche géologique de l'ère secondaire.

– Ah oui?

– Oui. Ce squelette est la trace d'un enfant d'aujourd'hui qui est allé mourir deux cents millions d'années avant sa naissance, en pleine ère secondaire.

– Certes!

– Pour aller mourir avant sa naissance, cet enfant du XXe siècle a dû remonter le temps.

– En effet!

– Pour remonter le temps, cet enfant a dû utiliser une machine à remonter le temps!

– Assurément!

– Or, je ne connais personne qui ait eu l'idée claire et distincte de penser fabriquer une machine semblable. Personne sauf moi. Ma machine à remonter fonctionnera puisque nous avons la preuve de son bon fonctionnement.

– Par le chien, on ne saurait mieux raisonner!

– Donc ma machine marche. C'est même pas la peine que je peine à la machiner.

Durant ce capital dialogue, nos deux héros étaient en fait fort occupés de leurs corps respectifs.

Borges sentait des fourmis remonter dans son ventre, comme s'il se désankylosait. D'étranges eaux venues des canaux noirs, où filaient des barques conduites par des squelettes enveloppés, d'étranges eaux blanches et rouges, roulaient leurs vagues dans la viande sèche et granuleuse de sa momie. Les nains, tout autour, eurent soudain l'intime impression que cette vieille carcasse géniale et souveraine, dont ils étaient les maîtres, se réveillait de son calme. Et Borges ouvrait les yeux tout seul, la bouche sans aide. Le vieillard sentait maintenant cette affreuse douleur anormale d'un cœur qui tape et chasse du sang caillé dans des artères collées.

Une autre douleur, comme un petit rat, sursautait dans les jambes de Nabokov, et gagnait l'intestin. Il va jouer avec un infarctus! Mais le physicien avait tant répété dans sa tête en cire le discours qu'il tenait que ça parlait tout seul :

– Ce point étant acquis, passons maintenant au deuxième morceau de ma démonstration.

– J'écoute.

– Soyons clair, logique, et pourquoi pas, tatillon.

– Assurément!

Et Borges disait « assurément », mais, enregistrant pour plus tard les phrases de l'autre, il ne se fascinait que de cette eau montante revivant ses cellules.

– Cet enfant du XXe siècle, continuait Nabokov, cet enfant de sept ans qui est allé mourir à l'ère secondaire, prenons-le au moment de sa mort.

– Oui.

– Il se suicide d'une balle dans la tête, au milieu des dinosaures. Son corps pourrit. Reste son squelette dans la terre. Le temps passe, suivant l'ordre chronologique. La terre grandit, d'autres montagnes se dressent, les mers acheminent les terres. Les âges se succèdent : disparition des ammonites, des poissons primitifs, des dinosauriens, évolution explosive des mammifères placentaires, période tertiaire, période quaternaire, des millions d'années se forment, passent lentement, très lentement, par l'accumulation des coquilles effritées. La terre monte au-dessus du squelette de l'enfant suicidé, couche par couche. Bientôt des singes se lèveront, que plus tard on appellera humains. Deux cents millions d'années après, un bébé naît. Il y a du sang, des viandes autour d'un squelette. Cet enfant qui naît est celui qui est mort deux cents millions d'années avant. Son squelette mort est enterré au fond des terres. Mais il y a aussi un squelette dans le bébé qui vient de naître. *Il y a soudain deux squelettes pour un seul individu.* Oui, deux squelettes : le sien enfoui dans les terres secondaires, et le sien né avec les chairs à la fin du XXe siècle...

Ce discours incroyable est trop profondément logique pour être supportable. Les deux vieillards sont obligés de se fabriquer des maux encore plus insupportables! Ce serrement en aiguilles insistantes dans le cœur saignant de Nabokov; cette eau noire qui gicle dans la brûlure des peaux autrefois momifiées de Borges. Les petits nains s'affolent, se regroupent, yeux exhorbités, entre les minuscules fauteuils, sous les tapis.

– Oui, disait Nabokov, cet enfant, quand il naît, possède deux squelettes. Horreur! Deux squelettes, le vieux squelette fossilisé, poudreux, mort depuis tant de millions d'années, et le tout tendre et fragile squelette de bébé naissant. Deux squelettes entre le temps de sa naissance et le moment de sa mort, dans le froid des grands sauriens, avant sa naissance.

Pour ne pas penser au sens terrible de leurs paroles, les deux vieillards attrapaient un nain, lui tordaient le bras, lui tiraient la barbe, l'arrachaient lentement avec des gouttes de sang. Mais Nabokov ne pouvait pas ne pas dire et faire hurler de douleur le nain pour hurler plus fort que lui :

– Oui, cet enfant, vivant aujourd'hui, un jour il va regarder son propre squelette. Il le verra *devant* lui et pourtant il possède déjà un squelette aussi *dans* lui, exactement le même. Et il saura qu'il devra aller mourir à l'ère secondaire, deux cents millions d'années avant sa naissance, pour faire coïncider les deux squelettes, il saura qu'il devra se tuer avant de naître, pour un jour renaître après sa mort, et ainsi de suite, à l'infini. Et de nouveau un jour regarder son squelette, dans l'horreur la plus totale. Dans le cercle de l'éternité : mourir, naître, se suicider au milieu des reptiles, et encore naître, et encore regarder son propre squelette.

– Oui, oui, oui, oui, disait Borges...

Ils dépeçaient le nain. Tirant et tordant les membres de la petite chose. Ça faisait crac, et de petits os apparaissaient blancs dans le sang. Il hurlait tant le nain que ça faisait du silence.

Les autres nains ne trouvaient pas de meubles plus grands qu'eux pour cacher leur peur.

Et ça ne pouvait plus ne pas continuer :

– Et aujourd'hui, cet enfant existe, qui a deux squelettes. Un enfant qui, dans deux ans, à l'âge de sept ans, mesurera un mètre, aura deux dents en or et une fracture réparée du péroné droit. Et il faut que cet enfant sache qu'il est déjà mort, et qu'il est obligé, pour rejoindre son autre squelette, sa mort passée, d'aller se tirer une balle dans la tête au milieu des dinosaures d'autrefois.

– Oui, oui, oui, hurlait Borges.

Et Nabokov caressait distraitement un bout sanglant d'une jolie joue arrachée :

– Je voulais dire que cet enfant je le connais. C'est mon fils, Nabucco.

De l'autre côté du canal, dans la nuit, Nabucco regardait deux vieillards blancs, dans une minuscule maison, qui déchiquetaient, contents, le cadavre torturé d'un nain, triturant les bouts des viandes.

Nabucco remonta dans son taxi. Sur le compteur, il y avait des chiffres avec tout plein de zéros. Qu'est-ce que ça peut bien vouloir dire? Et puis ça n'a plus tellement d'importance maintenant.

– Allez, dit-il simplement au chauffeur.

Ils allèrent le long des rues éclairées, entre de hautes maisons noires aux fenêtres blanches. Nabucco se caressait la gorge, lentement. Il avait envie de dormir; de rester là, sur les coussins du taxi, à écouter les lumières. Sa mère sera « travailleuse ». Il nota cela sur le petit bout de papier qu'un jour il lira à celle qui le mettra au monde des vivants et des morts.

Quatrième partie

LA NAISSANCE DE NABUCCO

Quel accord secret Nabokov passa avec Je, comment Nabucco naquit, le 13 août 1979, à l'âge de cinq ans, et changea le passé de sa mère. – Comment les rats quittèrent Rome, comment fut construit au-dessus de cette ville un toit où s'installa Abrico, et comment Abrico ôta ses paupières à la grande peur de Toi. – De quelle curieuse et ludique façon vivait la population de Rome, à cette époque, et ce qui s'ensuivait. – Comment Nabucco, l'enfant-né, fut content de son sort, se promena dans la ville, attira l'admiration de ses concitoyens, rendit visite à Je, et quel extraordinaire stratagème organisèrent nos deux héros, pour l'amour de Toi. Où il est aussi question de petits zèbres mécaniques.

1

Le jour de la naissance de Nabucco, dès potron-minette, Nabokov roula en voiture dans les rues froides de la ville, pour rechercher des sages-enfants. Absolument par hasard, il n'en trouva que trois : une petite fille maigre qui suivait à quatre pattes un gros bébé content, et un petit garçon costumé en agent de police qui tombait tout le temps. Le vieillard les ramassa, les enfourna dans son quatre roues et fouetta l'accélérateur.

La petite fille distribuait à qui mieux mieux des coups de pieds. Pour mordre quelqu'un, elle prit un poing à elle et se le fourra dans la bouche, hurlante vers Nabokov placide :

– Espèce de sale vieux vieillard plein de pets! Tu vas crever, tu sais. Tu vas mourir très bientôt. Lâche-moi! Tu n'as aucun droit de me prendre. Bientôt, ton corps sera blanc, crispé dans un costume noir, étendu sur un lit, les pieds tout droits. Bientôt tu sentiras l'odeur du vieil œillet de l'intérieur d'un cercueil qui ressemble à une boîte de chocolats.

Au milieu de tous ces mots, dans la voiture, Abrico rigolait et attrapait le soleil du matin avec des mains pataudes.

Quant à Je, très chic dans son costume trop grand pour lui, il se tenait assis, à côté de Nabokov, et s'il fumait, il aurait fait des ronds :

– Très bien, votre voiture. J'avais un modèle de ce genre, autrefois, quand ma mère, Mme de la Garrigue, fille du Préfet de Police, tenait salon au mont des Oiseaux.

Le vieux Nabokov, qui entendait tout de sa mort prochaine, tourna un regard inquiet vers l'enfant-flic. Après tout, la petite fille était plus rassurante. Dans l'inquiétude de ce regard, l'enfant-flic ne lut qu'un immense respect. Il continua à émettre des ronds de jambe :

– Je me suis engagé, quant à moi, dans la police pour savoir quel crime j'ai commis; car nous avons tous commis un crime, non? Si vous voulez, en d'autres termes, je connais le criminel, c'est moi, mais il me manque le squelette du crime. Vous suivez?

Toi tapait de toutes ses forces sur les vitres, espérant qu'elles ne se cassent pas, de peur de s'ouvrir les doigts :

– Et dans le cercueil, sale vieux, ton ventre il va enfler, tout bleu, et péter par le milieu dégageant les tripes vertes.

Nabucco conversa avec Je; pour ne pas entendre Toi qui commençait à ne plus le rassurer du tout :

– Vous cherchez le squelette pour savoir l'assassin que vous êtes?

– Vous m'avez parfaitement entendu.

– Un squelette, je peux vous en fournir un. Vous connaissez Nabucco?

– Que oui : c'est mon fils, mon frère et mon père, répondait tranquillement Je.

C'est encore plus compliqué que la pratique même de la complication, pensait Nabokov. Et il continuait ses confidences à l'enfant Je, d'une voix imperceptible :

– Je voudrais que vous me modifiiez légèrement Nabucco, pour qu'il devienne le squelette de votre crime. Inutile de tuer Nabucco, entendez-moi bien : juste le modifier. Voilà comment je veux qu'il soit, vous notez? : un mètre de haut, les deux incisives du devant de la mâchoire inférieure cassées et remplacées par des dents en or, le péroné droit brisé et ressoudé en exactement son milieu.

– Parfaitement, dit Je. Vous me donnez combien pour arriver à ce résultat?

– Deux ans.

– On peut admettre qu'il a aujourd'hui cinq ans. Il peut tranquillement devenir votre fils : à l'âge de sept ans, il sera ce squelette.

La voiture passait et repassait, entre les maisons peintes en jaune pâle par le soleil très matinal, dans l'eau des arroseuses municipales.

L'automobile s'arrêta devant la porte de la maison imposante de la Sanseverina. D'autres tacots noirs attendaient. Ils sonnèrent. Saïse ouvrait la porte; elle portait sans mal sa robe noire.

Le vieillard, les deux enfants et la bébée pénétrèrent dans l'antre blanc, où les statues, les miroirs et les colonnes se tordaient de douleur, recouverts de voiles noirs. Aucun des quatre ne faisait le malin, maintenant. Saïse, toute frêle, se courbait sans cesse, leur indiquant le chemin, elle chuchotait :

– Ils viennent depuis ce matin, ils n'arrêtent pas de sonner, de déposer des gerbes!

Des fleurs se plantaient partout dans des pots. Le soleil n'osait pas entrer entre les lattes des persiennes fermées. Et ça sentait l'œillet froid.

Ils entraient dans une pièce, où Il reposait, assis sur une chaise pâle. Il ne bougeait pas. Ça sentait de plus en plus l'œillet froid. Je voulait débloquer un petit discours, mais ça se bloqua dans sa gorge, et il se resserra entre ses jambes. Alors Nabokov mit sa main sur l'épaule dure de Celui qui reposait sur la chaise pâle et, s'adressant aux deux enfants tout aussi pâles et à la bébée moins rose, leur expliqua lentement :

– Mes enfants chéris, votre ami, votre petit ami de toujours repose. Il repose en attendant. Surtout ne le touchez pas, ne lui parlez pas, ne jouez pas avec lui : il lui faut un absolu repos. Ne parlez pas de lui, non plus, ne le nommez pas dans vos conversations, car, pour l'instant, il ne doit être ni sujet, ni verbe, ni complément de vos phrases. Il n'est pas là. Il n'a jamais été là. Vous n'en avez jamais entendu parler. Je vais rejoindre ma chère Artemisia. Et vous verrez!

Sur ce, il sortit de la pièce. Laissant les enfants silencieux, le cœur étroit, seuls avec Saïse qui, assise sur une chaise ordinaire, toute timide, tricote un cache-nez qui grandit, devient cache-menton, cache-téton, cache-bouton. Les enfants et la bébée n'osent pas penser de peur de faire du bruit. Ça sent l'œillet chaud.

Les traits parallèles et blancs du soleil derrière les fenêtres rayent l'ombre comme en prison. Dans le mur, il y a les insectes : fourmis, courtilières, araignées, crabes, mille-pattes, ils grignotent. On entend aussi les gardes. Avec leurs pattes et leurs carapaces noires huileuses, ils grattent les murs extérieurs de la pièce et rient.

Soudain Saïse tourne sa manivelle et chante, faisant tourner son sac :

Une puce sur une poule
Qui picote sur un mur.

Elle fait tourner son sac, elle fait tourner son sac.

Un pain dur passé au four
de Madame la Marquise

Elle fait tourner son sac, elle fait tourner son sac.

– Et si on cassait les choses? fait soudain Abrico.
– Eh oui, disent Toi et Je, ils sautent en l'air, ça fait boum.
Puis elle attrape un tambour, Abrico, et y tape comme un sourd. Alors elle a trois oreilles, une pour entendre, l'autre pour écouter, la troisième pour dire. Toi est un petit lapin, qui va à l'école sur sa chèvre blanche. Un coup ci, un coup là, bonjour dit la maîtresse. Et Je attrape un gros vase. Qui éclate en mille vases. Je est content. Il a de la barbe aux dents.

Ils galopaient, et Saïse, affolée, sans bouger, essayait de les arrêter.

Je se met un doigt dans l'oreille. L'enlève : il a plus d'oreille. Toi se met un doigt dans le nez. L'enlève : elle a plus de nez. Abrico cassait des bonbons, des boutons, des bâtons, des boulons, et trois pattes à un canard.

– On va jouer au jeu des pourquoi, disait Toi.

A leurs marques, prêts, partants, ils sautent sur Saïse.

– Pourquoi la terre n'est pas ronde? dit Je.

– Pourquoi mon doigt il est coupé et ça fait du jus rouge? dit Toi.

– Pourquoi t'as des tétons devant et pas derrière, comme les abeilles? dit Abrico.

Tous les trois, à quatre pattes sur les deux genoux de Saïse, sautant dessus, ils : lui tiraient les oreilles pour y manger le miel; lui ouvraient le nez pour en tirer du lait; lui défaisaient le chignon pour lui faire une barbe.

Et Abrico courait si vite autour de la pièce qu'elle grimpait aux murs avec ses petits pieds.

Le plâtre dégringole, Saïse a beau ramasser, ramasser, elle n'a pas assez de bras pour tout rattraper (elle riait des larmes audibles), et la porte s'ouvre : Vladimir Nabokov et Artemisia Sanseverina entrent.

2

Les enfants et la bébée arrêtent de jouer. Je se cache derrière Toi, qui se cache derrière Abrico, qui se cache derrière Je, et ainsi de suite jusqu'au coin.

Alors, lentement, dans l'encadrement de la porte, Artemisia et Nabokov, la main dans la main, les lèvres sur les lèvres, les yeux en face des trous, d'une longue voix, tendrement, disent :

– Nabucco.

Nommé, Nabucco est là, présent. Et on s'aperçut qu'il avait toujours été là, depuis le début des jeux.

Ainsi vint au monde Nabucco, le 13 août 1979, à l'âge de cinq ans.

Les premiers mots d'après sa naissance ne furent ni pour son père, ni pour sa mère, qui après tout avaient droit à un peu de repos, mais pour Toi. Dans son beau costume de cérémonie, il adressa à la petite fille cette charmante supplique :

– Tu vois, tu n'es pas ma maman, contrairement à ce que tu avais sans doute espéré. Alors, on va pouvoir s'épouser, et puis on va s'aimer, et puis on se rencontrera. C'est pour cela que je n'ai pas voulu que tu sois ma maman.

C'est beau de naître. Nabucco sait un tas de choses entendues bien avant de venir au monde. Mais, savant ou pas, Toi répondit :

– Non.

Elle saisit Abrico qui lui demandait entre-temps :

– Dis, tu me promets de jamais me faire naître...

– Ma chérie, toi, tu n'as pas besoin de tout ce cirque.

Et elle disparut vers la lumière, avec son poupon.

Nabucco respira très fort le caillot de sanglots qui lui formait le cœur. Il ne devait plus pleurer, maintenant qu'il était un grand garçon. Puis il mit ses yeux ronds pour comprendre ce que faisait Je : ce terrible enfant le mesurait avec un mètre, et murmurait tout bas :

– Ça va, tu peux encore grandir.

Nabucco cogna Je d'un coup de pied. L'autre garda ce coup sur son genou et miaula, toujours onctueux, les cheveux gominés, dans son costume de gendarme :

– Maintenant que tu as un passé, es-tu sûr d'avoir un avenir?

Et l'étrange individu riait dans sa moustache d'enfant.

– Tais-toi, grimaça Nabucco.

Et le jeune-né chassa Je de son paradis. Resté avec ses parents, Nabucco les admira. Toujours dans l'encadrement de la porte, Nabokov et Artemisia se tenaient la main, essoufflés de l'effort intellectuel que suppose la mise au monde de quelqu'un qui y est déjà.

Déjà la lumière du soleil était moins brillante, les premières étoiles devaient astiquer leurs plumes. L'enfant s'approcha de sa mère.

– Madame, j'ai à vous entretenir de votre passé, de mes souvenirs, afin que vous vous y conformiez.

– Je vais vous recevoir dans mon boudoir, monsieur mon fils, répondit la Dame. Laissez-moi respirer un peu.

Pour ne pas déranger les sentiments d'un fils envers sa mère, Nabokov s'était tenu à l'écart de ce dialogue. Il regardait d'un œil morne cette pauvre Saïse qui rangeait les dégâts causés par les jeux intempestifs de ces insupportables enfants. Le vieillard s'assit. Surveilla un instant les infarctus de son cœur. Toute cette histoire n'est pas de mon âge, pensait-il.

Une heure après, Artemisia Sanseverina reçut son jeune fils dans son boudoir où dormaient trois fauteuils Louis XV, fabriqués en France, et la chaudière du chauffage central, fabriquée en Allemagne.

– Êtes-vous content, monsieur, de votre naissance?

– J'en jouis fort, madame. Mais pour que vous soyez vraiment ma mère, pour que tout cela ne soit pas qu'un jeu, il faut que je vous change les idées.

– Comment cela, Nabucco?

– Voyez-vous, il est bien connu que ce sont les enfants qui font comprendre aux parents ce qu'a été leur propre enfance à eux parents.

– Je vous trouve bien raisonneur, monsieur. N'oubliez pas que vous n'avez que deux heures de naissance. Votre discours ne me semble pas très approprié.

– J'en conviens, madame. Mais, plus tard, dans ma vieillesse, j'aurai grand temps de me conformer aux langages des bébés. Pour revenir au sujet qui nous occupe, je voulais vous dire ceci : tout votre passé, votre vie jusqu'ici ne se sont absolument pas déroulés de la manière que vous croyez.

– Dois-je comprendre que vous ne voulez plus que je sois moi?

– Vous n'êtes plus vous, madame. Vous êtes ma mère.

Et pour dire ces mots, Nabucco s'était levé. La Sanseverina, si elle avait été debout, en serait tombée assise. Ne pouvant autrement manifester sa réaction, elle resta muette.

– Voyez-vous, madame ma mère adorée, continuait l'enfant, voyez-vous, avant de naître, je me suis regardé exister. J'ai donc pu bien comprendre ce que sera la mère qui me mettra au monde. Vous êtes la mère qui m'a mis au monde, et vous devez correspondre à l'idée que j'ai de vous. La mère qui m'a mis au monde était pauvre, madame, née d'un pauvre nain dans une triste cabane au fond d'un bois. La mère qui m'a mis au monde a travaillé, obstinée, têtue, toute sa vie, d'abord servante dans un bistrot, puis lingère. Et aujourd'hui dame de service chez une riche Romaine, nommée Saïse. Elle s'est usée les mains, le cœur et les jambes toute sa vie, ma mère, pour gagner quelques sous aussitôt dépensés. Tel est le passé qui coule aujourd'hui dans mon sang. Ce passé, c'est vous qui me l'avez donné. Alors je vous ordonne de l'avoir vécu. Et arrêtez vos manières.

Artemisia ouvrit la bouche dans cette chaufferie, ce recoin de la maison où s'entassaient des vieilles chaises cassées. Le sifflement de nouveau grésillait dans sa tête et lui frissonnait le dos. Parce que tout ça, elle avait commencé à le penser depuis plusieurs jours. Elle ferma la bouche. Elle s'enfuit dans la nuit, sans un regard pour la peau neuve de l'enfant qui venait de la vendre.

3

La lune découpait le fleuve. Artemisia longeait la berge de l'eau noire et blanche. De temps en temps, elle frappait son sein, les étoiles ne la verront que dans quelques années-lumières. Le lendemain du Grand Bouleversement, elle avait fait partie de ces gens qui s'étaient présentés aux guichets de leur banque et qui s'étaient vus pauvres, quand ils croyaient leur compte bien nourri. Rentrant chez elle, ce jour-là, elle avait ressenti beaucoup de difficultés à lire, et son écriture devenait malhabile alors qu'on avait tant vanté son style et sa graphie. Devant certaines vitrines de la via Veneto, elle se regarda en train de penser, d'abord : je ne pourrais plus me payer cela; ensuite : jamais je n'ai pu me payer cela. Elle s'était toujours crue la fille de Pepone Martino, ingénieur en matières plastiques. Elle avait toujours cru s'être mariée à un autre ingénieur, ami de son père; avoir vécu tranquillement le calme d'une bourgeoise romaine, quelques amants et la tendresse des soirées pieds nus devant la télévision. Elle savait maintenant que ces images réelles n'avaient été que des illusions de rêves profonds. A moins qu'elle ait tout banalement changé de passé.

Son nouveau père, et sans doute le « vrai », ne serait qu'un vieux nain, dans un village. Ce petit nain l'amena à l'école. Elle avait honte. Les filles de l'école l'appelaient Asperge. Non qu'elle fût plus grande que les autres, mais, par rapport au nain, elle semblait immense. Toute la journée le nain l'attendait devant l'école, et pour légitimer sa jalousie, il lui faisait croire qu'elle aurait peur si elle ne le voyait pas. Mais il était trop petit pour montrer sa tête par la fenêtre. Et s'il ne se faisait pas voir, il ne pourrait pas lui faire croire que sa vue la rassurait. Alors, au bout d'une perche, il plantait un fruit – une orange, une banane, des raisins – et ce fruit apparaissait à travers les carreaux de la fenêtre de la salle de classe. Ce fruit – cette poire, cette pomme – qui la regardait ainsi durant les longues heures des journées scolaires, serrait de cailloux durs le cœur d'Artemisia. Elle ne pouvait pas ne pas regarder ce fruit – cette fraise rouge, cette pêche jaune – saisonnier qui excitait les rires de ses camarades de classe! Mais le plus épouvantable arrivait quand ce signe disparaissait – suite à une crampe du bras tendu du nain –, alors la tête lui tournait, elle ne voyait plus la présence rassurante de ce qui lui faisait le plus peur au monde. Et cela donnait raison au nain, son père. Pendant quinze années d'études elle n'apprit ni à lire ni à écrire, encore moins à compter. Dans la cabane, la nuit, le nain travaillait. Il cultivait dans des clapiers des rats. Les nourrissait, les lustrait, les aidait à copuler. De temps en temps, il partait les vendre aux égoutiers de la ville qui les revendaient aux dératiseurs, qui eux-mêmes les revendaient aux laboratoires. Ce nain, bienfaiteur de l'humanité, devint très riche. On raconte que les trois quarts des rats d'Europe méditerranéenne viennent de son élevage. La nuit, Artemisia ne pouvait dormir, fascinée par les conversations que son nain engageait avec les rats. Quand les seins d'Artemisia poussèrent, quand ses premières règles mouillèrent son ventre, elle s'habilla en garçon, jamais son père ne s'aperçut qu'elle était devenue jeune fille. Elle s'enfuit à la ville et voilà qu'on abusa d'elle dans un bistrot où elle servit des bières roteuses pendant dix ans. Après, elle erra, lingère, repasseuse de plus en plus courbée, les mains de plus en plus rêches. Elle passa deux années en prison, à la suite d'une envie de sac à main, et surtout d'une envie de se reposer. Depuis, ne pouvait supporter qu'une porte soit fermée. Elle aimait la musique et pleurait aux opérettes. Avec obstination elle marchait le soir dans les rues, les yeux secs. Elle entra, il y a dix ans, au service de Saïse, une jeune actrice.

Sur le fleuve se balance la silhouette d'Artemisia, dans un frileux imperméable, la tête légèrement sale, la bouche dure; une à une, elle comptait ses rides dans l'eau. Elle eut envie d'un café, mais n'avait pas assez d'argent.

Les grandes grues métalliques du port de Rome tenaient les lumières des étoiles. Fleuve Tibre, remué d'algues et de poissons morts.

Cette nuit-là, les rats quittèrent Rome. On le sait, nul régime politique n'est plus beau que celui des rats. Il fallait vraiment les voir, cette nuit, fuir Rome, millions de rats nageant sur le Tibre, fleuve mortuaire. Venaient d'abord, sur des petits radeaux, les momies des anciens Rois Rats, ces imbéciles qui se noyèrent autrefois dans un fleuve allemand, trompés par un odieux joueur de flûte. Ces momies, emmaillotées de bandelettes, dans la nuit, servaient de rempart et de protection à la fuite des rats; admirons un peuple qui fait bon usage de ses dieux. Puis suivaient des rats du conseil de la Révolution. Eux, plof, plof, ils clapotaient l'eau, l'air sérieux, avec les petits drapeaux rouges entre les dents. Ce conseil était surtout formé de rates, tant les rats ont compris que les rates sont l'avenir des rats. Chaque membresse et membre du conseil de la Révolution est nommé pour une heure par roulement : pas de risque de mandarinat! Toutes les minutes, un rat ou une rate du Conseil allait rejoindre le rang de la masse des rats et rates du peuple qui éclaboussait la nuit derrière ce conseil de la Révolution. Et un rat ou une rate de la masse allait prendre la place de celui ou celle qui avait terminé son rôle de dirigeant, dans les premiers rangs avec les drapeaux. La masse des rats nageait, plof, plof, s'aidant mutuellement, les bébés rats sur les dos des papas ou des mamans, les vieux soutenus par les jeunes, un œil à gauche, à droite, voir si aucun frère rat ne s'essouffle. Il y avait les rates et les rats nageurs, les rates et les rats nourrisseurs. Ces derniers se portaient sur des bouts de bois et taillaient des parts dans les provisions : croûtes de gruyère, détritus de poissons, restes de poubelle ou de noyés. Les rates et les rats nourrisseurs distribuaient les parts égales entre les rates et les rats nageurs, dont certains poussaient leurs radeaux, un œil à droite, un œil à gauche, bien voir si personne n'avait été lésé. Mais toutes les minutes, les rates et les rats qui nagent et les rates et les rats qui distribuent la nourriture échangent leurs travaux : car il est plus fatigant de nager que de sectionner des croûtes de camembert. Les nageurs montent sur les radeaux, les nourrisseurs se mettent à nager, selon un ordre défini démocratiquement. Des envoyés du conseil de la Révolution vérifient si tout se passe bien, si certains rats ou rates ne paressent pas, restant sur les radeaux tranquillement à se laisser flotter, ou si d'autres, qui n'aiment pas se salir les dents à découper des charognes, ne nagent pas plus longtemps que leur tour. Si une rate ou un rat râle, sa protestation est aussitôt envoyée par des rates ou des rats messagers aux membres provisoires du Conseil qui demandent alors conseil à ceux qui ne sont pas du Conseil. Il s'ensuit un brassage incessant des eaux, un remue-ménage de petites têtes, de petites pattes et de petites moustaches, dans l'eau noire, un œil à gauche, un œil à droite.

Ainsi avance, à toute allure, plof, plof, le peuple de rats. Et si l'on regarde de près, sous la lune de la nuit, on remarque que l'eau noire est uniquement formée de rats, de têtes de rats, de moustaches de rats, d'yeux verts d'enfants rats, yeux en amande de dames rates, yeux encroûtés des vieux rats. Ainsi fuyaient les rats de Rome, cette nuit du 13 août, ainsi nageaient-ils, gouttes d'eau du fleuve, porteurs de nos civilisations futures.

Et comme les rats, le temps passa.

4

Plus tard, le 25 décembre 1979, cent trentième jour après la fondation de Rome, cent trente-troisième jour après la naissance d'Abrico, le peuple romain termina la fabrication de son toit.

L'audace d'architecture fut remarquée même par un vieux singe des Carpathes. Des coupoles des églises, des croisements de rues, des places aux gaies fontaines, jaillissaient de verticales armatures en fers croisés qui soutenaient une immense plaque de béton. Rome était couverte.

Ce toit s'étendait sur des kilomètres et des kilomètres

carrés. Vu des rues de la ville, si les fondations des piliers de fer semblaient d'énormes pattes, le haut de la charpente paraissait minuscule.

L'étonnante terrasse de béton, ce remarquable parapluie, ce terrible balcon, qui recouvrait Rome, ne servait pas uniquement à protéger la ville de la pluie et du beau temps : ce sera aussi une prodigieuse piste de circulation pour les voitures, les hélicoptères, les avions, désencombrant ainsi les artères royales de la cité.

De plus, la laideur ancestrale des rues, des palais anciens, des monuments archéologiques, était raturée par ces piliers de fers croisés, droits et beaux comme des voies ferrées, qui sans cesse arrêtaient les regards par-dessus les tuiles fleuries.

Le long de ces poutrelles verticales montaient et descendaient sans cesse des ascenseurs multicolores qui permettront aux usagers de gagner le toit de Rome.

Pour l'instant, les voitures ne reposaient pas encore sur leur nouvelle piste de circulation : lentement, elles montaient rejoindre ce merveilleux terrain de jeu. Les millions de voitures de Rome, suspendues à des cordes, dansaient dans le vide, entre les armatures noires, au-dessus des maisons ocre. Des corbeaux, intrigués, volaient autour, en essaims de plumes inquiètes, monocle à l'œil.

Au-dessus du toit de béton, c'était l'hiver, un temps de décembre, vraiment. Des rafales d'eaux grises giflaient en vent les plaques de ciment rafraîchi. Le ciel, gris-vert, glaçait ses propres nuages.

Par contre, protégée par ce toit, Rome rayonnait de chaleur. Là, c'était l'été, le ciel bleu. Pour faire chaud on avait collé sur le nouveau plafond de Rome un papier crépon bleu ciel, éclairé en transparence par des projecteurs et des chauffages coquins. Midi d'août.

5

Ce jour-là, Toi et Abrico divaguaient dans une rue. La petite fille vivait de rapines pêchées dans quelques poches. La bébée, elle, semblait n'avoir besoin de rien, heureuse des lumières de la ville. A ce moment-là, Abrico leva la tête : un des grands piliers partait de son œil, s'enfuyait vers l'invisible ciel.

Abrico choisit un doigt, parmi tous ceux qui se trouvaient à sa disposition, et sonna un ascenseur.

– Pourquoi veux-tu monter là-haut, s'inquiétèrent les yeux noirs de Toi.

La toute petite bébée rose se retourna vers la petite fille, sortit son biberon, fit :

– Pouet! Pouet! (ce qui voulait dire : tais-toi!)

Et Toi s'enfuit dans l'ascenseur, avec celui qui était peut-être une fille. La machine rouge monta le long de l'échafaudage de ferrailles diagonales, soutenant les soleils.

– Depuis des mois et des mois, je te suis partout, moi qui ai peut-être été ton ex-maman, et tu touches à tout. Je suis sûre que c'est toi qui as donné l'idée aux Romains de construire ce toit à leur ville. Abrico, dis-moi, qui es-tu?

La toute petite bébée, à quatre pattes dans l'ascenseur, reprit son biberon dans une des poches de sa barboteuse bleue. Appuyant dessus vers le nez de Toi, refit :

– Pouet! Pouet! (ce qui voulait maintenant dire : chut! Regarde!)

Entre les poutres de fer, entre les voitures encordées qui montaient comme elles vers le ciel, entre les ailes des oiseaux, Rome reposait blanche, toute en sucre.

Mais la ville, vue par Toi de l'ascenseur, devenait de plus en plus minuscule. Chaque maison fut grande comme une puce vue de loin par un myope; Toi pensa tomber. De la sueur coula entre ses yeux. Heureusement qu'Abrico lui attrapa les cheveux, lui mit les yeux en face des trous des siens :

– Pauvre vieille petite fille. Regarde-moi.

Dans les yeux d'Abrico, tournaient des paillettes d'or. Alors la petite Abrico prit une paire de ciseaux. De deux coups nets se coupa les paupières. Et Toi regardait fascinée ces yeux maintenant tout ronds dont aucun voile n'empêchera le regard. Toi hurla. Essaya de se cacher la vue. Mais sa main tapait son front, ses joues, et jamais n'osait voiler ses yeux.

– Petite fille, disait Abrico, je te donne mes paupières : si un jour tu veux que je ne voie pas la réalité, tu me mettras mes paupières devant les yeux.

Alors Toi savait qu'Abrico voulait lui donner ses paupières pour l'obliger à toujours regarder son visage de bébée mutilée, guettant le moment où cet œil aurait besoin de repos. L'ascenseur montait entre les poutres du ciel. Toi décida que plus tard elle serait aveugle : Abrico n'avait pas à lui donner d'ordre! Mais la petite fille venait de recevoir, sur les paumes de ses menottes fines, les deux peaux transparentes des paupières couronnées des cheveux doux des cils. Et Toi hurlait. Ces deux petits bouts de chair, même pas sanglants, lui brûlaient les paumes. Le don des paupières avait fait oublier à Toi son vertige pas possible!

Rome, à trois mille mètres sous leurs pieds, semblait un tapis trop lavé où des bribes de couleurs vagues se mélangent salement.

Mais bientôt le froid manifesta nettement son existence extraordinaire. L'ascenseur traversa l'épaisse couche du béton et ressortit en plein air : on arrivait de l'autre côté du ciel.

Abrico, au milieu des vents, du froid, des pluies, tituba un peu, s'emmitoufla dans sa barboteuse. Toi, les yeux noirs, s'accrocha à Abrico comme si elle était sa mère. Est-ce qu'une enfante de quatre mois a besoin d'une maman? Même en lui donnant le rôle obligeant de garde-paupière, d'essuie-œil, Abrico peut se passer d'elle.

La pluie redoublait de gouttes sur les yeux nus et crus d'Abrico. L'enfante, minuscule sur l'infinie surface grise de béton plat, courait gaiement vers le bord du précipice. Suivait Toi, toujours serrant dans ses menottes les paupières. Le béton se nappait de glace, Abrico glissait et tombait. Toi faillit briser les paupières dans ses mains nerveuses.

Au-dessous, à trois mille mètres, de grands marais entouraient Rome, grelottant de froid. Les vents frissonnaient l'eau d'écumes de sel. Les taureaux noirs levèrent la tête. Les sabots enfoncés dans l'eau, ils voyaient, sur le toit de cette ville couverte, une petite enfante, plus minuscule qu'une paramécie. Ils balançaient leurs cornes, meuglant.

Abrico rigolait, contente au bord du précipice. Toi voudrait tant la retenir! Pourtant elle ne peut lâcher les paupières; ce serait signifier qu'elle admet que la bébée n'a pas besoin d'elle.

Alors la neige tomba sur les surfaces non protégées du monde.

A quoi servent nos inutiles paupières? A cause des paupières, nous sommes obligés de raconter les choses, au lieu de les laisser nous caresser directement la rétine.

Les flocons blancs grossissaient et quand ils se posaient sur l'œil cru d'Abrico, s'y éclataient des pépites d'or. Et la bébée sautait pour frapper les flocons de son œil. Les petits flocons aimaient beaucoup la petite Abrico qui savait regarder sans cligner des yeux. Et les petits flocons manœuvraient les rouages de leurs cristaux pour bien se poser sur l'œil nu de la bébée. Sautait Abrico. A cheval sur le vide, Toi criait. Trois mille mètres plus bas, dans les neiges grises et les fleuves charrieurs de glaces, les taureaux noirs dressaient leurs gorges, y glissaient des bruits rauques venus du fond des ventres rêches de salicornes.

Toi ouvrit la main, retenir cette bébée! Les deux paupières d'Abrico s'envolèrent, battirent des cils, se balancèrent entre les vents dans les nuages, à jamais perdus. Toi se mordit la main. Elle voyait les yeux d'Abrico, ces deux boules bleues et blanches, gonflées de froid! Heureusement qu'elle possédait des paupières, elle, Toi, pour pouvoir ne pas voir les yeux trop vrais de cette bébée. Elle crispait ses cils.

Alors Abrico lui disait, et les vents répétaient d'échos doux :

– Tu vois que je n'ai pas besoin de toi, qui n'as pas su garder les paupières que je t'avais confiées. Maintenant que tu n'es plus ma mère inquiète, veux-tu être mon amie?

– Oui, dit Toi.

Abrico lui attrapa la main; ses yeux étaient plus doux que la tendresse.

– Regarde, ma petite Toi, dit-elle.

Et Abrico entraîna, plein d'hirondelles dans sa tête, la petite Toi vers le vide :

– Viens, on va jouer avec Rome.

Sur l'immense plate-forme, couraient quelques rats. Abrico les appelle. Les rats viennent. Ce sont de gentils rats. Avec des petites dents malignes et des nœuds papillon, des petites robes et des rubans dans les cheveux. Tout le monde se dit bonjour. Toi, qui est un peu bête, a un peu peur des rats. Pourtant, ils sont très polis et il y a des rates, aussi. Abrico leur prête son biberon. Les petits rats sont très contents et boivent un coup. Puis ils donnent, sans se faire prier, tous les bouts de fromage qui traînent dans leurs poches, les partagent avec les enfants. Plus personne ne pensait à la neige, qui, pourtant, faisait tout ce qu'elle pouvait pour se faire remarquer, à grand renfort de froid. Puis tous nos amis se baissent au bord de la piste plate de béton et on regarde, en se penchant vraiment beaucoup, Rome dessous. Toi a peur de tomber. Mais les autres lui expliquent :

– Si tu tombes, t'es si légère que tu te déposeras tout doucement sur le sol comme un pollen de fleur, alors ne nous casse pas les pieds.

Rassurée, la petite fille se penche beaucoup, elle aussi. Mais elle ne voit pas grand-chose. Parce qu'elle porte encore des paupières. Elle voit les énormes piliers qui soutiennent le toit sur lequel elle se trouve. Elle voit les réflecteurs, les soleils artificiels. Elle voit la ville, en plein été. Mais c'est tout petit. C'est comme un rêve ou un champ de fleurs. Et c'est bien étrange de regarder un champ de fleurs ensoleillé en étant frigorifiée de neige blizzardeuse!

Les petits rats, rates sympathiques, et la petite Abrico, eux, voyaient très bien la ville : tous les détails! Les rats et rates parce qu'ils sont plus intelligents que les humains; Abrico parce qu'elle n'a plus de paupières. Il faut s'arracher les paupières.

Rome : décembre 1979 : il faisait soleil tout plein, et tout le monde battait des mains de joie pour faire de l'air. Les maisons entouraient de petits jardins. Sur son vélo d'argent massif, le télégraphiste Biboli ne portait que des bonnes nouvelles. A l'école la maîtresse Fatima enseignait aux enfants endormis, à l'ombre des murs blancs, pendant que les parents, au soleil, avec des petits chapeaux de paille, dessinaient sur les murs des dessins d'enfants. Dans la gare toute verte, avec des palmiers partout, le chef de gare Racula agitait son drapeau, laissait partir les trains, levait et baissait la manette des aiguillages, et les trains se cognaient. Le médecin Massibure enlevait les maladies à tous les gens de l'hôpital. Le cordonnier Pantifle, sur une petite place verte où dormaient des éléphants sages, clouait des ressorts sous les semelles, pour que les gens volent. Le crieur de journaux Batarave vendait très cher des pages blanches où chacun pourra marquer les nouvelles de son cœur. L'horloger Catavere, avec son petit tablier rose, cassait les montres; qu'importe l'heure si l'on vit dans son temps. Dans les rues jaunes et bleues, où clignaient des fleurs, les conducteurs de bus municipaux arrêtaient sans cesse leur véhicule gras, pour laisser passer, sur les petits clous, les puces, les cafards, les microbes.

Les boulangers décident de se lever quand ils n'ont plus sommeil et font leur pain au rythme de leur réveil. Personne ne trouve de pain le matin, mais personne n'oblige les boulangers à se lever à six heures! On trouve le pain quand il est là. C'est merveilleux! Et puis quelle idée stupide de manger du pain! La majeure partie des restaurants de Rome ferme entre midi et deux heures. Ils ouvrent quand ça leur fait plaisir. Les gens mangent quand ça leur fait plaisir. Mais les deux plaisirs ne se rencontrent pas souvent. Du coup, on n'est jamais sûr de manger, de pouvoir dormir. Quel plaisir! Le pharmacien vend des cigarettes, quand on veut se guérir d'un cancer de la gorge : pourquoi guérir, si l'on décide de ne pas mourir? Le balayeur étale bien les ordures au milieu des rues, pour empêcher les piétons de marcher. On est si bien immobile! La secrétaire de l'avocat ne tape jamais les lettres qu'il lui dicte : des tas de gens se voient accusés de crimes qu'ils n'ont pas commis. Splendide! Pourquoi croire commettre des crimes? Le livreur ne livre jamais rien à l'adresse indiquée. Quel rire : on paye des choses pour rien.

Bien sûr, une épingle de nourrice peut valoir une somme terrible, tandis que se donne pour rien un manteau de fourrure. De toute façon, quand on n'a plus d'argent on le vole, et celui qui est volé, trop content de se trouver plus léger, vous embrasse partout.

Ainsi vivait Rome au soleil, depuis sa récente création, depuis que la coïncidence entre le passé et le présent a été balayée. Dans le ciel bleu. Avec les petits arbres de matière plastique, avec les petites gens contentes, dans la joie d'un sapin d'été. Ainsi vivait Rome, sens dessus dessous, dans l'œil d'Abrico et des rats penchés sous le toit de la ville. Sur eux, la pluie tombait en rideau de neige grise.

6

Naître donna le droit à Nabucco d'habiter chez sa mère. Innocent privilège dont il jouit avec dignité, les doigts dans le nez. Depuis ce grand jour où le monde des nés l'avait admis en son sein, l'enfant bénéficia chez lui de l'exquise coordination des sept activités principales : manger, dormir, jouir, déféquer, penser, parler, être vu; et des sept activités secondaires : cueillir des fleurs, casser les nez, s'habiller, siffler, admirer la beauté infaillible du monde, écrire, marcher avec des pattes. Ayant décidé d'être le fils d'une pauvre, cet enfant de trois mois de naissance et de cinq ans d'âge organisa dès lors sa jeune existence pour se faire une place dans la société, place qu'il n'avait point voulu que sa mère ait, afin de la posséder sans héritage. Cette croyance en l'histoire est un peu puérile, aurait pensé une Abrico; mais Nabucco est encore un enfant, et pas encore un bébé.

En cette belle matinée du 25 décembre 1979, Nabucco sortait de chez lui, l'âme fraîche, le visage cependant un peu endormi. Le soleil illumina ses paupières tendres. Il éternua beaucoup. La ville vivait toute blanche, peuplée de chameaux, de lézards, de renards et quelquefois de gens. Un beau costume entourait Nabucco. Évidemment la veste n'était ni de la même coupe ni du même tissu que le pantalon; chaussettes et chaussures se trouvaient dépareillées. Mais après tout, c'était la mode, et n'allait pas sans élégance.

Pour faire son chemin, Nabucco eut une idée derrière la tête, qu'il programma à ses pieds : visiter son ami Je. Afin de lui faire admirer son nouvel état de jeune né.

L'enfant de bientôt six ans marchait la tête haute, levant bien sa petite canne, très fier d'être. Il s'attendait dans chaque coup de pied de ses pas, à ce que les facteurs, les architectes, les couvreurs et les coiffeurs rencontrés se précipitent vers lui, s'écriant ; « Oh bonjour, monsieur Nabucco, que vous êtes joli! » Mais on le croisait sans crier gare. Et ce n'est pas la peine de naître si l'on a aussi peu d'existence qu'avant la naissance. Alors quand Nabucco rencontra un pharmacien dans son grand tablier blanc, il l'arrêta, lui dit :

– Bonjour monsieur, je m'appelle Nabucco; et quand on me croise il faut dire : bonjour monsieur Nabucco, que vous êtes joli, que vous me semblez beau!

– Ah! dit le pharmacien.

– Mon père, continuait Nabucco, s'appelle Nabokov, il est physicien. Et ma mère s'appelle Artemisia : elle est très pauvre et je suis son rayon de soleil.

– Ah! dit le pharmacien cherchant partout une gifle pour faire taire cet insupportable prétentieux.

Au-dessus d'eux, sur le ciel bleu, soutenu régulièrement par les poutrelles de fer, s'accrochaient les réflecteurs puissants des soleils et des chaleurs. Les fleurs poussaient à tous les balcons. Les volets étaient verts et rouges, les maisons blanches, les rues étroites.

– Et vous? demanda Nabucco.

Les pieds du pharmacien sursautèrent. Il se demanda bien à qui pouvait s'adresser ce « vous » percutant que l'enfant avait laissé pousser entre ses dents de lait, quand il s'aperçut que son ventre était désigné par un doigt pointé de Nabucco.

– Moi?

Et le pharmacien cherchait vite un ciseau pour couper ce doigt ennuyeux.

– Oui, vous. Nom, prénom, âge et qualité.

– Ajusto Nécropolo. J'ai toujours cru que j'avais été Président de la République, mais depuis quelques mois je crois que j'ai toujours été pharmacien, répondit le monsieur en se demandant ce qu'il allait bien pouvoir répondre à cette indiscrète question de cet enfant pas charmant.

Et, cherchant toujours une réponse plausible, les jambes de Nécropolo se mirent à suivre celles du fils de Nabokov; les maisons étaient contentes de cette lumière d'août.

On descendait des rues animées, des placettes colorées d'arbres gais, des églises vertes où se penchaient des clochers et les lumières des projecteurs rendaient cela très vrai. On croisait sans cesse des pompiers avec des blouses grises qui vendaient des journaux; des boulangers en costumes bleus croisés, leur attaché-case à la main; une fleuriste avec son petit costume d'infirmière; le laitier qui balayait les rues avec son grand balai; l'aviatrice qui conduisait des gros camions de légumes; l'artiste peintre, son stéthoscope à la main. Nabucco, ôtant son bonnet de jour, disait à tout ce beau monde :

– Bonjour. Je m'appelle Nabucco; je suis fils de Vladimir et d'Artemisia. Il faut me dire bonjour.

Et les gens croisés, les facteurs, avec leurs bouteilles de lait, la femme de chambre, avec son manteau de vison, la postière, avec son tablier plein de sang de bœuf, le chef de gare, avec son appareil photo, l'électricien, avec son rasoir à la main, toutes, tous regardaient, étonnés du fond des yeux, cet enfant sympathique. Et répondaient :

– Bonjour, que vous êtes joli!

Nabucco suivait les rues. Le pharmacien suivait Nabucco. Un taxi suivait Nabucco et le pharmacien. Le pharmacien s'aperçut de cette filature, et fut très inquiet. Il avait bien peur qu'un autre ami vienne lui voler son nouvel ami. Il tira la queue de la redingote de Nabucco, tremblant :

– Derrière, quelqu'un, il nous suit, nous sommes repérés!

Mais Nabucco ne visitait que l'horizon immédiat devant lui. Il chassa d'une main les mains tremblantes du pharmacien qui voulait le retourner.

A toutes les fenêtres pendaient des linges, des draps, des nappes, des chemises, des femmes se penchaient, tapant le linge.

– Oyez, bonnes gens, je suis Nabucco, fils de papa et de maman.

Les femmes aux cheveux noirs se penchèrent. La rue était si étroite qu'elles se cognaient la tête, formant des arcades de cheveux sous lesquels, une, deux, Nabucco trottait vers l'avenir.

Dans la chaleur, les mains des femmes, mains blanches de veines bleues, tapaient les chemises, les culottes, les draps, se chuchotant entre elles, holà, holà, qui passe sous nous, qui que voilà, c'est Nabucco, qui ça? oh vous ne connaissez pas, Nabucco, qu'il est joli, qu'il est mignon, c'est un enfant, elles tapaient les draps qui s'enflaient, se débattaient, elles tapaient les petits mouchoirs qui, tout roses, tout verts, se nouaient leurs coins les uns aux autres, faisaient la guirlande, s'échappaient des fenêtres, tournoyaient autour de Nabucco, holà, qui que voilà, c'est Nabucco, qui ça? vous ne connaissez pas, c'est Nabucco, qu'il est charmant, holà qui que voilà, et vous savez pas? oh non, dis-moi tout, son papa c'est Vladimir, sa maman c'est Artemisia, holà qui que voilà, elles tapaient, grosses mains bleues, empoignaient les torchons et les serviettes qui se mélangeaient, s'aimaient beaucoup, elles tapaient, les cheveux tressautaient, dansaient sur leurs pointes, elles tapaient, les chemises se protégeaient avec leurs pans, elles chantaient, les chemises se donnaient la main, holà, qui que voilà, c'est Nabucco, oh qu'il est mignon, attention, attention, on va le manger, attention, attention, son papa c'est Vladimir, sa maman c'est Artemisia, attention, attention, c'est le prince charmant.

Le soleil cuisait des pots de terre à toutes les fleurs au coin des maisons blanches.

Enfin ils pénétrèrent, Nabucco très content, le pharmacien très inquiet d'être suivi par un taxi, sur une petite place où une maison était intitulée « Fabrique de petits zèbres à ressorts » : le commissariat de police!

Nabucco arrêta ses jambes qui, une fois n'est pas coutume, s'arrêtèrent. Le pharmacien en profita pour faire remarquer sa présence. Ayant fait remarquer sa présence en agrippant l'enfant par les cheveux, il lui fit remarquer la présence derrière eux d'une mystérieuse voiture qui, sans doute, cachait sous le label de taxi de très sombres desseins. Nabucco haussa les épaules et les cheveux pour les débarrasser des doigts sacripants de son nouvel ami :

– Ne vous inquiétez pas, mon bon : c'est mon chauffeur et ma voiture. Mon chauffeur est dans ma voiture : tout est normal. J'ai un chauffeur et une voiture parce que je suis très pauvre.

Rassuré, le pharmacien Nécropolo indiqua à Nabucco qu'il était prêt à raconter sa vie. Il allait se livrer à ce charmant spectacle quand Nabucco l'arrêta d'un geste.

– Non, monsieur. Certainement vous m'avez suivi jusqu'ici

parce que vous avez quelque chose d'important à me dire, disons un service à me demander, un conseil à écouter de ma bouche. Mais pour l'instant je ne suis absolument pas d'humeur à vous donner la bonne parole. Il se trouve que je vais voir un ami, Je. Enfin quand je dis un ami! c'est en vérité un redoutable personnage, mais j'ai passé ma vie avant la naissance avec lui, alors c'est un peu mon frère tout en ne l'étant absolument pas. Vous me suivez? Ne répondez pas non, je le sais. Bon, je vais le voir, mais je ne sais pas pourquoi. Alors je vous demande : Pourquoi?

Nécropolo ouvrit la bouche pour la garder ouverte. Chauve, il chercha vainement ses cheveux pour se gratter la tête. Il aimait beaucoup Nabucco. En ces temps difficiles, il est rare de trouver un ami aussi sympathique, et surtout aussi sûr d'exister. Mais Nécropolo ne savait que répondre! Pourtant une idée lui passa par la tête, et l'on sait qu'une boîte crânienne sans cheveux est plus apte à recevoir les idées : en ne répondant pas directement à la question, il répondrait à Nabucco. Alors Nécropolo dit n'importe quoi :

– Mon ami, il sied de sceller notre union par une marque d'estime : tutoyons-nous.

Oui, Nécropolo était vraiment un ami, qui a su indiquer à Nabucco sans le dire, le motif de sa visite à Je. Car si Nabucco tutoie le pharmacien, il va le nommer par les mots de « toi ». Toi! De petites ailes blanches poussaient derrière les oreilles de Nabucco! Le cœur serré, Nabucco serra les mains aimées du pharmacien. En fait, Nécropolo aurait répondu n'importe quoi d'autre, Nabucco en serait arrivé à la même conclusion : c'est de Toi qu'il devait parler à Je.

– Merci, dit-il au pharmacien. Et il le planta là. Puis il revint.

– Merci, dit-il au pharmacien. Et il le planta là. Puis il revint.

– Vous m'avez déjà dit merci, dit le pharmacien. C'est moi qui dois vous remercier d'avoir su comprendre ce que je vous ai dit quand je ne sais pas moi-même ce qu'il y avait à comprendre : merci.

Et le pharmacien planta Nabucco là. Entra dans le commissariat. Puis il revint.

– C'est à vous d'y aller. Pas à moi. A moins que vous désiriez que je m'appelle Nabucco à votre place?

– Tutoyons-nous, dit Nabucco. Et il le planta là.

Resté seul, sur la place fleurie, devant la porte de la Fabrique de petits zèbres à ressorts, autrement dit du commissariat, Nécropolo attendit que son nouvel ami ressorte pour lui dire encore merci, mais il en fut pour ses frais.

Voyant le petit pharmacien abandonné et tout triste de ne pas savoir que faire, le chauffeur de taxi descendit dans le soleil, pour faire la conversation. C'était un individu maigre, calfeutré dans un costume sombre, à moitié masqué par un chapeau.

– Beau temps, hein? dit-il au pharmacien.

C'était idiot. Le soleil lumineux des projecteurs prouvait qu'il pleuvait dehors.

Mais laissons là ces deux adultes qui inaugurent une conversation bien mal partie, entrons dans le commissariat où certainement une scène étonnante se joue, entre ces deux enfants, ces deux amis d'avant la naissance.

7

Au moment où Nabucco pratiquait toutes ces fausses entrées, Je se demandait comment il allait faire pour modifier le fils de Nabokov selon les vœux de son père; comment il allait lui casser les jambes et les dents pour le réparer après, afin qu'il devienne son propre squelette? Et voilà Nabucco!

Je reste assis pour ne pas s'emmêler les pédales avec ses jambes trop courtes pour ses culottes trop longues. La pièce demeurait petite, sans signe particulier, à part un grand portrait de Mozart au mur, avec cette légende : « Regardez ce que ça donne, un enfant pas assassiné. »

– Alors t'es né?

Tels furent les mots, issus de la bouche de Je, qui accueillirent Nabucco.

– Eh oui, fit Nabucco, un peu impressionné de revoir cet enfant pâle qu'il n'aimait pas, mais qui était son ami.

Je avait beaucoup envie d'embrasser Nabucco, parce qu'il aurait bien voulu jouer et manger des gâteaux. Mais il gardait son air ironique et froid, la tête penchée en arrière, les chaussures négligemment posées sur le bureau policier.

– Moi, disait-il, je suis celui qu'on déteste. Et j'ai pas voulu naître. Alors maintenant, quand je me promène, les gens disent : oh le vilain petit canard, oh le vilain petit Je. Bientôt je serai le grand criminel que je cherche : on me félicitera de mon arrestation. Mais j'aimerais bien que quelqu'un me fasse un gros câlin.

Nabucco s'était assis en face de Je. Sur la table, il y avait des petits zèbres mécaniques, des zèbres tout zébrés de blanc et de noir, qu'on remonte avec une clef, et ils sautent, et se cabrent, et sautent, c'est très joli. Nabucco et Je auraient bien voulu jouer avec les petits zèbres, mais voilà, ils devaient se croire des grandes personnes. Ils avaient des larmes derrière les yeux, mais ça ne se voyait pas du tout. Parce qu'il y avait des yeux devant.

– Eh oui, fit Nabucco, avec sa grosse boule, là.

Les yeux de Je pétillaient quelque chose de plus malin que la malice :

– Finalement, toi (leurs cœurs se pincent à ce mot qu'il ne fallait pas encore dire), tu existais avant d'être né, c'est pas mal; mais ce serait encore mieux, encore plus extraordinaire si tu étais mort avant d'exister, et avant de naître...

Quel sot, ce Je! Non seulement il parle de Toi avant l'heure, mais il dévoile la vérité du déroulement du temps de Nabucco! Et Nabucco essaya de respirer, mais ne trouva pas d'air devant sa bouche, bouchée par son poing enfoncé jusqu'au coude, il eut envie de vomir son tube.

Je se rendit compte qu'il venait d'inventer soudain la vérité.

Il changea la conversation.

– Et ça fait quoi d'être né?

Nabucco fut très content d'être invité à parler d'autre chose que de Toi ou de sa mort.

Ses joues reprenaient leurs couleurs douces quand il répondait, parlant, parlant, pour ne plus entendre ce qu'il avait déjà oublié :

– Oh, c'est merveilleux de naître, regarde-moi, je suis tout plein, tout plein!

Et il sautait, l'enfant. Il montrait à Je ses bras dodus et ses grosses cuisses fraîches. Il répétait :

– Regarde-moi, je suis tout plein, tout plein comme un tambour!

Et Je posait Nabucco dans ses yeux inquiets.

Nabucco battait du tambour. Il annonçait le spectacle de son nouveau fonctionnement :

– Regarde, Je. Quand je fais quelque chose, ça part de très loin, ça part de mes parents. Regarde.

Et Je posait ses yeux d'abeille sur son ami haï : le spectacle valait la peine d'avoir des yeux et des oreilles :

Les longues errances peureuses de la mère de Nabucco, de la Sanseverina, le long des quais, sa peur d'être vue, questionnée par des polices, sa crainte de n'être pas en règle, elle, sans argent, ses serrements de poitrine, bloquaient le ventre de Nabucco, pâlissaient ses joues devant cet agent de police qui le lorgnait de l'autre côté d'un bureau de bois dur.

Le séjour de sa mère en prison, à la suite d'une envie de sac à main, et les souvenirs de ces regards qui apparaissaient soudain dans le bruit du guichet tiré, criaient à Je par la bouche de Nabucco :

– Ne me mets pas en prison! Ne me mets pas en prison!...

Puis, tout content, Nabucco se levait, tournait autour du bureau, tapait sur le dos de son ami Je, lui montrant la chaise vide qu'il venait de quitter :

– T'as vu comme je suis bien construit, t'as vu comme tout est bien bâti dans mon arrière-fond?

Et Je était frappé. Il se touchait la tête pour voir si par hasard dedans ne s'amusait pas un arrière-fond avec des histoires anciennes aussi bien fabriquées que celles de l'enfant-né; mais chez lui c'était le calme plat.

Nabucco retourna s'asseoir à la place du coupable. Les raisonnements du professeur Nabokov, quand il enseignait la physique aux universités chères, tournaient dans sa tête, organisaient l'infaillible démonstration qui, en rubans perforés de haine, se tapait hors de sa bouche :

– Tous les flics sont les alliés des tueurs à gage, des brigands de grands chemins qu'ils poursuivent.

Puis Nabucco se mit à rire de joie, agitant ses pieds partout :

– T'as vu comme c'est bien fait? T'as vu?

– Et tous les mots que tu dis, tout ce que tu fais, ça vient de quelque chose de tes familles?

– Oh oui! Oh oui!

– C'est formidable!

– C'est merveilleux!

Les deux enfants s'amusaient beaucoup, les petits zèbres mécaniques en joie sautaient, cric, crac, se cabraient, sautaient, pleins de rayures contentes.

Soudain Je se leva. Rajusta sa casquette. Des deux mains agrippa le bas de son pantalon pour aisément marcher sans trop tomber, et parcourut en tous sens l'immense pièce. On entendait crépiter les machines à écrire, cric, crac; Je faisait des yeux qui n'amusaient plus.

– Oui, oui, bien sûr, c'est formidable, merveilleux. Mais voilà : n'est-ce pas une formidable illusion?

Le cœur de Nabucco se fit tout petit dans ses souliers trop lacés.

Le doigt de Je se pointa devant l'œil du fils d'Artemisia.

Ce fut un doigt aux ongles courts, un doigt croûté de peaux rongées :

– Regarde cette ville nommée Rome. Regarde le stupide jeu de société qui l'envahit. Tu crois que c'est drôle? Tu crois que les gens sont heureux? C'est la misère! Le pâtissier se retrouve charcutier, le riche se retrouve pauvre, l'intègre se retrouve voleur. Et pourquoi cela? Parce que des enfants se sont mis en tête de créer une ville qui existait déjà; ont donné soudain un passé aux individus qui formaient cette cité. Et toi, tu as fait sur toi-même la même opération : alors que tu existais déjà, tu t'es donné un passé en naissant. Et tu crois être heureux? Peuh! Illusion!

Nabucco essayait de se boucher les oreilles : il écoutait de tous ses yeux. Dans son ventre, de petits œufs éclataient, des oisillons en sortaient, et de leurs becs piquaient les bouts de rate, les boursouflures des poumons de l'enfant qui se démanchait de douleur.

Alors Nabucco, à bout de bec, tenta de faire venir la conversation sur Toi, pour échapper aux sarcasmes exaspérants de Je. Je, d'un autre côté, avait exaspéré Nabucco de sarcasmes pour que ce dernier jette la conversation sur Toi. Mais Nabucco ne s'était laissé exaspérer que par peur de parler de Toi. Lequel des deux prononcera le premier ce nom?

– Où est Abrico? demanda l'un.

– Sur le toit, répondit l'autre, sans penser plus loin que le bout de son nez.

Les deux enfants furent ravis. Ils soupirèrent lentement, nostalgiques et fraternels :

– Oh Toi! dirent-ils.

Nabucco aurait parlé de Toi pendant cent sept ans sans s'arrêter. Sans perdre une seconde il commença :

– Tu sais bien, mon ami Je, que je ne suis pas né pour posséder un passé, mais pour avoir une maman. Et donc pour que Toi ne soit plus ma mère. Et qu'on puisse alors vivre ensemble et s'épouser, et se marier, et avoir des enfants, et faire la cuisine ensemble, et des gros dodos ensemble, et des gâteaux ensemble, et s'embrasser, et courir ensemble, et...

– Suffit, hurla Je.

Puis le flic se pencha contre le nez de Monsieur de Nabucco, ils se visitèrent du regard en louchant. Et Je devenait deux fois plus méchant et Nabucco deux fois plus tremblant :

– Et si je ne m'abuse, monsieur, vous m'avez démontré tout à l'heure que toutes vos actions vous venaient de votre famille. De quelle trace de votre passé familial vient votre souhait d'avoir une maman?

Nabucco sentit que le réel était encore trop compliqué pour lui. Non seulement il ne comprenait pas grand-chose à la question de Je, mais de plus il ne savait pas du tout y répondre. Il fit donc semblant d'entretenir des puces dans ses oreilles pour ne pas avoir entendu la perfide réplique de Je. Et Je fut très fier que Nabucco ne sût pas répondre à une question dont lui-même ne comprenait pas très bien la signification.

Ces enfants de cinq ans commençaient à avoir un peu mal à la tête. Tant leur conversation ressemblait à un match de ping-pong sans raquette ni balle.

– Poursuivons, poursuivait envers et contre tout Nabucco. J'aime Toi. Et elle n'est pas ma mère. Nous sommes donc faits pour nous entendre. Or nous ne nous entendons pas. Cette petite fille nous déteste tous les deux. Tous les deux justement : en bloc! Pour elle, nous sommes les bourreaux de son enfance. Maintenant, il faut bien faire comprendre à Toi que je ne suis pas toi, Je.

Je ouvrit ses yeux tout ronds en se posant deux monocles. Nabucco réécouta l'enregistrement intime de sa dernière phrase et s'aperçut qu'elle était d'une rare difficulté. Il essaya d'autrement dire :

– Je veux dire : il faut que toi et moi fassions comprendre à Toi que Je c'est pas moi.

Je ouvrit ses oreilles toutes rondes en se posant des petits bâtons dedans. Nabucco reprit ce problème de formulation dans un autre sens :

– Imaginons que je m'appelle : Théorème; toi, Je : Balzabir; et Toi : Pistache. Ma formulation serait la suivante : Théorème et Balzabir doivent faire comprendre à Pistache que Théorème est différent de Balzabir.

– Enfin, nous devons faire comprendre à Toi que tu n'es pas un vilain garçon comme moi, comprit Je.

– C'est ça, admit Nabucco, qui avait soudain compris ce qu'il voulait dire.

Ce qui arrive par hasard à bien s'énoncer peut se concevoir. Et Nabucco conçut ce qu'il venait de dire : ses cheveux se dressaient d'horreur sur sa tête! Mais les mots étaient tirés.

Et Je le regardait. Attendant qu'il ose développer ses idées noires. Et Nabucco osa :

– Voilà : tu vas capturer Toi. La prendre de force et l'enfermer dans un lieu clos (non, je ne vais pas oser dire ça, non). Et tu vas être absolument odieux avec elle, ça ne l'étonnera pas (non je ne peux pas dire ça). Et moi, je serai là, aussi, et gentil avec elle. Alors par contraste, voyant que je ne suis pas comme toi, elle m'aimera, et je la sauverai de tes griffes noires. D'accord? (Il n'a rien entendu. Je n'ai jamais pu dire ça!)

Je riait des bulles de bonheur plein la bouche. Ses bas trop longs de pantalon dansaient de joie! Je avait tout intérêt à s'immiscer dans les affaires intimes de Nabucco, puisque Nabucco sera le cadavre dont il était déjà, lui Je, le criminel!

Nos deux héros se vêtirent de capes noires pour sceller l'alliance secrète qu'ils venaient de contracter dans la fabrique de zèbres mécaniques appelée Commissariat de Police.

8

Tout éberlué par ce qu'il venait de faire, Nabucco sortit en plein soleil, cachant son éberluement sous un aveuglement.

Le soleil, la chaleur, le blanc des murs de la placette, les fleurs; mais des mains, des fesses se roulaient par terre : se battaient le chauffeur de taxi et le pharmacien Nécropolo. Tout autour, les petits canards, les petits lapins, les gros chiens trouvés applaudissaient.

Nabucco, qui pourtant avait décidé de ne plus agir ni penser aujourd'hui, pour ne point trop user les capacités neuves de sa cervelle enfantine, sépara néanmoins les combattants sanglants et assommés. Ensuite, les oreilles écartées, il s'informa du pourquoi des choses d'ici-bas.

Le chauffeur et Nécropolo expliquèrent en même temps qu'ils se battaient pour savoir lequel des deux était l'ami intime de Nabucco.

Alors Nabucco s'assit sur une marche. Installa les deux autres sur ses genoux. Les câlina beaucoup. Leur expliqua qu'il les aimait tous les deux pareil. Leur raconta des histoires d'oies sauvages, et les deux adultes s'endormirent sur les genoux de l'enfant. Et les verts canards, les blancs lapins, et les gris chiens pleuraient beaucoup voyant cette scène, voilà. Mais se mirant dans l'eau du puits de la place de la ville, Nabucco s'aperçut qu'il n'était qu'un enfant perdu et fragile; et il consolait des gros messieurs! Il ne faut pas exagérer, il vida les grands messieurs de dessus ses genoux, qui tombèrent, se réveillèrent, et voilà.

– Bouh, bouh, c'est moi qui suis un petit enfant perdu. Alors consolez-moi, pleurait Nabucco.

Et Nécropolo et Pinocchio (c'est le nom du chauffeur de taxi), et les animaux, voyant pleurer cet enfant en costume du dimanche, tirèrent des mouchoirs de leurs poches, les agitèrent pour l'amuser avec des marionnettes blanches et sympathiques.

Entre deux larmes douloureuses, Nabucco vit ces mouchoirs qui s'agitaient pour lui dire au-revoir. Il devait récupérer la situation, sous peine d'être abandonné! Il s'appelait Nabucco, fils d'Artemisia et de Vladimir. Il était un grand garçon, il fallait faire preuve d'énergie, sinon de grandiloquence. Il se dressa, c'est tout juste si une barbe ne lui poussa point.

– Mes amis, dit-il, je crois que notre camarade le pharmacien a une requête à me demander. S'il veut bien me l'exposer sur-le-champ, je lui en saurai gré.

Les canards, les lapins, les chiens levèrent les oreilles. Nécropolo regarda autour de lui, pour voir la tête de l'ahuri auquel s'adressait ce discours. Et juste avant de rigoler, il s'aperçut que l'ahuri c'était lui; vite il se maquilla tout sérieux, chercha sa requête dans le fond de sa mémoire, ne la trouva pas, mais en trouva une autre qui était peut-être la même :

– Adorable compagnie, il se trouve que je suis pharmacien. Or, je n'ai pas de petits pains dans ma boutique. On m'a livré des sapins de Noël. Qu'est-ce que je peux faire de sapins de Noël, par ce soleil?

– Cherchons les petits pains, hurla Nabucco.

Et la troupe partit. Nabucco en tête, levant bien sa petite canne en l'air, suivi de Nécropolo, qui tenait la couronne chauve de ses cheveux, suivi de Pinocchio et de sa voiture, suivis des canards, des lapins, des chiens, à la queue leu leu. Ils traversèrent de grandes artères noires de piétons qui tous cherchaient quelque chose. Il y avait des cris, des volets cassés. Les gens erraient. Devant certaines usines, les ouvriers attendaient les cadres et les ingénieurs qui avaient décidé d'aller à la pêche. Dans d'autres, c'étaient les patrons qui attendaient les ouvriers. De toute façon, plus personne ne savait ce que les usines fabriquaient. Les femmes et les enfants se baladaient avec des tambours et des petits clairons. Sans voitures, on pouvait s'allonger tranquille dans les rues. Nabucco, Nécropolo, Pinocchio, l'âne (en effet Pinocchio avait posé de longues oreilles et un manteau de fourrure sur sa voiture, afin qu'elle puisse demeurer dans cette ville piétonnière et servir son maître) et les animaux se tenaient la main pour ne pas se perdre.

Ils rencontrèrent un maigre monsieur avec douze chapeaux sur la tête.

– Pardon, monsieur Maigre, demanda Nabucco. Vous n'auriez pas vu des petits pains?

– Diable, répondit l'homme, demandez au garage en face! Mais écoutez : le marchand de petits pois ne savait que faire des douze chapeaux qui lui avaient été livrés. Si vous les voulez?

Les canards, les lapins, les chiens, l'âne acceptèrent les douze chapeaux, s'en coiffèrent, ça peut toujours servir. Et la troupe partit. Les oreilles du taxi bougeaient pour faire plus vrai.

Personne ne se questionnait de quoi demain serait fait, car aujourd'hui était tellement amusant!

Nabucco et sa suite demandèrent au patron du garage où trouver des petits pains. Peut-être chez le fleuriste, puisque, lui, il cherche des viandes. Mais le fleuriste ne vendait que des trains électriques. Et le pharmacien ne trouvait toujours pas de petits pains! Et si Toi a faim? Le cœur de Nabucco devint dur comme un train électrique.

Les canards et les lapins s'amusèrent comme des fous avec les trains, abandonnèrent la troupe. Le soleil tapait partout. Nabucco continua avec Nécropolo et Pinocchio et l'âne déguisé. Tout le monde se demandait qui était ce gros lapin. Quelqu'un essaya de le manger, mais s'y cassa les dents.

Beaucoup de gens quittèrent la ville, qui ne supportaient pas de ne pas travailler, de ne pas manger quand ils avaient faim ou de manger quand ils n'avaient pas faim. De longues files de nomades, avec des valises sur le dos, s'enlisaient dans les marais, sous la pluie. Mouraient.

Sur un trottoir, un vieil aveugle se disait à son oreille :

– C'est drôle un moment, mais moi je n'y vois plus rien!

Alors on recommença à se taper les têtes contre les murs, sous le soleil.

Nécropolo, Pinocchio et le grand âne de tôle avaient disparu. Nabucco, encore tout seul, ne se rappelait plus du tout ce qu'il devait demander aux gens. Et si Toi avait faim? La fête se terminait en confiture.

Soudain, du haut des immeubles blancs du centre ville, les plombiers jetaient des milliers de lettres, au hasard. Des bras, des jambes bousculaient Nabucco pour lire ce qui n'avait pas été écrit pour eux. Les enveloppes virevoltaient dans la chaude lumière, dans les rues vertes et bleues de monde errant, au-dessus des coupoles, des mosquées, des églises, entre les poteaux de fer, plantés droit, qui tenaient le ciel de béton protégeant la ville des vents froids, des pluies giflantes, où se tenait Abrico, debout sur cette plate-forme, petite bébée sans paupières qui disait tout doucement :

– Ils ne vont jamais supporter ça. Ils ne vont jamais supporter que l'univers soit ainsi un jeu sans importance.

Toi claquait des dents. Le froid craquait ses os. Elle toussa. Elle avait faim.

Alors Toi descendit en ville.

Cinquième partie

DES JEUX D'ENFANTS

Comment il fit nuit dedans et soleil dehors, et comment il pouvait aussi faire nuit au-dessus du soleil. – Comment Toi retrouva Nabucco, comment Nabucco brûla Saïse pour aimer Toi, et comment Nabokov fabriqua du café dans les cabinets. Comment le peuple de Rome s'endormit au soleil, ce qui fit qu'on ne put point enterrer Anna Anastolka et qu'elle pua. – Comment Saïse essaya de réveiller la ville endormie. – Comment Je captura Toi, tandis qu'elle consolait la mère de Nabucco, et quels sévices affreux elle endura. – Comment Abrico reprocha amèrement sa naissance à Nabucco et quels discours elle lui tint. – Où tout se passera à peu près dans l'obscurité.

1

La chaleur de la ville pénétra les châles de Toi, évapora les eaux froides qui baignaient son corps, la sécha d'un doux manteau d'amour. Elle trottina un peu, contente d'être seule, monta et descendit quelques ruelles abruptes, se perdit joyeusement dans des dédales ensoleillés, croisa des empailleuses d'arbres, des astiqueurs de lampions, des bidons de lait baladeurs, des tourneurs de soupe, des empileurs de koulibiack, des peintres d'encoignures, des montreurs d'eaux, des froisseuses de papiers, qui gambadaient entre les maisons fleuries, sous le ciel bleu. Elle entra dans une auberge.

La petite fille souffla les dernières neiges qui frétillaient sur son bout de nez, ôta sa capeline et ses galoches. Elle mit ses pieds sur une table et agita ses petits doigts. Dans l'auberge rouge, des humains aux peaux tendres s'appliquaient très difficilement à ne rien faire.

Une jeune femme posa son pantalon sur une chaise devant Toi. Dans le pantalon, dormaient des fesses.

– J'ai envie d'avoir un enfant avec toi, dit la bouche au-dessus des pantalons.

Toi eut de longs lacets autour des cuisses, le cœur un peu lâche :

– Non, dit-elle.

– Pourtant, ce serait bien qu'une femme ait un enfant avec une petite fille, continuait la jeune femme.

Ses ongles grattaient les cheveux de ladite petite fille. Toi jeta sa tête en arrière, juste assez pour ne pas la perdre. Un ongle lui gratta la gorge.

– Non, dit Toi. J'ai déjà tout ça, des enfants, des amants. J'ai faim.

La femme sortait de son pull des petits pantins, des poupées, des automates, des cuisines miniatures, des costumes d'Indiens, des carabines à fléchettes, les étalait devant Toi :

– Tiens, mange, dit-elle.

Toi attrapa une carabine à fléchettes, et s'enfuit.

Sous le soleil, elle marchait avec de grands pas pour ses petits pieds; par terre étaient allongés des corps paresseusement endormis. La tête en l'air, Toi pensait à Abrico, de l'autre côté du ciel. Voilà ce que c'est que de rêver une ville; qu'avons-nous fait?

Elle se réfugia dans la première maison venue, un petit palais blanc entouré de colonnes. Elle reconnut cette maison. Ici était né Nabucco.

2

Anna Anastolka, la vieille bonne, installée avec Nabucco et Nabokov chez la Sanseverina devenue la servante de Saïse, grommela, voyant entrer cette maigre petite fille de six ans, les cheveux sales et emmitouflée de châles troués :

– Et voilà, maintenant, n'importe qui entre ici, comme en le terrier du chat!

– Pourquoi tu fermes les volets alors qu'il fait jour, vieille bique? demandait Toi de sa voix de tête pointue.

En effet la vieille bonne bique claquait un à un les volets de la baraque, qui barraient l'entrée triomphante du soleil rayonnant. Bientôt la maison se mura de plus en plus noire. La bouche d'Anna Anastolka, de plus en plus sèche, répondait :

– « Ils » ont mis un soleil artificiel; « ils » ont mélangé le jour et la nuit; ce n'est partout que grande nonchalance. J'ai décidé qu'au moins ici il y aurait jour et nuit; et maintenant, c'est la nuit; voilà.

Et Anna alluma des bougies. Toi pensait aux yeux sans paupières d'Abrico, là-haut, au ciel. Plus tard, quand elle sera aveugle, il lui faudra s'habituer au noir. Elle souffla sa bougie. Tout devint invisible. Et Toi tout entière se réfugia au bout de ses doigts. Ils rencontrèrent bientôt une peau, comme un nez, puis une autre peau, comme une bouche, puis des petits poils en brosse comme des cils.

– Oh Anna, disait Toi, oh vieille Anna Anastolka, je voudrais être heureuse.

Et la petite Toi sentit une petite langue râpeuse qui lui mouillait l'intérieur des yeux.

– Heureuse, répondait la vieille Anna; comment peut-on être heureuse, depuis que des enfants ont brouillé ce qui se passe dans les têtes, depuis que Nabucco est né d'un autre père et d'une autre mère? Tiens! le voilà l'enfant du malheur!

Qui que voilà : c'est Nabucco. Dans le noir, Toi entendit la porte d'entrée s'ouvrir, une petite voix pas muée dire :

– Je suis Nabucco, fils d'Artemisia et de Nabokov.

Et patatras : dans le noir Nabucco glissa, heurta, tomba.

Toi ralluma sa bougie, et ses yeux brillèrent pour Nabucco et pour Anna Anastolka.

Dans la pénombre du corridor, Nabucco fit semblant de faire comme si la fillette faisait seulement semblant d'exister. Il passa devant elle, très chic dans son petit costume dépareillé, sans la voir (la regardant par le blanc du coin de son œil le cœur battant).

Un petit sourire fit son étoile sur un bout de la bouche de Toi. Pas la peine de naître pour être aussi bête qu'avant.

Et Anna continuait, dans l'appartement, à organiser la pénombre : les glaces ne reflétaient plus rien, les escaliers devenaient casse-gueule. Glissait Toi de pièce en pièce, l'obscurité lui reposant les yeux. Peut-être qu'elle deviendra moins aveugle si elle vit dans le noir?

Partout se tordaient sans bouger des animaux empaillés : des têtes de taureaux, des chevaux entiers, des chouettes et, sur un immense piédestal : une Oie Sauvage, les plumes collées et l'œil en verre : le cadavre de Lady Chatterley.

Sous l'Oie, Anna rejoint Toi :

– Le pire, c'est que cet enfant a obligé son père à épouser sa mère, pour qu'Artemisia, qui était grande Dame, devienne une pauvre servante, une pauvre femme à la poitrine usée de peines sales et pour faire double emploi avec moi, pour me chasser. Je n'ai plus qu'à mourir!

Toi n'y comprenait rien du tout. Pourquoi les gens ne sont jamais contents? Tout cela venait d'un autre monde, et pourtant du sien, qu'elle avait contribué à bâtir.

La petite fille serra ses châles sur son corps, ordonna à ses jambes de partir, mais elle avait beau dire « à gauche », « à droite », ses jambes se perdaient dans des escaliers. Et la petite fille n'y voyait rien. Pourtant, elle n'était pas encore aveugle. La flamme de sa bougie allongeait les momies blanches des chats empaillés, c'était joli.

Soudain, dans une longue pièce où des armures marquaient le temps, elle vit Nabucco qui enlevait ses bottes. Le spectacle valait la peine d'acheter un fauteuil pliant et des jumelles. Nabucco d'un doigt désignait la botte de son pied droit et, l'air d'un lion mangeant son dompteur, lui disait :

va-t'en! Mais la botte restait bottée. Il recommença le même gag avec l'autre botte et récolta le même franc succès. Nabucco savait bien que Toi le regardait, et c'est pour cela qu'il tentait de la faire rire intelligemment. Alors il varia l'effet comique : avec la pointe dure de sa botte droite, il poussa sur le haut du talon de sa botte gauche et ainsi l'ôta. Puis il remit sa botte gauche et avec la pointe dure de sa botte gauche poussa sur le haut du talon de sa botte droite et ainsi l'ôta. Et la petite Toi riait, riait, heureuse de voir Nabucco faire le clown pour ses beaux yeux bientôt aveugles. Nabucco fut furieux tout rouge quand il sentit que Toi se moquait de lui parce qu'il ne savait pas enlever deux bottes à la fois. Alors il se maquilla vite en un monsieur sérieux qui donne des ordres sans rire. Avec un pied botté et l'autre pas, il appela Anna qui arriva une bougie à une main et à l'autre pas.

– J'ai faim, dit l'enfant né.

– Oh monsieur va pas tarder à recevoir une paire de tartes, soupira la pauvre vieille; monsieur sait très bien que nous sommes en temps de guerre, guerre à laquelle il n'est pas étranger d'ailleurs, et que c'est aussi temps de disette, et tout ce que je peux fournir à monsieur c'est ça :

Et elle sortait de sa poche des tas de petits zèbres qu'on remonte avec une clef, et alors, cric, crac, ils sautent, ils se cabrent...

– Nous avons faim, hurlèrent Toi et Nabucco, la main dans la main en sautant beaucoup.

Leurs bougies pétaient des feux de rires.

– Pourquoi tout ce bruit et pourquoi tous ces zèbres?, hurla Saïse.

O Saïse, maintenant riche dame, avec ses grosses cuisses et ses gros seins coussins. Le cœur de Nabucco devint gros comme un pois de senteur.

— Je suis la servante du mari de la servante de madame et je n'ai pas à répondre à madame, répondit Anna. Vous allez me faire mourir.

Dans sept châles noirs, Anna Anastolka s'enfouit le visage; sa bougie faillit foutre le feu à tout ça. La petite flamme de la bougie de Toi se penchait, se redressait : elle riait, Toi! C'est pas possible à l'âge d'Anna d'être si vieille!

La bougie de Nabucco se penchait vers les gros seins de Saïse, puis se penchait vers les yeux noirs de Toi. La bougie de Nabucco pensait beaucoup : il faut que Nabucco soit amoureux de Saïse, pour devenir ensuite amoureux de Toi par dépit de l'amour éconduit de Saïse et pour que Toi jalouse devienne amoureuse de lui. Pourvu que Saïse ne l'aime pas, sinon Toi et Nabucco ne vont pas arriver à s'aimer.

La bougie de Nabucco coule vers Saïse. Toi pensait beaucoup : oh pourvu que Nabucco soit amoureux de Saïse; comme ça il va me laisser tranquille et je vais pouvoir embrasser sur la bouche qui je veux! La flamme de la bougie de Toi se dresse toute menue. La bougie de Nabucco met le feu aux cheveux blonds de Saïse. Saïse crie pour éteindre l'incendie. Nabucco saute en l'air avec son bougeoir. Si Saïse a pris feu, elle n'est pas complètement indifférente aux amours de Nabucco. Alors il faut bien que Toi comprenne qu'elle est jalouse, qu'elle pleure. Pour sauver Toi de son ignorance, la flamme jaune et rouge de la bougie de Nabucco glisse dans l'oreille de Toi :

— T'as vu, je fais la cour à Saïse et elle flambe, elle m'aime : souffre, souffre, petite fille...

Toi est toute contente : Nabucco va plus l'embêter, maintenant qu'il est occupé à mettre le feu ailleurs. Toi est si heureuse qu'elle ne sent pas que la bougie de Nabucco lui a embrasé les poils. Elle hurle. Et Saïse, toute brûlée, crie aussi beaucoup après Nabucco :

– Sale petit singe mal né qui ne fait que des bêtises, fous le camp d'ici avec ta mère et tes poules : je suis ici chez moi, va-t'en!

Victoire : Nabucco est amoureux de Saïse et Saïse le hait! Enfin lui et Toi vont s'aimer! La bougie de Nabucco se précipite vers Toi, se plaque contre son ventre :

– Mais Saïse ne m'aime pas : sois heureuse!

Mais Toi n'a pas le loisir d'être malheureuse de cette triste nouvelle : elle brûle! Elle pleure pour éteindre l'incendie.

Toutes ces illuminations successives de cheveux et de robes ont permis d'y voir clair. Dans la pièce, une table était servie, sous les voûtes sombres, avec les couteaux, les fourchettes, les serviettes, les verres, les assiettes, et tout et tout.

Les deux enfants et Saïse oublient le feu, les larmes et les psychologies de leurs âmes complexes; tout fumants, se précipitent à table, plantent leur bougie dans leur assiette, tapent des fourchettes et des couteaux :

– La bouillie, la bouillie, on a faim, ventre pas plein, la bouillie, la bouillie, on a faim, ventre pas plein!

La vieille Anna renverse sur elle la flamme de sa bougie et se met le feu. Elle cramoisie :

– Vous savez bien que c'est la guerre, qu'il n'y a rien à manger. Si vous le voulez je vais me rôtir sur l'autel familial! Que c'est dur de ne pas être reine!

Nabucco enlève la chaise qui le maintenait assis, et pour pas tomber se lève, et pour pas être debout pour rien sermonne :

– Madame si vous brûlez, qui va nous servir notre viande rôtie?

Comme il n'y a rien à répondre à cet argument sanglant, comme elle sait qu'elle n'obtiendra aucune larme de ces enfants et de cette maîtresse aux cheveux roux, affamés qu'ils sont, la vieille servante arrête de rôtir d'une mort indifférente, et, remettant à plus tard la fin de son existence, souffle les flammes qui lui brûlaient la viande, puis pleine de cloques cuisantes, se lève, va chercher à manger sans trouver. Heureusement pour elle, on sonna à la porte d'entrée. Elle ouvrit. Reçut sur ses brûlures le feu du soleil de dehors. Referma vite. C'était Nabokov.

3

– Hum! Ça sent la chair fraîche, dit Nabokov.

Dans l'obscurité, il bouscula deux ou trois guéridons et arriva la tête la première dans une pièce où, à la lueur de bougies moites, Toi, Nabucco, et la Dame Saïse, tapaient joyeusement leurs couteaux sur des assiettes noires.

Nabucco avait tant l'impression de se trouver toujours à côté de ses pantalons qu'il se demandait si ça valait vraiment le coup d'être né. Ne devait-il pas revenir dans le ventre de Toi, celle qu'il aimait et qui n'était pas sa mère?

Toi s'amusait pour que personne – pas même elle – ne remarque ses envies de pleurer.

Et Saïse était devenue, un beau matin, maîtresse de maison, réalisant le rêve de son père inconnu. Ce beau matin, Artemisia, son ancienne maîtresse, lui avait préparé le petit déjeuner. Alors dans son miroir, Saïse s'était trouvée trop grosse, avec de gros seins blancs qui dormaient sur des estomacs en boudins superposés. Plus elle s'asseyait, plus son cul devenait gros. Et Nabucco maintenant se moquait d'elle! Elle avait tant envie, triste Saïse, de prendre le couteau et de découper une tranche d'elle, d'enlever ces choses larges qui dépassaient. Et Nabucco avait tant envie de se nicher dans ses gros seins tendres! Toi qu'il aimait était maigre; elle jetait les assiettes en l'air pour faire la grosse.

Ainsi riaient-ils tous les trois, tapant du pied, des mains, criant :

– La bouillie! La bouillie!

Ils soufflaient les flammes des bougies qui brûlaient les bouts des nez. La nappe flambait.

Or Anna brûlée se releva. Dans la pénombre des incendies, elle se dressait, plus haute que le vent, dans ses robes noires.

– Autrefois on mangeait les momies. Mangez-moi. J'aurai tout supporté, tout. Mangez-moi en souvenir de moi.

Et Anna Anastolka tendait sa main noire, carbonisée, une main aux longs ongles jaunes noircis de sang séché.

Les dents de Nabucco, de Toi, de Saïse, blanches et noires, riaient, se soulevaient en accords aigus, se poussaient en accords graves :

– Ta carcasse on s'en fout, la bouillie, la bouillie, on a faim, le ventre pas plein!

Nabokov se releva. Il tâtonna un peu dans l'obscurité. Puis se posa sur quelque chose de doux et consistant. Un coussin? Du foie de veau? Et il s'adressa à ces enfants, et à cette grosse fille, et à cette vieille femme qui essayait de se couper la main. Mais en quelle langue va-t-il leur parler, à eux qui certainement ne bafouillent que l'italien, lui qui certainement ne bredouille que russe? Mais étions-nous bien en Italie, et la naissance de Rome n'avait-elle pas déplacé Rome ailleurs? En Iran, par exemple?

Devant lui, ces enfants, à la lueur triste des bougies, pleuraient de faim. Le vieil homme se sentit une âme de père; et somme toute, si ses souvenirs semblaient exacts, il était père, au moins de l'un d'entre eux.

– Oh mes pauvres enfants, ma pauvre Saïse, ma brave Anna, soupirait-il; calmez-vous, ôtez toute cette agitation de vos membres éprouvés; vous devez avoir faim. Je vais vous faire cuire du café.

Et il alla dans sa chambre, dans la mesure de ses pas de vieillard. La naissance de Rome avait désordonné les rangements domestiques et l'idée même de ces rangements. Ainsi toutes les lingeries se trouvaient dans le placard de la cuisine, les ustensiles de cuisine dans les tiroirs de la salle à manger, les fourchettes, assiettes et couverts dans les armoires des chambres. Les meubles eux-mêmes étaient bousculés. Souvent les ouvertures se trouvaient en face des murs. Les tiroirs ne correspondaient plus à leur trou, et il devenait très périlleux de penser trouver une tasse assortie à une sous-tasse.

Nabokov farfouilla longtemps dans les tiroirs de la maison, sautant de meuble en meuble, avant de réunir, dans un petit panier, un plateau, quatre tasses, quatre sous-tasses, quatre cuillers, une casserole, de l'eau, et du café en poudre. Il s'enferma dans les cabinets pour la cuisson du tout.

Pourtant l'étude approfondie de l'histoire de l'humanité nous apprend combien il a fallu de peine (plusieurs millions d'années) avant qu'un singe saisisse le rapport qu'il pouvait y avoir entre de la terre glaise, sa cuisson en forme de bol, des grains de café, de l'eau, du feu. Si Nabokov a pu retrouver ces éléments épars en seulement une heure, cela prouvait bien que le vieillard appartenait à une histoire ancienne. Il s'en trouva rassuré, et presque rajeuni. Mais le fait qu'il ne fit pas pipi sur le gaz en versant le café en poudre dans la cuvette des cabinets prouvait aussi qu'il connaissait bien ces lieux, comme s'il y avait vécu depuis longtemps. De peur, il renversa le café dans les tasses.

Il essaya dans le noir de retrouver la pièce où attendaient en larmes les enfants affamés, mais, comme il ne la découvrait pas, on sonna à la porte. Allant ouvrir, il croisa Anna, cachée derrière un fauteuil roulant, dans le couloir. Elle pleurait, le corps secoué d'angoisses vives qui lui brûlaient la peau : je vais mourir! Mais qui sonnait?

Le charcutier. Qui tendait une lettre pour lui, Nabokov. Comment savait-on qu'il habitait par là?

La lettre contenait le paiement d'une mensualité de retraite du professeur Nabokov. Elle venait du ministère italien de l'Éducation. Pourtant seule l'Université de New York aurait dû savoir, d'abord que Nabokov était professeur de physique depuis trente ans, ensuite le montant exact de la somme attribuée pour sa retraite, enfin où et quand le régler. Ainsi, soudain, il ne pouvait y avoir de doute : il avait enseigné à l'Université de Rome toute sa vie, comme l'attestait son bulletin de salaire. Il remercia le charcutier. Mais à la place de ce digne homme, se tenait, dans l'encadrement de la porte d'entrée, Pinocchio, le chauffeur du taxi de Nabucco. Il couchait sur le palier et parlait à Nabokov qui portait toujours sa bougie, son panier avec le café et les tasses :

– Votre fils, il me doit maintenant un million de lires. C'est une bonne rente. C'est un bon placement. Dans un an, dans dix ans, quand il me les aura payées, je pourrai enfin réaliser mon rêve : me construire une arche, attendre le déluge et devenir Noé.

– Oui, oui, disait Nabokov, inquiet de comprendre une langue qu'il ne comprenait pas.

– La vie est belle, continuait le chauffeur; sentez cette chaleur d'un décembre romain. Nous n'avons jamais été aussi loin du jour de notre mort...

– Oui, oui, disait Nabokov, et il refermait la porte tout à fait par hasard.

Tout à fait par hasard, il trouva la pièce où les enfants

affamés et la grosse Saïse dormaient dans une pagaille. L'odeur du café les réveilla.

4

Toi bâilla beaucoup. C'était peut-être le matin, mais toujours tout noir avec des bougies pour faire le jour.

– Où est Artemisia, la mère de mon ami? demanda un des derniers rêves de la petite fille.

Se grattant la tête, agitant ses doigts de pieds, elle marcha des corridors. Sa bougie éclairait les ombres des statues. Tout à fait par hasard, elle poussait des portes, visitait des pièces où dormaient des formes invisibles; et, dans une pièce insoupçonnée, Toi découvrit une vieille femme emmitouflée sur un lit. La veillait une mauvaise lampe pâle.

Artemisia, maigre et blanche, frissonnait du dedans et grelottait du dehors. Elle tendit hors de l'abîme une main veinée vers Toi :

– Madame, madame...

– Je suis une petite fille, répondit Toi.

Toi toucha la main de la vieille. Et sursauta : c'était vraiment trop froid. Et sursauta : elle n'aurait jamais dû sursauter! Elle devait maintenant aimer Artemisia, comme si c'était une parente. Elle se pencha et releva les oreillers de la tête blanche.

– Je suis la petite Toi, disait-elle.

La vieille mère de Nabucco ouvrait une bouche usée, répétait :

– La petite Toi, qui est la petite Toi?

– C'est moi, c'est une petite fille qui va devenir aveugle.

– Et pourquoi la petite Toi va devenir aveugle?

– Pour qu'on la voie.

Toi disait ça pour faire comprendre à Artemisia qu'elle était beaucoup plus malheureuse qu'elle. Mais la vieille mère se fabriqua une quinte de toux : elle devint plus malheureuse que Toi. Elle secouait la main de la petite fille :

– ... Madame Toi, vous avez vu ce qu'il a fait de moi?

– Qui?

– L'innommable, lui, Nabucco.

– Votre enfant?

– Non, non, pas mon enfant. Celui qui m'a obligée d'être sa mère.

La petite Toi aurait bien voulu avoir des bonbons pour occuper la bouche sans dentier de la Sanseverina. La pauvre femme retoussa. Elle partait du poumon. Ses cheveux tombaient sur ses yeux, on n'y voyait plus rien. C'étaient des cheveux blancs salis de fils noirs.

La petite fille caressait la main presque toute bleue de la malade; elle aurait tant voulu avoir une bouche pour embrasser cette main.

– Il vous aime, Nabucco, vous savez, beaucoup...

– Comment peut-il m'aimer, moi qui suis sa mère bâtarde?

Son cou semblait celui d'une trop vieille oie sauvage. La petite fille se penchait vers les sanglots de sa bouche :

– Mon fils m'a changé mon père : je suis devenue une pauvre. Il m'a faite comme il le voulait. Et maintenant plus personne ne veut de moi.

– Ils sont tous comme ça, les hommes, tous comme ça, murmurait Toi, elle caressait les cheveux blancs.

Puis tressa les poils de la vieille en deux nattes de petite fille. Et sursauta : comme ça, Artemisia était complètement ridicule! Pourvu qu'il n'y ait pas de miroir! Elle se précipita sur un grand miroir qui ne reflétait presque pas la lampe à pétrole; le recouvrit de son châle; et n'eut pas le temps de se boucher les oreilles :

– Vous voyez, madame Toi, vous me faites belle et vous voilez les miroirs comme si j'étais morte.

– Non, non, hurlait la petite fille. Regardez!

Et elle encadra son propre visage de ses mains, comme s'il était un miroir où se reflétait le visage d'Artemisia. Dans le miroir, la vieille vit une tête toute noire de petite fille.

– Oh, disait-elle, vous voyez bien que je suis laide; le miroir ne ment pas, madame Toi.

Toi laissa tomber ses mains, comme si le miroir se brisait. Les morceaux de verre coupèrent des morceaux de son ventre. La vieille continuait :

– C'est irréparable. Ce sale fils m'a complètement démolie. Je suis retournée comme un gant de toilette. Et ce vieux singe qui s'est amusé à concevoir Nabucco avec moi, vous croyez qu'il s'occuperait de moi? On ne s'occupe pas d'une pauvre servante en train de crever dans un débarras. Oh madame Toi, sauvez-moi.

Mais la petite Toi n'écoutait pas. Elle courait vers le vrai miroir, ôta le châle qui le cachait, et dans l'ombre se regarda. Elle était toute noire, éclairée de derrière par une lampe nue. Puis arriva vers elle une bougie, avec un petit agent de police derrière.

Toi court vers Je. Renverse la bougie. Le serre dans ses bras.

– Mon petit Je, dis-moi que je suis belle, dis-moi que je suis pas morte.

Dans le lit la vieille mère sentait ses poumons lui remonter dans la gorge en poussières sèches. Elle ouvre la bouche pour respirer un air qui n'y est plus. Chaque toux lui tape le ventre comme un sabot de cheval.

Je attrape Toi par les cheveux, la tire hors de la pièce,

dans le noir. Toi se débat. Une chaise se renverse. Je enferme Toi dans un cagibi. La petite fille hurle sans respirer :

– Ouvrez-moi! Au secours! Dis-moi que je suis belle.

Je garde la porte que Toi cogne de coups. Plus loin le cœur de Nabucco bat très fort. Dans un autre coin de cet univers de fantômes bruyants, une vieille lampe verte tenue par Nabokov crachait des reflets d'aquarium vide. Son cœur lui fait mal, petite scie qui passe sur la dent. Le vieillard ouvre une porte pour se coucher, moins sentir ce bâton qui lui bat le dos. Mais le lit est occupé par le cadavre d'Anna Anastolka. La vieille servante est nue. Gros pieds de cornes noires. Les seins dégonflés et crevassés pendent sur les côtes. Bouche ouverte, ses dents grimacent comme un lapin. Il faudrait lui fermer les yeux! Entre ses cuisses, des poils blancs et chauves, des peaux brunes. D'entre ses cuisses coule un liquide marron.

5

Dès le lendemain, pua le cadavre d'Anna Anastolka.

Toi, prisonnière, s'était finalement endormie dans le cagibi noir. Je, son gardien, ronflait aussi devant la porte. Nabokov avait passé la nuit à compter les coups de bâton de son cœur. A l'aube il n'était toujours pas mort. Nabucco, nettement assoupi, rêva qu'il touchait Saïse devant Toi qui pleurait.

Seule Saïse restait éveillée. Quand tout le monde dort, personne ne la voit grosse. Elle est heureuse à quatre-vingts pour cent. En tant que maîtresse de maison, elle eut le privilège de décider de l'arrivée du matin, et ouvrit les volets.

Les projecteurs brûlants amusaient les maisons blanches

et fleuries, tassées les unes aux autres. Dans les petites rues ensoleillées et tortueuses, sous les balcons verts, des millions de corps allongés dormaient et attendaient le déluge, se bronzaient; comme s'ils étaient devenus immortels! Se mêlaient des jambes, des bras, des culottes, blanches ou roses. Le bonheur, quoi!

Quand Saïse ouvrit les volets, tous les yeux de la maisonnée virent ces corps, ce massacre : ces viandes demi-nues, étalées, entassées, bouche ouverte, partout. Les grandes artères permettaient un rangement des corps les uns à côté des autres; les petites rues ne supportaient qu'un amoncellement de plusieurs couches superposées. Au-delà du soleil et de la surface protégée par le toit de béton, l'œil de peur apercevait les brumes condensées des pluies, les éclairs, les crépuscules.

L'odeur de viscères verts décida Nabokov à chercher un cercueil pour enterrer la vieille Anna. Il sortit avec son fils, l'ayant coiffé d'un béret contre les insolations. Ils enjambèrent les corps endormis, ravis, qui ne se permettaient plus le moindre mouvement. Au bout de quelques centaines de mètres sous les chaleurs, ils comprirent que jamais ils ne trouveraient une bière. Ils ramassèrent ce qu'ils pouvaient glaner entre les corps éperdus et rentrèrent.

Le père, dans la maison, enleva le béret de son fils, l'assit dans un coin avec son mouchoir par-dessus, alla trouver Saïse. La grosse fille se préparait à entendre un discours, car le professeur avait chaussé ses lunettes!

– Madame, disait Nabokov, Rome est aujourd'hui une ville endormie. Quel baiser du Prince la réveillera? Je suis un vieillard, et jamais je n'ai vu ça. Atterrissant dans cette ville, il y a quelques mois, je pensais être appelé par le destin pour une grande action. Maintenant, je sais laquelle : réveiller la ville.

Plus Saïse fera du bruit, moins on verra qu'elle est grosse. Elle trouve un clairon, et se met à la fenêtre. Alors tonna la trompette de Saïse par sept fois aux sept points cardinaux. Mais nul soupir ne palpita aucune paupière. Ce peuple d'allongés ne regardait que le soleil artificiel. Alors Saïse attrapa une grosse caisse. Plus Saïse fera le clown, moins on verra qu'elle est grosse. Et bouma le tambour de Saïse aux sept points cardinaux. Mais aucun corps ne se leva et marcha. Et la ville entière, les murs, les fenêtres, les dômes, les larges avenues, prirent une couleur hâlée : ça puait l'huile à frire! Le soleil des lampes solaires s'installait sur les peaux luisantes; ce fut doux et loin de la mort.

– Rome, hurla Nabokov à la fenêtre, Rome, je te réveillerai!

Et Saïse soufflait à tout péter dans son clairon, tapait à tout casser dans sa grosse caisse. Elle a maintenant un gros nez rouge, une bouche deux fois plus grosse que de coutume. Et sa perruque verte se soulève quand elle crie :

– Rome, je te réveillerai! Nabucco, je te plumerai!

Mais Nabucco restait assis dans un coin, battant des pieds, la bouche ouverte, demeuré. Le soleil blanc entrait par toutes les fenêtres, les rayons bronzaient les meubles qui ouvraient leurs tiroirs. Les linges, les cravates, les draps s'étiraient, sortaient de leurs cachettes, prenaient le chaud du faux ciel; les chemises tendaient leurs bras pour fuir l'humidité confidentielle des placards de naphtaline.

Nabokov, debout sur une chaise pour lui faire de l'ombre, hurlait pour ne pas entendre le possible arrêt brutal de son cœur :

– Protégeons-nous de ce soleil fauteur de sommeil!

Et Saïse tourna sept fois dans la maison, battant et sonnant. Dans un seul étonnant fracas, les soixante-dix-sept volets se fermèrent. De nouveau cette pénombre juste troublée de quelques derniers rayons minces et folâtres.

Nabucco profita de l'obscurité pour parcourir des couloirs, trouver Je, lui demander tout bas, les yeux pétillants :

– Alors?

– Elle est là, malheureuse, répondit sinistrement Je montrant le cagibi fermé.

6

Le vieux Nabokov et la clownesse Saïse se retrouvèrent dans la chambre mortuaire d'Anna Anastolka. Quatre bougies, autour du lit, allongeaient les grosses ombres des inquiétants personnages. Anna était revêtue de son habit de servante : une robe noire cachée par un tablier blanc; à la main un balai; sur le cœur une serpillière. Ça sentait comme dans la bouche d'un cancer de l'estomac. Quand on voyait Saïse, nez rouge et cheveux verts, on riait; alors Saïse n'était plus du tout grosse! Mais Anna ne riait pas : elle restait morte malgré tous ses efforts. Saïse trompetta les joues pleines pour que Nabokov n'entende pas le possible arrêt de son cœur. Rassuré, le vieillard pouvait parler. Donc il ne riait pas lui non plus. A quoi ça sert que Saïse soit drôle?

– Anna, vieille Anna, disait Nabokov, tu pues. C'est normal, t'es morte. Et tes sacrées tripes vont gazer immenses et colossales, ton infecte odeur va tordre le cou des ânes et tirer les langues des veaux. Mais regarde, si tu oses, notre douleur. Tu pues et cette ville insensée est incapable de t'enterrer; ces dormeurs vont te laisser dans le ridicule du pourrissement. Ô Anna, vieille puante, je mettrai de l'ordre dans cette ville pour que tu ne nous importunes pas de ton infection.

Et Saïse se renversa en arrière, déboucha le clairon; un jet d'eau sortait de sa perruque verte à pois jaunes.

Mais ni Anna ni Nabokov ne riait en se tapant sur les cuisses. L'ombre immense de Nabokov pianotait des petits mots doux sur le coin de sa langue :

– Oh pleurez vieilles tripes d'Anna Anastolka. Pleure vieille : pour t'enterrer, voilà les seules couronnes mortuaires, les seuls cercueils, les seules larmes que nous avons pu recueillir dans la ville : des jouets. Pleure de ton ridicule, Anna, et donne-nous la force de prendre le pouvoir.

Et, dans l'ombre, les mains de Nabokov jetaient des poupées de porcelaine, des poupons en celluloïd, des singes mécaniques qui jouaient du tambour, les fameux petits zèbres cabreurs à clef, des trains électriques, des avions en maquette, des déguisements de martien, d'aviateur, de pirate de l'air; et le vieillard les disposait dans les ombres des chandeliers autour de la vieille morte. Saïse ne s'épuisait pas de toujours battre la grosse caisse. Et voilà que les petits singes lui répondaient avec leur tambour, ouvrant et fermant leurs yeux. La morte était ensevelie sous un costume d'aviateur, casque et combinaison argentée. Les poupées, gentiment assises sur les oreillers funéraires, se renversèrent les jambes en l'air, montrant leur culotte de dentelles, criant : maman! maman!, tandis que tout autour du lit les petits zèbres eurent envie de gambader, et cric crac, sautaient, se cabraient. Entre deux ombres, la silhouette tremblotante de Nabokov s'enflait dans sa cape noire :

– Cadavre d'Anna, donne-moi le Pouvoir, donne-moi le pouvoir de t'enterrer...

Le petit train électrique, avec la grosse locomotive, les gros wagons pour les bœufs, les mignons wagons pour les dames, les minuscules wagons pour les enfants, montait par-dessus le ventre d'Anna l'aviatrice, tournait, redescendait, passait par-dessus son pied gauche qui jouait au passage à niveau, remontait sur le pied droit qui s'amusait à la montagne. Et les avions s'élevaient dans la nuit, sautaient par-dessus les bougies mortuaires, les soufflaient. Les flammes modifiaient les contours des ombres. Alors la bouche d'Anna révéla d'étranges dents qui brillèrent : Anna Anastolka riait. Le cadavre pourrissant d'Anna riait de Saïse boum boum en perruque verte : Saïse n'est pas plus grosse que le vent, ô Saïse!

A l'autre bout de l'obscurité de la maison, Je et Nabucco appliquaient leurs oreilles contre les closes portes d'un cagibi secret. Dedans vivait le souffle court d'une petite fille perdue.

7

Dans le noir total (elle ne pouvait même pas admirer le bout de son nez), Toi tentait de ne pas s'assommer.

De l'autre côté de la porte, Nabucco parlait à Je : si bas que Je dut enfiler complètement son oreille dans la bouche de Nabucco pour saisir les raclements de son discours :

– Vas-y, vas-y, petit frère : fais-lui mal pour qu'elle m'aime.

Et Nabucco avait envie de carrément avaler l'oreille de Je, pensant à tout le mal que, sur son ordre, cet ignoble individu allait infliger à celle qu'il aimait.

Le petit agent de police ramena sa casquette en arrière : on allait rire :

– Vilaine petite Toi, tu m'entends?

Entendue du noir du cagibi, la voix de Je vibrait grave.

Les petits doigts menus de Toi jouèrent de nouveau du tambour contre du bois trop dur :

– Ouvre, monstre.

L'abominable voix rauque comme les clous tapa le bois :

– Je t'ouvrirai quand tu seras belle; mais pour l'instant tu es trop laide. D'ailleurs si tu as peur, c'est de toi.

Je, angoissé, avait dit ça d'une toute petite voix à moitié pleurante. Il chercha longuement Nabucco dans l'obscurité; à l'aide de quelques bribes de lumières amies, le découvrit, tapi derrière un fauteuil de cuir et d'ombre, en train de se boucher les oreilles, se mordant la bouche pour se faire aussi mal qu'à Toi. Je sauta sur lui, il pleurait :

– Je ne peux pas faire ça!

Alors Nabucco lui fila des coups de bâton dans le ventre. Pour le punir de faire du mal à Toi. Pour qu'il continue sa noble tâche. Pour qu'il ne le voie pas pleurer et souffrir.

Dans le noir plus noir que le noir, une très fine épingle s'était pointée dans le crâne de Toi; et voilà que la sinistre voix, grossie par le tambour du bois, hululait de nouveau :

– Oui tu es laide comme un pou puant. Reste là. N'inflige plus au monde ton imbécillité. Reste dans ton caveau.

La tête de Toi s'arrachait la langue, les cheveux. Même si elle ne sort pas d'ici, elle saura toute sa vie qu'elle est laide, elle verra les yeux des autres se fermer devant son visage. Les balais du cagibi dégringolèrent sur son petit corps recroquevillé. Son ventre grossissait de boyaux étranges et brûlants. Rester ici, laide et invisible. Je voudrais tant être heureuse.

De l'autre côté de la porte fatale, Je écoutait tendrement des sanglots. Il avait beaucoup de mal à distinguer les sanglots de Toi des siens propres. Il se donnait des coups de poing sur la tête. Nabucco, deux doigts enfoncés dans ses oreilles, les paupières crispées sur les orbites de ses yeux serrés, se masquait derrière le fauteuil noir. Nabucco ne voulait pas voir l'abominable qu'il avait déclenché. Je criait à Toi : Pardon! pardon! Il envoyait très fort ces sons hors de sa gorge, mais ces petits bruits de toux n'arrivaient pas à percer le mur de la porte du silence, plus dure qu'un doigt qui s'arrache.

Soudain Toi, dans l'absence de lumière qui lui cachait les yeux, entendit très fort :

– Prends garde à toi, petite garce. Dans le placard, il y a la momie d'Anna Anastolka; ce ne sont pas les balais qui tombent sur toi, mais les bras secs de la momie. Attention à son baiser.

Et la voix tambourinait aussi sèche que des coups de bâton. Le sang de Toi devint tout froid. Des frissons glacés lui découpèrent le dos. Ses cheveux se tiraient sur le cuir de sa cervelle : certainement la momie était là, dans le noir infini et tendre. Elle en sentait l'odeur de rot froid. Elle ne peut même plus s'endormir : les momies peuvent aussi toucher les rêves. Alors lentement elle sentit comme si les doigts de la momie s'avançaient vers elle : ces ongles coupants de terre glacée. Elle promena ses bras et ses jambes dans tous les sens. Essaya de briser sa colonne vertébrale et la porte. Les pisses chaudes tordaient les viandes de ses cuisses. Alors le visage monacal de la momie tomba sur sa bouche : cette peau rêche où piquaient encore des poils séchés.

Je agrippait le carrelage avec ses doigts. Non, je n'ai pas pu dire ça. Alors Nabucco lui enfonçait les ongles dans les dents pour le punir de lui obéir. Puis Nabucco se calma pour permettre à Je de lui enfoncer les ongles dans les yeux, le punir d'oser lui avoir demandé cela.

Et Je, à quatre pattes, reculait devant la porte, les yeux trop ouverts pour regarder :

– Je continue?

– Oui.

Et Nabucco courait. Il ne veut pas voir les événements qu'il a mis au monde. Il roule en boule des tapis, met bas des armoires. Dans l'obscurité il atteint le soleil : la porte d'entrée et de sortie.

8

La ville était caramélisée. Nabucco courait, se bouchant les oreilles, de peur d'entendre, même de très loin, les hurlements d'angoisse de la petite fille enfermée. Sous les projecteurs brûlants, les maisons, les églises, les rues devenaient comme des momies.

Et le silence de cette ville s'entendait de loin. Seules sonnaient les godasses cloutées de Nabucco qui enjambaient les corps assoupis et immobiles. Le ciel uniformément bleu se tachait de noir : les brûlures du soleil sur le papier crépon. Les pierres brunissaient de l'attaque des rayons blancs.

Nabucco, dans le seul bruit sec de ses pas de fer, longeait une large avenue délimitée par des colonnes droites, légèrement tordues de chaleur. Entre les colonnes, dormaient les Romains, au chaud; en rond, la tête sur celle des autres; des visages aux peaux lisses et brunes, négligemment abandonnés par terre. Il arriva dans une place circulaire : le ciel de papier devenait de plus en plus brûlé, chaque respiration suait ses poumons. Vers cette place dégringolaient des escaliers : y dégoulinaient des corps, têtes enfouies dans d'autres pieds nus. Battaient leurs gorges au soleil, de temps en temps un bras bougeait de stupeur. Nabucco bâilla, le sable chaud collait ses yeux. Il aurait fait quarante degrés à l'ombre s'il y avait eu de l'ombre.

Lentement Nabucco arriva au bord d'un fleuve. Le niveau du lit s'était baissé de moitié, et une brume blanche flottait sur l'eau. Sur les quais, quelques enfants rêvaient de réveiller leurs pieds, les agitaient, mollement, clapotant dans l'eau chaude, le reste du corps endormi sur la berge.

Soudain Nabucco appuyait sur un bouton. L'ascenseur, qui montait au ciel, arriva. Nabucco se brûla. Le fer était sensiblement rouge.

Les yeux fermés pour ne pas s'inquiéter, il se montait par l'ascenseur, vers le soleil. Lentement, ça le brûlait. Les gouttes de ses yeux s'évaporaient : il se mit en boule, pour ne pas mourir. Maintenant Toi ne pouvait plus l'aimer. Depuis qu'il était né, et comme pour prouver le poids de sa naissance, il avait tout fait pour rater les choses. L'intérieur du corps de Nabucco était blanc. Ses organes se tordaient, noirs, desséchaient leurs fibres tremblantes, se frisaient sous le fer du feu.

En haut du décor, vers les soleils, les poutres, qui soutenaient la voûte céleste, grillaient. S'effritaient les carcasses squelettiques des carrosseries des voitures suspendues.

Nabucco hurle : il brûle et Toi n'est pas là pour l'admirer! Il brûle, et quand elle saura qu'il l'aime, il ne sera pas vivant pour en profiter!

Et Nabucco dépassa les soleils, arriva dans la nuit et les froids.

Il claquait ses dents du feu des glaces. Le noir de la nuit gonflait ses yeux aveuglés de lumières. Il tâtonna dans le noir de la plate-forme immense de béton givré.

Nabucco tout gelé, claquant des coudes un pied sur l'autre, pense que, simplement vêtu d'un petit pull et d'une chemisette, il va mourir de froid dans cette nuit de décembre. Pour pas mourir (maintenant il sait qu'il veut sauver Toi des griffes de Je), il faut qu'il se couvre plus : il enlève la chemisette de sous son pull, l'enfile sur son pull, puis enlève le pull de sous sa chemisette, et l'enfile sur son pull. Ce n'est pas pour plus se couvrir qu'il a interverti le pull avec la chemisette, mais pour faire de l'exercice, se réchauffer. Un bon thé, des petits gâteaux et ça ira mieux. Il sortit de sa poche une croûte de gruyère, emportée en prévision d'une expédition sur la montagne aux éternelles neiges, se l'avala. Et vit tout à fait clair.

Chauffée par-dessous, la plate-forme fumait dans le froid. Ça faisait des cheveux blancs de brune à cette grande surface lunaire de plusieurs kilomètres carrés sous les étoiles. La lune écartait sa large bouche blanche. L'enfant gelant, pour se repérer dans le brouillard, tira de son sac une canne d'aveugle (pleure, pleure Toi, ce sera la tienne!), et en tâtait le sol invisible qui portait ses pieds menus. Pour faire plus vrai, il ferma les yeux. Quand la canne blanche arriva au bord de la plate-forme de béton, elle avertit charitablement Nabucco de la présence du vide; il freine ses jambes d'un coup sec de la main.

Quelques kilomètres plus bas, dans la nuit d'étoiles tranquilles, les grands marécages formaient des petits flaques d'eau, les rats des têtes d'épingle, les taureaux des fourmis noires. Nabucco marcha longtemps au bord du précipice, tournant autour de la brume de la terrasse. Non seulement il usait de sa canne d'aveugle pour suivre l'arête du bord, mais il gardait les yeux grands ouverts. Le froid sec et les vents frissonnaient ses muscles. Soudain, l'enfant sursauta : sous lui, tout illuminée, tremblait dans la nuit la minuscule montagne au Squelette. On distinguait à peine les couches géologiques, bleues, jaunes, vertes et rouges, les cierges presque imperceptibles dont les flammes n'éclaireraient pas le nez d'une puce! On devinait tout juste le squelette adoré de cet enfant qui ira mourir avant sa naissance, dans le froid des grands sauriens. Qui sera cet enfant divin? se demanda Nabucco. Puis il réfléchit qu'il ne devait pas trop répondre à cette question sous peine d'en découvrir la solution. Il ne faut jamais découvrir la solution des problèmes. Devant la minuscule montagne se dressaient des adorateurs, si petits vus d'ici qu'on aurait pu se les mettre à la boutonnière : ils priaient à genoux devant le Squelette. En se tirant sur les yeux on pouvait se demander si certains ne portaient pas des sceptres de Roi, d'autres des bâtons de bergers. Peut-être aussi y avait-il des animaux, des chameaux, des moutons, des bœufs, des éléphants, des ânes? Alors des poussières lumineuses descendirent du ciel, comme des neiges de papier : tout près de Nabucco, comme lui dans la brume du ciel, une silhouette mystérieuse les tirait d'un petit sac.

– Oh! Oh! cria Nabucco vers l'ombre.

Les taureaux levèrent la tête. La silhouette retourna la tête : Abrico!

9

Enfilant deux doigts dans la poche de son gilet, semblant rejeter hautement la ronde fumée de son cigare, Nabucco susurra à son vieil ami, le bébé :

– Comme je bénis cette nuit d'hiver qui nous fait nous rencontrer. Ô Abrico, mon vieux compagnon de route! Quelle joie. Vous ici? Par ce temps? Et dans cette brume?

Pourquoi je lui dis tout ça? Oh ce n'est pas possible, ce n'est pas moi qui parle aussi bêtement? Voilà ce que m'a apporté ma naissance! Mais ça parle plus vite que moi.

Clignaient les étoiles et la lune, dans la brume. Les faisceaux lumineux des yeux d'Abrico sans paupières se perdaient dans le ciel, y jetant des ronds tremblants, revenaient dans la brume, scintillaient quelques fils des fumées, regardaient Nabucco, l'aveuglaient. Nabucco protégea ses précieux cils d'un revers d'une main. Essayant de se taire, il disait :

– Écoutez, mon jeune ami, mettez vos yeux ailleurs. Si vous aviez l'obligeance de ne point me regarder, je pourrais vous voir!

En souriant, Abrico disait (et sa voix était plus douce qu'une plume qui se promène dans un lit) :

– Pourquoi es-tu né, Nabucco?

Il me donne une leçon de tendresse. C'est tout ce que je mérite. Pourquoi suis-je prétentieux? Nabucco toisa le bébé. Il riait dans sa barbe. Et s'assit, croisant les jambes avec beaucoup de grandeur et de conversation. Comme il n'y avait pas de chaise, il tomba le cul dans la brune. Mais ça n'arrêtait pas les mots qui giclaient sans rire de sa bouche :

– Mon jeune ami, c'est une opération privatrice de beaucoup de joies divines, mais tellement dispensatrice de capacités. Sachez que depuis ma naissance je suis devenu quelqu'un.

Pourquoi ne puis-je pas me taire? Est-ce pour haïr cette naissance tellement désirée?

Les yeux d'Abrico aveuglèrent de nouveau les yeux de froid de Nabucco. Le bébé répéta (et sa voix était plus dure, comme celle de la plume prise dans un tourbillon d'amour dans le lit) :

– Pourquoi es-tu né?

Les larmes de Nabucco se mettent à pleurer. C'est certainement un grand malheur d'être né. Et maintenant il voudrait une autre maman que celle qui pleure tout le temps, et qui est pauvre, malade. Il voudrait Abrico comme maman, peut-être, et revenir dans la savane pleine de lions. Sa bouche bouillonnait de baves sans réplique :

– Toi aussi t'es bien né, sinon tu ne serais pas là. Toi est ta mère. Et moi ou Je ton père. Alors doucement le bébé, hein!

Nabucco ferma les yeux, pour ne pas regarder les yeux de nuit du bébé. C'est sans doute le froid qui glisse des larmes zébrées dans le coin de ses regards. Abrico souffle ce baiser, ce très doux effleurement de lèvres lentes :

– Toi n'est pas mère. Ni toi ni Je n'êtes mes pères. Je ne suis jamais né, moi. Tu le sais bien.

Nabucco ouvre les yeux; ils ressemblent aux étoiles mortes qui les regardent tous deux. Et le lent baiser d'Abrico laissait encore son souffle tiède dans les oreilles de Nabucco :

– Oh je sais bien pourquoi tu es né. Tu es né pour parler. Mais maintenant tu te rends compte qu'il n'y a rien à dire sur toi. Tu es toujours un liquide insaisissable, comme lorsque tu n'étais pas né.

Abrico a parfaitement raison, Nabucco le sait. Pourquoi alors Nabucco se lève-t-il, furieux, très grand, avec presque un chapeau melon, et presque un parapluie, dans la brume des Immensurables Hauteurs :

– Tais-toi, sot. Regarde comme je suis plein.

– Oh, coupa Abrico, je connais par cœur ta démonstration : dire que chacun de tes gestes vient d'un passé familial! Tu ne connais pas les pièges qui t'attendent. Moi, à ta place je fuirais Rome, cette ville, cette colline qui te regarde et que tu n'oses pas voir.

Nabucco se choisit les yeux les plus purs et l'âme la plus candide; avec des sanglots de confession dans le coin de la gorge, un regard où ne perçait aucune malice, les mains jointes, il récita :

– Je vais te dire la vérité vraie. Si je suis né, c'est pour posséder Toi.

Nabucco s'est magnifiquement bien sorti de cette épreuve. Il a dit n'importe quoi, et c'est la vérité. Mais Abrico n'écoute pas. Il faut toujours dire la vérité : personne ne vous croit! Et Abrico se dressait, toujours nu et le sexe nuageux, ses yeux en lampe visitant les marais, les eaux, le noir du ciel :

– Oh Rome! Tu as essayé de t'amuser, de rire, de mélanger le passé, le présent, le futur, de jongler avec les saisons, de plumer les oies et de jouer à la guerre. Oh peuple de Rome! Tu as tenté de changer d'idées et de métier, de devenir inconsistant, de rêver au soleil, mais attention, c'est bientôt la fin de ton insupportable bonheur. N'être que des jeux d'enfants, n'est-ce pas là notre tendresse secrète? Mais il suffit qu'un homme, une femme, soudain, se donne l'illusion de commander, de remettre l'ordre pour que ça devienne une insupportable dictature! Regarde, Nabucco!

Nabucco commença à écouter très sagement ce beau discours. Il avalait tous les mots dans ses oreilles, les étudiait, en disséquait la force et le sens. Mais bientôt il sentit un petit picotement sur les cuisses. Une puce s'y aventurait, à huit pattes, très gracieuse, et nettoyant bien les saletés des pores avant d'y glisser sa langue. Et Nabucco n'écouta plus qu'un mot sur deux. Il se pencha sur ses cuisses essayant d'y deviner la bête sympathique. Puis une autre puce attaqua son bas du dos. Une autre puce plus maladroite qui le piquait n'importe comment et sans politesse. Nabucco se tapa le dos, pour punir la vilaine puce, tandis qu'il se délectait des pinçons amoureux et délicats de la gentille puce de la cuisse qui vraiment y mettait de la forme. Et Nabucco n'écouta plus qu'un mot sur quatre. Mais la vilaine puce ne se laissait pas abattre et Nabucco tapait son dos sans la faire démordre. Il faut croire à une relative sororité chez les puces, car la gentille puce, sans doute pour détourner l'attention sur elle et ne pas laisser mourir la vilaine puce, se mit elle aussi à pincer bien fort. Et Nabucco n'écouta plus qu'un mot sur dix. Si bien que lorsque Abrico poussa fort son « regarde », l'enfant ne savait plus quel devait être le sujet de son regard.

Avançait Abrico vers le rebord du ciel. La nuit noire astiquait le reflet de sa lune et de ses étoiles. Dans les cheveux du toit, Nabucco suivait Abrico, cotonneux. Voilà bien comme je suis : j'entends un discours d'une importance capitale, et je m'occupe de mes puces! Pas la peine d'être né· pour me trouver si distrait. A moins que la naissance elle-même ne produise cet effet?

Abrico se penchait au bord du nuage et regardait sous lui. Nabucco l'imita, un peu hésitant de vertige, s'accrochant aux fils blancs de la brume. Les étoiles les éclairaient pas mal.

A vrai dire, Nabucco ne vit rien. Sa vue brouillée lui rappela le moment où on s'endort. Et ce souvenir lui donna sommeil. Les petites puces lentement lui fermaient les rideaux de ses paupières. Oh non, je ne vais pas m'endormir, maintenant que se déroule un spectacle formidable, que je ne peux pas voir, mais que je pourrais raconter puisque j'y étais! Nabucco fit tout pour rester éveillé : il ferma les yeux. Les puces avaient gagné. Nabucco s'endort paisiblement, fermant les poings scientifiquement sur son nuage.

Mais si les rêves de Nabucco ne pouvaient pas voir, les yeux d'Abrico étaient doués de longue vue. Tranquillement allongée dans la nuit, sur les brumes épaisses comme des oreillers, la bébée assista à la remise en ordre de Rome.

Sixième partie

L'ORDRE DU MONDE

Comment Nabokov prit le pouvoir, réveilla la ville, fit régner l'ordre, enterra les morts; comment la momie de Borges devint Roi, Saïse bébée, et la mère de Nabucco folle. – Comment s'aimèrent Toi et Nabucco et coururent les taureaux sauvages. – Comment Je remplit son contrat et modifia profondément le squelette de Nabucco. – Comment Nabucco fabriqua le Nabuccavion, joua du piano, et comment Toi, devenue aveugle, ne l'aima plus parce qu'elle l'aimait trop. Où il sera encore question de la complexité des esprits. – Comment, le 24 décembre 1980, Nabokov apprit à son fils qu'il devait mourir avant sa naissance, et comment Nabucco, le lendemain, rendit visite à son propre squelette. Ce qu'il fit.

1

Ça commença par des barrissements dans des haut-parleurs. Le temps devint une petite roue tranquille. Sous le soleil brûlé du premier jour de sa prise de pouvoir, Nabokov voulut réveiller les endormis d'heureuse chaleur en les assommant d'un discours multiplié par les porte-voix; un discours grandiose où il s'acharna à démontrer la veulerie chirurgicale que conférait le sommeil. Cela ne réveilla que quelques enfants; de toute façon ils avaient envie de s'agiter, et s'étaient déjà réveillés. Parmi eux, le vieillard trouva ses premières troupes. Son discours ayant été, il faut le dire, un fiasco, le nouveau chef décida de moyens plus brutaux pour sortir la ville de sa torpeur béate, lui éviter la brûlure totale; et pour, surtout, enterrer la charogne pourrie du cadavre d'Anna Anastolka, sa servante.

Les premiers enfants, ses premiers fidèles, par jeu, casqués, à coups de carabine, brisèrent les lampes du soleil : la nuit – chose inexistante depuis deux mois – aveugla la ville. Et diminua un peu la chaleur. Beaucoup sortirent alors de la contemplation de leurs rêves. Pour les autres, les troupes de la première armée fixèrent des tuyaux d'arrosage aux poteaux du ciel; et ouvrirent la pluie. La douche réveilla brutalement les derniers rêveurs. Et tout le monde courut mouillé à la recherche d'une habitation sèche. Il y eut quelques errances, puis chacun se terra dans un chez-soi qui devint définitif. Les notions de sécurité, d'assurance, de continuité, d'ordre, furent apportées par les pluies.

La nuit, Nabokov décréta le couvre-feu. Débarrassées des voitures ordinaires, les rues étaient offertes à la circulation des véhicules de police et de l'armée. On recrutait. Après les premiers enfants, d'autres se présentèrent, toujours pour jouer; puis des adultes, pour gagner de l'argent, pensant que désormais il faudrait sans doute acheter de la nourriture. Il pleuvait. Les Romains, dans le noir de cette première nuit, écoutaient les gouttes d'eau et les roues des jeeps militaires qui glissaient dans les flaques. La ville fut quadrillée. Au petit matin, on enterra Anna Anastolka. Plus tard, Nabokov confia que si le souci d'enterrer Anna avait beaucoup joué dans sa décision de prendre le pouvoir, une autre raison s'était peu à peu développée dans son esprit : ce sommeil, ce mépris du temps, qui avait envahi Rome, aurait empêché le fonctionnement de sa machine à remonter le temps, et jamais Nabucco n'aurait accepté d'aller mourir, avant sa naissance, dans un an.

Au petit matin, quand les Romains osèrent pointer leur museau dehors, ils comprirent bien que leur ville était « prise en main », avait retrouvé son organisation interne. Dès six heures, les boulangeries, les magasins d'alimentation et les supermarchés ouvrirent leurs portes de verre, gardées par des policiers dont la plupart ne dépassaient pas dix ans d'âge. Quelques vieux n'osèrent pas se rappeler d'autres temps. Des grands axes froids de la piazza Mazzini à la piazza Cavour, de la Stazione Termini aux douceurs du Monte Palatino, sur les bords du Tibre, où les arbres calmés par la pluie verdissaient de nouveau, dans les ruelles coquines et pavées autour de la piazza Navona, de la Città del Vaticano au grand gâteau sec du Colosseo, des barrages de casques en armes organisaient la marche sur les trottoirs, la décence des femmes et l'allure des hommes.

Nabokov se déclara chef du gouvernement. Il paya grassement, avec l'argent de l'Éducation nationale italienne donné pour sa retraite, quelques individus mâles qui prirent en charge les quartiers de la ville. Il acheta des guides touristiques, en ordonna l'étude par quelques sbires; et décida de faire coïncider sa Rome avec l'image qu'en donnaient ces livres : on mangea des pâtes et but du chianti, on se tapa sur l'épaule pour se dire bonjour, on dégusta des gelati dans des cafés, des milliers de touristes improvisés visitèrent les monuments avec des appareils photos, beaucoup de prêtres, d'évêques et des religieuses en soutane s'amassèrent sur les trottoirs, les cloches des églises jouèrent le début du troisième acte de *La Tosca;* et enfin pour que klaxonnent de nouveau les automobiles et serpentent les vélomoteurs, il les fit descendre du ciel. Au crépuscule de cette journée, Nabokov arrêta la pluie, créant un dispositif de courant alternatif qui permettait aux projecteurs du ciel de n'ensoleiller la ville que douze heures sur vingt-quatre, réinventant ainsi le jour et la nuit. Il laissa intact le toit de la ville et la terrasse au-dessus du ciel : cela pouvait servir aux avions pour un véritable « pont aérien » avec les autres villes de cette nation que plus tard il faudrait reconstruire. Comme on était en hiver, il fit poser des écrans dépolis devant les soleils électriques, et diminuer ainsi fortement l'intensité des chauffages : la lumière redevint pâle et grise, le temps frais. Beaucoup d'habitants de la ville s'enrhumèrent : ils se tinrent tranquilles. Le chef du gouvernement s'arrangea pour que le jour et la nuit de Rome coïncident avec le jour et la nuit du monde extérieur, afin d'être en accord avec un Dieu unique et puissant dont il se sentit l'image vieillie. Dès les premiers signes de la nuit, des avions se posèrent sur l'aéroport aérien de Rome; ils apportaient des vivres, du blé, des médicaments et toutes les denrées nécessaires à la vie ordinaire. Le téléphone fut rétabli et Nabokov s'adressa aux chefs d'État des pays voisins, leur demandant leur aide, militaire s'il le fallait. Des sous-marins américains et français se mouillèrent dans les eaux près d'Ostie. La grande tâche de l'armée fut de veiller à ce que personne ne change de métier, ce qui avait été d'usage courant. Le soir, Rome avait pris un visage humain : il faisait froid et personne n'osait se parler de peur de dire des bêtises.

Jorge-Luis Borges était mort depuis un bon bout de temps. Dans la chaleur d'avant la prise de pouvoir, son corps se dessécha, se momifia définitivement. Nabokov ordonna de rouler sa viande salée dans des bandelettes blanches; puis il le nomma Roi de Rome, afin de ne point prendre sur lui toute la responsabilité de ses actes. Vers dix heures du soir, des files de policiers rabattirent la majeure partie de la population de Rome sur les ruines de l'ancien forum. Les colonnes cassées se désossaient sous la lune électrique. Les femmes, les hommes, les enfants, se laissaient faire, mal réveillés de leur fête passée; hagards. Nabokov, alors, hurlant devant les micros, leur présenta leur Roi. On hissa, toute droite, la momie bandelettée de Borges, tête noire de cuir craquelé aux dents déchaussées, devant l'arc de Titus. Malgré quelques lampions, on n'y voyait pas grand-chose. Il y eut quelques applaudissements, amplifiés par des haut-parleurs pour les radios étrangères. La fête était finie. On avait sommeil.

Nabokov et son peuple allèrent se coucher. Le vieillard avait ainsi trouvé une bonne occupation, pour ne pas écouter si, par hasard, son cœur ne battait plus. Demain, il faudra qu'il chasse les taureaux, les rats, comble de terre les eaux des marais : le paysage autour de Rome devait lui aussi correspondre aux descriptions qu'en donnent les guides et les ouvrages spécialisés.

Alors, autour de la ville, les taureaux noirs, les vaches, les petits veaux sauvages, piétinant l'eau des marais de sel de lune, eurent dans les naseaux d'étranges bruissements, levèrent leurs cornes. Plus haut que le ciel de Rome, sur la plate-forme où les nuages s'étaient dissipés, les yeux d'Abrico s'illuminaient et se reflétaient sur les vagues des eaux, les courts arbres des terres. Plus loin, entre les landes maigres, s'élevait la Montagne Coupée, brillaient encore quelques vieux cierges : y dormait toujours le squelette de celui qui ira mourir. La peau des milliers de taureaux frissonna, les muscles de leur cou se plissaient, se déplissaient. Leurs pattes, sabots noirs, plongeaient, replongeaient dans l'eau, y jaillissaient des gerbes, les cornes se touchaient, blanches sous la lune, leurs flancs noirs se serraient, ils couraient dans l'eau, dans la boue, les uns contre les autres, frontal frisé, corne d'écume, les poils hissés, le cou levé, ils couraient la queue fouettant, milliers de taureaux, la bouche fermée, cuisses contre cuisses, les souffles sortaient de leurs naseaux, pattes devant, pattes derrière, ils couraient en cercle parfait, autour de Rome, et sur eux sautèrent les rats, pour les accompagner.

Le bruit de cette galopade tournante de sabots dans l'eau martela le cœur des Romains toute la nuit. Toi, aussi, les entendait, dans le noir aveugle de sa prison. Sur ses joues noires lui cuisaient des larmes séchées. Sans cesse elle avait l'impression que des mains lui serraient la tête; ainsi s'appelle l'angoisse. Ça sentait uniquement vaguement l'encaustique. Bientôt elle dut se résigner. Là, elle demeurait enfermée. Ce n'était point le noir total qui pouvait lui griffer les joues de douleur : de l'obscurité elle en aura à ne savoir qu'en faire quand elle sera aveugle. Mais ce qui lui serra le ventre, au point qu'une chape de plomb enveloppa les limites de son corps, ce fut cette soudaine pensée qu'elle ne pouvait mourir, n'étant pas née! Toujours les paroles de ce mâle, de Je, resteront les supports de ses peurs, les rires de ses sanglots : horreur!

2

Le lendemain la ruse de Nabucco réussit complètement. Je étant absent – il faisait la police, responsable des responsables de quartier – Nabucco put descendre du ciel, délivrer Toi.

Toi entendit venir quelqu'un, redoutant le pire. Elle pleurait. Nabucco ouvrit la porte. Elle voulut dire mais ne pouvait pas. Chut, lui dit Nabucco qui ne savait pas qu'elle ne pouvait pas. Ce fut le jour.

Plus tard, Toi ne se rappela n'avoir vécu qu'un tremblement, une incapacité totale de retenir un ventre qui montait, descendait, se dilatait. Chut, lui disait Nabucco, et ses yeux étaient plus doux qu'une poupée.

Il l'installa dans un grand lit, lui posa des bouillottes sous les pieds. Lui apporta du thé tout chaud. Et restait devant elle. Elle aurait bien voulu que Nabucco profite de la situation, dévoile un jeu, mais l'enfant ne dévoilait aucun jeu. Il semblait plein d'amour. Elle aurait bien voulu (du moins quand elle se remit à pouvoir plisser son front) qu'il montre une quelconque arrière-pensée, mais il semblait n'avoir aucune arrière-pensée. Pendant quelques jours, elle fit une expérience : elle ne le regardait plus, le boudait, comme si elle lui en voulait de l'avoir délivrée. Elle souhaitait que

Nabucco se rebiffe, comme s'il attendait une reconnaissance. Mais, pas un seul moment, il ne fit dire par ses yeux le moindre reproche à l'indifférence de Toi à son égard. Il continuait à la soigner, avec tant de tendresse. Lui caressant le front avec un mouchoir quand des sueurs froides lui battaient les reins. Lui relevant son oreiller quand elle glissait dans le lit. Restant sans bouger quand elle glissait dans le lit pour faire semblant de s'étouffer : la devinant! Alors elle usait de lui : mouillant d'urine ses draps, lui faire changer la literie, et recommençant; attendant le moment où enfin il la gronderait de se faire trop servir, de lui faire croire qu'il aimait ça. Non seulement il nettoyait les draps sans rien dire, mais il mettait dans ses gestes un naturel simple et tendre qui faisait bien comprendre à la petite fille qu'il ne se punissait d'aucune faute, qu'il ne s'amusait pas à la posséder en se laissant posséder. Peu à peu les lacets du fil de fer du ventre de Toi se dénouèrent, ses jambes et son ventre tremblèrent moins; dans ses rêves elle vit de moins en moins souvent la momie imaginaire qui lui glaçait le bas du ventre en la touchant de ses ongles bleus. Bien que le mot heureux s'emploie généralement quand on est très malheureux, elle osait quelquefois se dire, tout bas, tout bas, serrant ses lèvres pour que rien ne transparaisse : je suis heureuse. Heureuse : son ventre et sa poitrine, simplement, se détendaient.

Nabucco restait à la veiller, l'acceptant, la regardant quand il sentait qu'elle en avait envie, ne la regardant pas quand il savait qu'elle regrettait qu'il sache qu'elle n'en avait pas envie. Souvent elle désirait, par exemple, une orange : il lui en apportait une, comme s'il le devinait. Mais pas toujours : quelquefois il lui apportait une pomme, comme pour lui faire comprendre qu'il n'était pas espion de ses désirs. Tant et si bien qu'un jour, toujours dans ce lit dorloté, elle se réfléchit soudain en train de s'entendre dire à elle-même : il m'aime sans rien me demander; sachant que ce n'est pas possible. Y croyant vraiment.

Quand Toi put marcher, Nabucco l'amena dans une grande maison toute blanche peuplée de coussins multicolores. Il la conduisit dans ce lieu avec son taxi personnel. Le brave chauffeur Pinocchio aida beaucoup Nabucco à ne pas faire de mal à Toi dans les cahots de la route. Ce jour-là, la petite fille revit l'air frais et le soleil. Les rues dansaient de monde. Les églises rayonnaient de lumières. Ça sentait la sauge : on était en février déjà; le temps passait. Elle serra un peu la main de l'enfant. Nabucco lui expliqua que Pinocchio était à son service depuis le jour où, avant sa naissance, il avait fait connaissance de sa mère, mais qu'il ne l'avait pas encore payé, et qu'il devra bientôt travailler. Vu par Toi, dans le rétroviseur, Pinocchio eut un sourire qui aurait dû dévoiler qui il était vraiment. Mais Toi était trop avide de soleil pour y prêter attention.

Une fois dans la maison, via Panisperna, Toi se reposa sur les coussins. Nabucco lui dit : tu es ici chez toi. Il riait : comment ne serais-tu pas chez « toi » quelque part. Et Toi se regardait rire. Si elle est heureuse, comment va-t-elle faire pour se faire aimer? Elle fit tout ce qu'elle pouvait pour devenir malheureuse, mais ne put rien du tout. Elle sentit qu'elle pouvait tout dire, et eut peur de tout dire, pour rire. Et Nabucco caressait si peu de mots : « Petite Toi, je ne suis pas là pour que tu m'aimes. Je ne veux pas te dire que je t'aime : cela, d'une manière ou d'une autre t'obligerait à m'aimer. Ne me le dis jamais : cela d'une manière ou d'une autre, m'obligerait à t'aimer. Simplement dans mes mains circule la tendresse. L'envie difficile de ne pas te faire mal. Si, bien plus tard, quand nous serons vieux, cette tendresse ne s'est pas dissoute dans le temps, sur nos lits de mort, nous serons autorisés à nous dire : “ nous nous sommes aimés. ” »

Alors, pour la première fois de sa vie, Toi regarda Nabucco : un enfant d'où ne se diffusait que douceur. Des oiseaux tout plein regardaient par la vitre. Et Toi posait sa tête sur la poitrine de l'enfant. Une poitrine d'homme, c'est tout plat, et on y sent battre des cœurs. Et quelquefois c'est très doux. Et tous les nerfs de Toi flottaient sur l'eau, petits bateaux. Pour la première fois de sa vie, elle n'avait pas peur.

Continua pour eux une vie si douce. Ils étaient deux enfants. Ils s'amusaient avec les coussins; et chacun était le coussin de l'autre. Si Toi avait envie de courir dans l'appartement, elle courait : jamais Nabucco ne l'en empêchait, ni ne lui courait après pour la forcer à continuer son envie. Les coussins étaient de toutes les couleurs de l'alphabet. Ils partageaient toute tâche; ce qui n'allait pas sans joies. La confection d'un œuf à la coque devenait une aventure merveilleuse de caresse : Nabucco coulait de l'eau dans une casserole, mais Toi arrivait parce qu'elle ne supportait pas ne pas sentir l'épaule de Nabucco contre son épaule, et lui, la sentant arriver, se trouvait soudain mieux, l'eau coulait plus claire, et elle voulait aussi tenir la casserole sous l'eau, elle l'arrachait des mains de Nabucco qui continuait à vouloir la tenir pour ne pas fatiguer Toi, l'eau débordait. Ils allumaient tous les deux le gaz en même temps, l'un tenant l'allumette, l'autre le gaz, mais chacun ayant une autre main sur l'allumette ou sur le gaz, chacun ayant si peur que l'autre se brûle seul qu'il préférait se brûler en même temps. Bien sûr ils ne se cuisaient qu'un seul œuf. Et quand ils le mangeaient, une bouchée l'un, une bouchée l'autre, aucun des deux n'osait manger sa bouchée sans l'avoir avant donné à manger à l'autre : ils ne mangeaient pas : ils restaient légers et s'embrassaient. Ils ne voulaient jamais ne pas se toucher, mais aucun des deux n'osait toucher l'autre le premier, de peur de lui imposer de se faire toucher; et souvent ils restaient immobiles, sans faire ce qu'ils désiraient le plus. Pour s'endormir, Nabucco attendait que Toi s'endorme, de peur qu'elle n'y arrive pas, reprise par ses peurs données par Je, et Toi attendait que Nabucco s'endorme, de peur qu'il reste éveillé, veillant sur son sommeil; ils passaient des nuits blanches et belles. Et puis dormir, c'est rentrer chez soi, et ils avaient horreur de rentrer chez eux, quand l'autre pouvait avoir besoin de savoir qu'il n'avait pas besoin de l'autre.

Toi, sans Nabucco, n'aurait pensé qu'à lui, esclave d'un souvenir ou d'une absence; mais lui présent, elle pouvait, sentant son souffle dans sa tête, ne pas penser à lui, mais à elle, n'avoir pas honte de son visage, de son corps, des choses qui en sortaient, y entraient. Elle pouvait s'abandonner. Parce qu'elle savait que lui s'abandonnait. Ils ne se cachaient rien, ils n'avaient rien à se montrer. Jamais Toi ne demanda à Nabucco si elle était belle. Elle savait qu'elle l'était, ne serait-ce parce qu'elle ne pensait même pas en demander confirmation à Nabucco.

Les murs de la maison se remplissaient de papillons bleus; des nuages colorés d'arc-en-ciel venaient leur rendre visite. Souvent, ils échangeaient leurs noms pour ne pas s'habituer à n'être pas attentifs. Lentement Toi apprit qu'elle pouvait être aimée, et qu'elle pouvait ne rien cacher de ses organes internes; elle aurait presque voulu s'ouvrir le ventre, et visiter, avec Nabucco, ses tripes, son foie, et ses naissants organes génitaux, certaine que l'enfant embrasserait son intestin grêle comme il embrassait sa main. Et le bonheur bleu glissait en elle, comme un bain très chaud. Mille plumes d'argent dormaient dans ses veines; c'était doux. Elle pouvait fermer les yeux, et détendre ses muscles : jamais Nabucco ne la chatouillerait. Les coussins les aimaient beaucoup tous les deux.

3

Mars arriva et les premières chaleurs. Le Tibre coulait et s'amusait de ses rives. L'ordre régnait : se succédaient le jour et la nuit. Nabokov habitait toujours dans la maison de la Sanseverina, dont il avait fait le palais présidentiel. Artemisia et Saïse le servaient. La momie du Roi de Rome logeait avec eux et passait ses nuits dans le cagibi où Toi avait été enfermée du temps de son malheur. Le vieillard en chef du gouvernement dut renoncer à ses projets d'assainissement des marais de Rome : jour et nuit, les milliers et milliers de taureaux noirs y couraient, sauvages et meuglant; défendant ce territoire qu'ils partageaient avec leurs amis les rats. Rome devint une île, inaccessible par route. Seuls des avions, sans cesse, se posaient sur la terrasse du ciel de la ville, assurant les liaisons alimentaires, commerciales et touristiques. En cela Rome fut une ville d'avant-garde. D'autres villes suivirent son exemple. En avril 1980, le gouverneur militaire de Paris inaugura une seconde tour Eiffel qui plus tard servira, avec d'autres, à soutenir le toit de la ville et sa piste d'atterrissage.

Nabokov avait beaucoup d'ennuis avec ses servantes, desquelles il ne tirait pas l'usage tranquille qu'un vieillard d'un autre temps peut prétendre recevoir de femmes au service d'un chef. La pauvre Sanseverina se traînait, souffrante et toussante, pleureuse obstinée; un jour sur deux, elle demeurait couchée, remplie de cauchemars terribles où un nain lui épilait les poils blancs de son sexe. Alors elle vieillissait encore plus. Les premiers mois, se rappelant qu'après tout il avait eu un enfant avec elle, ou du moins que cela avait été admis comme tel, Nabokov s'était préoccupé de la soigner; puis, peu à peu, ses tâches administratives, politiques et militaires lui avaient détourné la cervelle, et Artemisia resta seule avec ses fantômes, obligée cependant de rendre quelques services pour tenir toujours sa situation de dame de compagnie du chef du gouvernement. Chaque soir elle essayait de se tuer pour oublier sa nouvelle enfance. Elle se plongeait la tête dans une bassine d'eau, mais il y avait si peu d'eau que cela simplement la lavait. Elle avalait des tubes entiers de soporifiques, mais cela simplement lui donnait de beaux rêves.

Quant à Saïse, elle trouva une bonne solution à ses grosseurs. Ayant pensé que seul l'état de bébé lui permettrait de ne pas être vue grosse, elle avait décidé de devenir nourrissonne, et s'y appliquait avec la volonté qu'on lui connaît. Elle commença par s'habiller de lingeries enfantines, de couches; elle ne s'exprima plus que par borborygmes vaseux. Elle put alors manger des bouillies à sa guise, se laisser bercer et crier beaucoup lors du caca. Ces attitudes de la Sanseverina et de Saïse ne pouvaient pas ne pas être motivées par une légère ironie : au milieu de ses tâches de gouvernement, Nabokov se devait de soigner ses servantes, calmant les délires de l'une, torchant les grosses fesses de l'autre. On était bien rentré dans l'Histoire, et la plus banale.

Pourtant, lors des défilés officiels, l'honnête vieillard paraissait flanqué de ses deux courtisanes : la vieille grelottante dans ses châles noirs, et la grosse bébée dans ses langes. Si l'on ajoute, à ce duo, la très vénérable momie du Roi, avec ses dents déracinées qui s'échappaient de plus en plus du cuir retroussé de ses babines sèches, l'ancêtre Nabokov à gueule de singe, dont peut-être le cœur s'était arrêté depuis longtemps, semblait un jeune chef plein d'avenir. Chaque soir ils apparaissaient tous les quatre sous l'arc de Titus. Ce fut une bonne promenade après la digestion.

En avril, Nabokov rétablit le culte du Squelette. La montagne découpée, au milieu des marais, redevint un lieu d'adoration : les cierges illuminèrent de nouveau les fossiles des animaux préhistoriques, et le Squelette fit des miracles. Se frotter à lui conférait la guérison de toute maladie rêvée. Cette enclave dans le terrain des taureaux sauvages fut une petite victoire personnelle de Nabokov. Le lendemain du premier pèlerinage, il convoqua Je :

– Mon ami, lui dit-il, votre rôle est de me rappeler sans cesse que ma tâche n'est pas de faire le clown dans un gouvernement vaguement despotique, et uniquement soutenu en importation par certaines banques curieuses de notre expérience de toit-aéroport; ma tâche vraie est d'envoyer mon fils mourir avant sa naissance, peut-être pour m'en débarrasser et ainsi rajeunir. Dans cette tâche, vous avez un rôle actif à jouer. Laissez-moi vous le rappeler. Pour vous aider dans votre crime, je vous nomme chef de la police.

– Oui, monsieur, dit l'enfant.

Il attendait ce moment. Sachant bien que, pour lui, c'était la terrible fin du jeu.

Quelques jours après, des enfants de police vinrent chercher Nabucco dans son nid de coussins. A l'épine qui lui parcourut le cœur, Toi comprit qu'elle avait été heureuse.

Devant Je, Nabucco pensa un moment faire intervenir leur complicité enfantine. Mais Je était costumé par un habit solennel, et coupé à sa taille; Nabucco, lui, se tenait en culottes courtes. Ils furent l'un et l'autre dans une autre vérité, au-delà des âges.

– Monsieur, lui dit Je, vous savez comme moi que si vous

vivez des moments heureux avec Toi, c'est grâce à moi; grâce à cette répulsion de Toi pour moi qui la fit tomber dans vos filets. Je pourrais vous trahir. Je ne dirai rien. Jamais je ne lui révélerai notre entente et donc la suprême trahison sur laquelle repose votre bonheur. Je vous demande simplement une chose : livrez-moi Toi pour une nuit.

Je avait l'air de croire au rôle ridicule qu'il tenait. Nabucco, lui, ne croyait pas du tout à la réalité de tout cela. Il riait.

– Vous avez tort de rire, monsieur, lui dit Je. Nous ne sommes plus dans l'enfance.

Mais Nabucco riait. Parce qu'il était incapable d'être malheureux. Parce que Je jouait. Parce qu'il ne savait quoi dire. Parce qu'il avait si peur d'en avoir terminé avec les bonheurs.

Avec sa matraque, Je frappa Nabucco à la jambe et aux dents. L'enfant s'évanouit pour ne point trop souffrir. Du sang coulait lentement sur le tapis. A l'hôpital, on diagnostiqua une fracture du péroné, et deux dents cassées. Sous les soleils de l'anesthésie, on répara. Sans se tromper de jambes et de dents. Je avait magistralement réussi son coup de matraque : une radiographie du squelette de Nabucco le présentait maintenant à tout point conforme au Squelette de la Montagne Coupée.

Quand l'hôpital prévint Toi de l'accident de circulation qui avait frappé Nabucco au retour de sa visite à Je, les coussins lui semblèrent gris. Sans doute pleurait-elle. Ou bien les premiers signes de cécité. Le brave Pinocchio l'amena à l'hôpital. Elle parcourut des couloirs, et pour aller plus vite, chaussa des patins à roulettes. Oh il ne faut pas rire, d'ailleurs Toi ne riait pas, qui s'amusait pour s'empêcher de hurler de la douleur de souffrir à cause de Nabucco. Elle pénétra dans la chambre sans se tromper, comme il sied aux âmes infortunées, pour ne pas reculer le moment de sa haine.

Devant le lit blanc du malade opéré pâle, le gouvernement se tenait au grand complet. Nabokov secouait amoureusement la main de son fils, tout en regardant d'un autre œil la fameuse radioscopie qui allait décider de l'avenir du temps. La grosse Saïse, sur sa chaise de grande bébée, tétait un biberon de soupe aux choux, battante des gambettes emmitouflées. La Sanseverina, cachée sous le lit, ne voulait pas voir ce qu'elle croyait être son père le nain sur son lit de mort. On avait laissé la momie de Borges dans le cagibi : qu'aurait-elle pu penser de cette scène de famille? La petite Toi griffait le mur, essayait d'entrer dans la pierre, regardant celui qu'elle aimait :

– Pourquoi me fais-tu souffrir, Nabucco? Pourquoi souffres-tu pour me prouver que je ne pourrais plus vivre sans toi? Pourquoi m'obliges-tu à savoir que je sens tes douleurs comme si tu étais moi?

Du sang coulait entre ses larmes maigres. Nabokov dissimula un sourire derrière la radiographie du squelette. Il n'aimait pas beaucoup les amours de Toi et de Nabucco qui auraient pu distraire son fils de son travail d'enfant extraordinaire. Le gouvernement sortit de la chambre du convalescent. Dans le couloir, le chef rencontra Je, le félicita de son ouvrage, lui demanda si, comme récompense, il voulait naître de lui et de Saïse.

– Monsieur, si je naîs je mourrai comme vous.

– Certes, répondit le vieillard. Et il tâta son cœur sans oser le trouver; pour cela il se tâta le nombril.

– Maintenant que j'ai un nom, un grade, une carrière, que m'importe de naître? Que m'importe de mourir, maintenant que j'ai commis un crime sur un enfant innocent.

Le vieillard reconnut bien là la parfaite logique gentille de l'enfant-flic; et se promit de se méfier de lui.

Pendant la convalescence de Nabucco, avec l'odeur d'éther

qui donnait son nom à l'hôpital, Toi resta sur sa réserve. Elle prodigua à Nabucco le strict minimum de soins, le strict minimum de sourire, pour ne pas que l'enfant croie qu'ainsi elle le remerciait de ce qu'il avait fait lors de sa convalescence à elle. Ce n'est que le jour où, enfin, il put marcher et parler, le jour où les médecins ôtèrent les plâtres de sa bouche et de ses jambes que, de nouveau, elle se sentit pouvant être aimée sans retour et qu'alors elle l'aima sans retour. Nabucco, lui, avait beaucoup souffert, moins des douleurs de scies des nuits que de ne pas pouvoir ne pas se faire servir; ce qui l'obligeait à ne pas se dire qu'il aimait Toi, pour ne pas penser qu'elle était une petite infirmière à son service.

Ils recommencèrent leur vie de tendresse. Durant leur séjour triste à l'hôpital d'Ether, des bruits avaient tendu leurs absences de rêves : des émeutes débrayaient un peu partout dans la ville. La plupart des habitants ne supportaient plus ne pas changer de nom ou de métier ou de position sociale, comme avant. Ils se regroupèrent, pour échapper à l'écrasante monotonie d'un pays où le pain ne manquait jamais. De la Piazza del Popolo à la Piazza Venezia, le long de la Via del Corso, d'étranges défilés se piétinèrent : ouvriers, cadres, patrons, commerçants, défilèrent contre le tyran, contre l'armée; et qui pour devenir patron, ne serait-ce qu'un jour; et qui pour devenir employé, ne serait-ce qu'un jour. Nabokov, très astucieusement, laissa les émeutes bouger sans réagir. Il avait appris de l'enseignement l'art de gouverner. Au bout de deux jours, cela n'amusa plus personne de manifester. Les seuls qui persévérèrent connurent alors une réaction sanglante; et la mort. Les balles de mitraillette dessinèrent des hauts-reliefs sur le Palazzo Farnese. Le Roi de Rome ne manifesta rien. D'ailleurs on l'avait oublié. Mais ni Toi ni Nabucco ne furent tellement bouleversés par ces événements.

Quand ils rentrèrent dans leur appartement, ils le trouvèrent tout bleu. Nabokov, par l'intermédiaire d'une cigogne, leur envoyait tous les jours du fromage blanc, des yaourts, des petits œufs, ou de poule ou en chocolat. Ils ne jouaient pas. On peut dire que c'était l'obsession majeure de ces enfants étonnants : ne pas jouer. Jamais Nabucco ne toucha le sexe de Toi, jamais Toi celui de Nabucco. Il ne fallait jamais que Toi puisse sentir un seul moment qu'elle pouvait être la fausse mère de Nabucco.

4

Chaque matin, devant leur appartement au bord du Tibre, Pinocchio le chauffeur astiquait la voiture de ses maîtres; le compteur du taxi tournait toujours. Un jour, Pinocchio expliqua à Nabucco que ses économies étaient épuisées, et qu'il avait besoin d'une petite avance, oh minime par rapport à l'argent dû; disons quelques millions de lires. Nabucco n'avait aucun argent personnel. Il ne fallait pas que Toi puisse sentir qu'elle pouvait dépendre financièrement de lui. L'enfant-né fut très gêné. Il établit cependant à Pinocchio une traite de plusieurs millions de lires (comme il ne savait point trop écrire, il ne sut jamais exactement le nombre de millions), traite payable à soixante jours. Ainsi il avait deux mois pour remplir un inexistant compte en banque. Pinocchio trouva sans mal à escompter la traite du fils du chef du gouvernement.

Et Nabucco devait travailler. Il en oublia quelque peu Toi. Qui fut ravie de sentir l'être qu'elle chérissait la délaisser un peu, prouvant ainsi qu'ils n'étaient ni l'un ni l'autre dépendants.

Nabucco monta sur le terrain d'aviation. Il vit la frêle silhouette d'Abrico dans un coin de la plate-forme : il n'alla point le saluer : qui dit qu'Abrico n'était pas l'enfant qu'il aura avec Toi? Dans ce cas, engager une conversation avec lui pourrait être malséant et perturber leurs futures relations.

On sait la passion que, bien avant sa naissance, Nabucco conçut pour les oies sauvages et donc pour les avions. Ne créa-t-il pas Rome pour qu'un avion puisse s'y poser? Rapidement, avec l'aide des puces savantes qui garnissaient son manteau de fourrure, il inventa le « Nabuccavion ». Cela tenait de l'hélicoptère et de l'avion. D'abord, cela n'avait point d'aile (quelle folie magique d'enfiler des ailes aux avions, comme s'il fallait des ailes pour voler : vue d'oiseau!); ensuite cela était rond; ensuite cela avait de longues pattes à ressort (quel crime en effet que les minuscules roues des avions anciens : comment veut-on que le si peu de distance entre le sol et la carlingue ne produise pas des frottements dramatiques!); enfin cela s'élevait ou redescendait verticalement (quelle dangereuse rigolade, effectivement, que ces décollages ou ces atterrissages obliques, chaque fois arrachages ou rencontres hasardeuses!).

Cette merveille offrit grand succès à son inventeur. L'on vint de tout le Monde pour le féliciter, et Nabucco en connut beaucoup de joies. Il gagna beaucoup de sous dans cette opération, de l'argent massif : tel était son but. Son père, le chef de la ville, lui donna cadeau d'un petit piano et d'une perruque. C'était un petit piano à queue pour enfant, rose; avec des roulettes et une laisse pour l'emmener avec soi. Devant les ambassadeurs étrangers qui venaient admirer son avion, l'enfant en jouait; disons que ses menues mains tapaient un peu partout et ça faisait du bruit. Il ignorait tout du solfège et même la dodécaphonie. Mais il tapait sur les touches, et pendant ce temps les plénipotentiaires regardaient le « Nabuccavion » s'élever dans les airs bleus avec douceur et sécurité; et ils disaient : « Vraiment cet enfant c'est un petit... un petit... comment déjà? » Deux mois après, la traite de Pinocchio fut honorée, Nabucco en signa une autre. Le compteur tournait.

Et Toi? Dans leur appartement elle attendait Nabucco. Tard le soir, il rentrait, tenant en laisse son petit piano. Elle avait préparé le repas : c'en était fini de la tendresse. Comme ils ne passaient plus leur vie ensemble que pouvaient-ils se dire? Se raconter leurs journées? Avec quels mots? Alors Nabucco jouait sur son piano rose. Il inventait une musique qui sera celle de sa mort. A chaque note, les petits pieds du piano rose se courbaient, tentaient une révérence qui n'osait pas, par politesse, se transformer en chute. Ça donnait une musique triste, et Nabucco était content. Quelque chose entre Toi et Nabucco s'était cassé; ils avaient trop l'impression de s'attendre toute la journée et de languir, de dépendre l'un de l'autre en espérant leurs retrouvailles, pour s'aimer vraiment. Peut-être que Toi, aux moments où Nabucco laissait ses doigts traîner sur ce piano rose et mignon, aurait désiré un assaut sauvage, pour pouvoir le refuser, pour pouvoir fuir, trouver d'autres tendresses que celles, échouées, de Nabucco. Mais l'enfant gardait sa perruque bien mise.

Au palais présidentiel, la Sanseverina devenait de plus en plus folle; du moins on employait ce mot, aujourd'hui. Elle croyait être la fille d'un troisième père, un géant avec des ailes qui chaque nuit lui apportait des fromages. Oh ça pue, disait-elle à Nabokov qui venait lui offrir chaque matin le thé au lit. Toi, qui l'aimait beaucoup, allait souvent la voir; occupant ainsi les journées où Nabucco, sur le toit de la ville, paradait devant les ingénieurs chinois ou mexicains.

A dire vrai, toutes ces choses, et cette mélancolie avec Nabucco, et l'angoisse de la Sanseverina, n'affolaient guère Toi; elle s'en occupait l'esprit pour oublier ce qui, depuis quelques mois, nouait de nouveau le fil de fer autour de son cœur : pour oublier ses yeux! Les couleurs se voyaient de moins en moins vives, le gris dominait, les contours se disaient de moins en moins nets. Elle savait bien, depuis le jour où Abrico lui avait donné ses paupières, qu'elle serait aveugle, mais au fur et à mesure que cela devenait une réalité visible, cela l'enchantait de moins en moins. Il faut bien dire alors que les délires de la brave Sanseverina lui changeaient les idées.

Et un jour que Nabucco, comme de coutume, revenait chez lui, parcourant avec sa perruque les rues, traînant son piano à queue rose, il ne trouva point Toi chez eux. Il alla chez son père, où, comme il l'avait deviné, Toi soignait sa mère. Il salua dignement madame sa mère, s'informa de sa santé, et sans écouter une possible réponse se mit au piano, non pas tant pour jouer que pour se demander comment fuir de cette pièce sans avoir l'air de fuir. Car cette vieille bique, sur son lit, bandait son corps et hurlait : « Ça pue, se sont les fromages que mon père me porte toutes les nuits pour que je devienne sa chèvre. » Et Toi lui épongeait le front, disant : « Mais non, mais non, c'est Nabucco qui vient d'entrer et c'est lui qui pue. » L'enfant jouait comme si de rien n'était. Autour de sa mère de vieux fromages dégoulinaient de vers moribonds. Du plat de sa main la vieille tapait les draps. Toi lui embrassait ses vieilles mains, pour les calmer. Si elle embrassait les mains de la mère de Nabucco, c'est qu'elle a envie d'embrasser les mains de Nabucco. L'enfant à la perruque ne put supporter que Toi lui embrasse ses mains en signe de soumission. Il lui fallait vraiment fuir. Et il se leva digne, cet imbécile.

Parcourant en tout sens les couloirs de la maison de ses parents, il songeait au désir qu'il avait toujours eu des seins de Saïse. Et poussa d'une porte, souhaitant que Saïse ne se trouve pas derrière. Elle s'y trouvait. Dans un berceau. Toute grosse. Étirant et retirant ses jambes sur son ventre. Nul ne pourra vraiment dire le plaisir que prendra Nabucco en lui disant : oh mon bébé, mon bébé.

Pendant ce temps, Toi voulait vraiment guérir cette femme de la folie que Nabucco avait installée en elle. Elle lui disait, à la Sanseverina : « Tu n'es pas sa mère, vraiment pas sa mère. L'as-tu senti vivre dans ton ventre, as-tu senti ses jambes cogner la paroi de ton ventre? » Mais la vieille répétait toujours, fixant la porte d'où il allait venir : « Je suis sa chèvre, vraiment sa chèvre. »

Le lendemain matin quelques policiers la tuèrent. On l'enterra. Et voilà pour elle.

5

Mais pendant la nuit, dans les marais, sous les yeux lumineux d'Abrico, les taureaux tournaient toujours, couraient, flancs noirs contre flancs noirs, de plus en plus vite, et les cornes se cognaient entre elles, les eaux s'éclaboussaient de lueurs, eaux de sel, d'herbes secouées de vents, les taureaux galopaient, noirs dans l'eau noire, et les rats se tenaient, dans la vitesse de la course, sur leurs dos, mordant fort des dents les échines crispées, ils criaient, dans leur langue de rat, plus vite, plus vite, et les oreilles des taureaux comprenaient les langues des rats, ils allaient, ils allaient, et entre les clapotements de leurs pattes dans l'eau on croyait entendre, continuant le temps, les harpes des centaures, et les rats sentaient le vent de la course rabattre en arrière leurs moustaches, et les flammes autour du Squelette de la Montagne Coupée se dressaient, se courbaient, se tournaient, jetant des ombres sur les dents visibles du Squelette, riant.

Mais, pendant la nuit, Nabucco toucha l'ivoire des touches blanches et noires de son gentil piano. Les bois des pieds du piano se frisaient d'exquises convulsions. Comment Nabucco ne pouvait-il pas se dire qu'il faisait maintenant tout pour déplaire à Toi, pour qu'elle le quitte; et cela parce qu'il avait si peur qu'elle le quitte. Hululaient les taureaux sous la lune. Hurlait Toi, parce qu'elle savait que Nabucco avait si peur.

Mais, pendant la nuit, les émeutes recommencèrent. Ils défilaient, des manches de pioche à la main, des fureurs à la gorge, pour changer de métier; et ça recommençait, oui, les bruits de baisers des lanceurs de bombes, et ces chocs de briques, et ces brusques fuites, tandis que les projecteurs des véhicules de police rasaient les murs. Et le merveilleux enfant perruqué s'appliquait à ce qu'aucune de ses mains ne frappe le piano plus fort qu'une autre : Toi ne va plus l'aimer, puisqu'il fait tout (l'artiste! le pianiste!) pour se faire aimer. Et Toi pleurait. Maintenant Nabucco est adorable : comment pourrait-elle l'aimer? Les taureaux dressaient leurs gorges, et aucun couteau n'égorgea leurs cris rauques. Les étoiles semblaient trop lointaines pour oublier de briller.

Mais, pendant la nuit, la grosse bébée Saïse, à quatre pattes, se faufila hors du palais présidentiel. Dans sa barboteuse vert pomme elle cahotait lourdement d'une patte sur l'autre dans les rues de Rome, criant à toutes les fenêtres : « la tétée! la tétée! » et bientôt, à quatre pattes, titubants de sommeil, tous les bébés de la ville se glissaient dans la nuit, suivant Saïse. Le cortège grossissant erra dans Rome. Et des milliers de bébés heureusement kidnappés s'enfuirent ainsi dans cette nuit d'août, sous les étoiles, grimpèrent, maladroitement, comme des petits singes, s'emmêlant les cuisses, le long des piliers, et gagnèrent, toujours guidés par Saïse brandissant son biberon, la plate-forme où vivait dans son bonheur la bébée Abrico. Les eaux de la nuit furent ridées de cris joyeux. La perruque de Nabucco tomba sur le piano. Pour être plus adorable, il s'endormait devant Toi! Il aimait tant Toi qu'il ne pouvait plus rien lui dire. Toi comprit qu'il lui signifiait que c'était fini. Et la petite fille qui aurait tant voulu être heureuse sut qu'elle ne le serait jamais plus, maintenant que Nabucco l'aimait et s'endormait... Dans la nuit bien sûr, on jouait de la flûte.

Quelque temps après, les treuils baissèrent les soleils : c'était l'été. Les bébés, des centaines de milliers, s'installèrent sur le toit de la ville, au milieu des avions. Personne ne put les attraper : ils étaient trop joyeux, et rien n'est plus dangereux pour les parents que les rires. Au soleil ou sous les étoiles, ils passaient leur temps à grimper les uns sur les autres, à se moucher dans le nez des autres, à se faire des gros câlins baveux, à s'empêtrer les pieds. Matin et soir des mouettes leur apportaient des becquées de bons légumes cuits au jus et ils ouvraient un large sourire. Abrico leur répétait sans cesse : vous n'avez pas besoin de maman, pas besoin! Ils ne comprenaient pas, mais ils rigolaient. Le soleil, puis la lune, bâtissaient des temples.

Et Toi comprenait lentement, sous le toit de la ville, que Nabucco se moquait d'elle, lui, qui devenait de plus en plus tendre. Et de nouveau les lacets de ses corsages la serrèrent de fil de fer; de nouveau le sang circula mal le long de ses artères. Oh se disait-elle, trouver quelqu'un devant qui me mettre toute nue sans rentrer le ventre!

6

Le temps passait vite. On s'ennuyait ferme. Les facteurs apportaient des lettres destinées à leurs destinataires, et jamais des petits pains. Et ce fut le 24 décembre 1980. Bientôt, dans quelques mois, Nabucco aura sept ans. Les yeux de Toi perdirent pour toujours le noir et le rouge, qui se transformèrent en brun. Tout devint d'un brouillard informe et d'une certaine luminosité qui inclinait aux gris. Nabucco, pour elle, n'eut plus de visage. Désormais, si Toi restait avec l'enfant qui jouait du piano, elle aurait toujours son corset de dentelle, ces lacets qui tiendraient haut son buste et peu à peu obligeraient ses seins à devenir vieux pour légitimer leur soutien. Ce fut sans doute parce qu'elle ne voyait pas Nabucco qu'elle put lui dire :

– Maintenant je sais que je t'aime. Et ce n'est pas supportable. Je t'aime, Nabucco, mais tu es né. Et je ne veux pas souffrir ta mort. Tu es installé dans la vie comme une oie dans le vent, mais un jour tu crèveras dans des vomissures de sang. Alors je te quitte, Nabucco. Voilà. Je ne peux pas supporter que tu profites de l'horizon de ta mort pour te faire aimer de moi. Je ne peux pas supporter que tu saches que je t'aime pour te faire aimer de moi. Je ne peux pas supporter que tu m'aies obligée à te dire cela. Adieu.

Adieu. Elle partait. Le soleil froid de Noël brûlait Rome. Les écrans devant les projecteurs peignaient le ciel de papier en gris. Les voitures se cognaient. Elle serrait son petit manteau et marchait. Oui, tout était bien gris, dans ses yeux.

Elle tâtonna longtemps, avant de trouver un ascenseur qui la monterait au ciel.

Là-haut, les bébés, au milieu des avions et des rires, l'accueillirent. Dans ses yeux maintenant c'était tout blanc. Elle sentait simplement des souffles, des doigts très doux, des pieds très mous qui l'enveloppaient. Les bébés la portèrent, et Abrico, caressant lentement sa bouche avec sa menotte, lui dit bonjour. Alors lentement, elle sentit les lacets de son corset se défaire, n'obligeant plus les seins à vieillir.

Adieu. Elle partait. Devant les eaux grises du Tibre, Nabucco s'accrocha à son piano, s'obligeant à jouer pour ne pas devoir se battre : depuis la mort de sa mère, il n'avait pu faire autrement que de rompre la tendresse avec Toi, comme si elle était sa nouvelle mère attendrie. Des péniches filaient sur le Tibre entre les feuilles mortes. Ses ongles lentement creusaient des rides sur ses joues. Il aurait tant aimé que quelqu'un, comme Toi, voie sa peine.

Adieu. Elle partait. Nabucco, son père entrait. Lui disait :

– Mon fils, tu auras bientôt sept ans. Viens.

– Est-ce que je peux emporter mon piano? Demande le fils. Qui se méfiait.

Le père répondit que oui, et le fit habiller, par des valets, d'une petite chasuble brodée d'or. Nabucco sut qu'il allait bientôt mourir et qu'il avait imaginé son bonheur.

Ils sortirent de la ville. Ils passèrent du vrai soleil électrique au faux soleil naturel. Après tout, c'était la même lumière. Un bleu froid. Ils allèrent devant la Montagne Coupée. Une foule considérable de Romains l'entourait. Voyant arriver Nabokov et son fils, ils poussèrent des cris de bêtes, des cris de corbeaux, des cris de chameaux. Plus haut, sur le toit de la ville, des bébés berçaient une petite fille aveugle et heureuse. Les mains de Toi cherchaient l'espace et trouvaient la douceur de l'air. Les bébés s'approchaient au bord du toit et criaient : « Nabucco, Nabucco », tout doucement. Plus bas, les taureaux noirs, dans les eaux des marais vert et gris s'arrêtèrent de courir et s'approchèrent de la foule de bossus, de paralytiques, de tordus et d'unijambistes qui regardaient la Colline Sacrée où riait le Squelette, dans les tranches colorées du temps de la terre.

Le vent dressait les cheveux du père, il disait, et Nabucco, brodé d'or, tenant son petit piano, tout rose et tout inquiet, à la main, écoutait :

– Fils. Regarde ce squelette. Regarde la radiographie de ton squelette, c'est le même. Ce squelette, c'est toi. Oui toi, mon enfant. Car tu es déjà mort. J'ai inventé une machine à remonter le temps et tu vas aller mourir il y a deux cents millions d'années, dans le froid des grands dinausores. Car si tu existas avant d'être né, tu es mort avant d'exister et de naître. Et aujourd'hui tu as deux squelettes : le tien, qui est mort avant ta naissance, celui que tu vois là devant toi; et le tien, celui que tu portes dans ton corps depuis ta naissance. Et bientôt ton squelette va rejoindre ton squelette : tu iras te suicider avant ta naissance. Voilà. Tout sera parfait alors.

L'enfant ne dit rien. Pas un muscle de la surface de ses os ne bougea. La foule se prosterna, se roula dans la boue; qui pour masquer ses rires, qui pour cacher ses larmes. Les taureaux levèrent la tête, les bébés rigolaient, sautaient sur leurs nuages, les taureaux ouvrirent les naseaux. Les marais tremblèrent de vent vert. Alors l'enfant Nabucco se mit à son piano, toucha deux ou trois notes. Son cœur ne semblait battre que par les chocs des sons vagues et doux secouant sa perruque. Il serrait les dents pour que son visage n'exprime rien. Les nuages se tournèrent et devinrent noirs. Le père continuait :

– Jamais, en vérité, ton squelette que tu vois là devant toi n'aurait dû être le tien. Mais un criminel a bâti ton propre squelette intérieur à l'image de ce fossile, et ce squelette fossilisé est devenu le tien. Ce criminel sera puni.

Des gardes saisirent Je. La foule des édentés, des culs-de-jatte et des muets relevèrent leurs visages pleins de boue. Lentement les taureaux reculèrent. Des gardes amenèrent Je. L'enfermèrent dans une cage; il criait : Je m'appelle Je! La cage s'éleva, tenue par un hélicoptère, dans le ciel, reflétant des vagues grises sur les eaux des taureaux.

Alors la terre, les eaux noires, la lune, les bébés contents du ciel, la foule des lépreux et des cancéreux de naissance, les taureaux immobiles ruminant leur calme violence, les femmes aux cheveux bouffés par les vents noirs, et quelques éléphants venus spécialement pour la fête, n'eurent d'yeux que pour Nabucco, devant son propre squelette : l'enfant à la perruque, calmement, bâtissant chaque muscle de ses peaux dans la plus grande sérénité, comme s'il était aveugle aux révélations de ce pauvre temps, laissait doucement tomber ses doigts sur les petites touches du piano rose d'où se tordaient des sons sur les vagues des eaux.

7

Cette nuit-là l'enfant dormit chez son père. De temps en temps, il touchait le piano rose où reposait sa perruque. Son cœur était une petite poire de caoutchouc brûlé. Ses yeux, des salières qui lui piquaient les joues. Eh oui, maintenant il devait mourir.

Dans le noir du lit, le froid glacé de la sueur, il imaginait sa mort, l'enfant! Bientôt, tout seul dans le silence des premiers temps de la terre, bientôt au milieu des peaux visqueuses des grands sauriens, il aura très peur. Ce sera vraiment un bonheur de se mettre une balle dans la tête.

Sortait de la lune une tête de lézard avec des grandes dents sentant la momie; il criait. Alluma. Autour de son lit, les fauteuils recouverts de housses blanches se taisaient. Seule la grande oie empaillée le regardait des boutons noirs de ses yeux. Vieille Chatterley, soupirait l'enfant : emporte-moi loin. Mais l'Oie ne manifesta aucun sourire. C'était le petit matin.

L'enfant voulut revoir son squelette. Il boutonna bien ses bottines fraîches, et mit dans une valise ce qui comptait le plus pour lui au monde. Mais rien ne comptait beaucoup; sa vieille nouvelle maman était morte; son vieux père gardait d'autres soucis; Saïse devenue bébé. Silence. Et Toi? Il referma sa valise vide. Décida cependant de l'emmener avec lui, pour se donner l'illusion de pouvoir revenir. Il réveilla son piano rose, qui s'étira. L'enfant sourit. Oui finalement son piano comptait, mais il ne pouvait pas le mettre dans la valise. Avant de partir, Nabucco se planta devant l'Oie :

– Adieu, lui dit-il.

L'Oie esquissa une larme, comme si la paille de son cadavre était bien certaine de le revoir un jour.

Dans le petit matin, Nabucco partit de chez son père, sans se retourner : bientôt il n'aura plus jamais de secret. Le vent gris de l'aube glissa dans ses yeux, lui brûla la glace de ses pleurs. Il marchait dans les rues vides, sa valise vide à la main, traînant un piano rose qui titubait d'un pied sur l'autre, sage mais endormi. Les premières voitures n'osaient pas faire de bruit. L'air fut bleu de froid.

Quand il passa devant les thermes de Caracalla, les premiers passants de l'aube le reconnurent, se mirent à genoux. A chaque pas, il répétait : « Celui qui va mourir! » L'or froid des premiers rayons des projecteurs pétillait sur les plus hautes coupoles.

Nabucco et son piano rose s'aperçurent qu'une voiture et son chauffeur les suivaient.

Nabucco, et le piano, et la voiture, et Pinocchio longèrent les anciens remparts de Rome, la via Appia Antica; sortirent du couvercle : l'air sembla plus frais. Nabucco remonta le col de sa petite veste, et continua son chemin. La valise, le piano, le taxi écrasaient les cailloux de la route avec lui.

Alors commençait le règne des eaux, des taureaux, des canards, des mouettes, des rats. La via Appia était la seule digue qui permettait, surplombant légèrement les eaux, de se rendre à la colline Sacrée. Les taureaux se regroupèrent, et suivirent, eux aussi, l'enfant. Les vagues clapotaient les piquets de bois qui tenaient la digue. Les pieds de Nabucco s'enfonçaient de plus en plus dans la boue, ceux du piano se plantaient dedans, et le rose du gentil instrument s'éclaboussait de taches marron. Mais les yeux de Nabucco pleuraient trop de peine pour s'inquiéter de toutes ces cornes blanches qui s'élargissaient en éventail autour de lui. Les rats longeaient la route; les plus aventureux montaient sur le piano de plus en plus inquiet.

Au-dessus de la colline Sacrée, tournaient les nuages des mouettes immobiles dans l'aube; les mouettes nourrices des bébés du ciel.

Lentement l'enfant, le piano, les rats, les taureaux, arrivèrent devant cette demi-montagne au ventre ouvert. Entouré de cierges battus par les vents, le squelette de Nabucco riait de plus en plus neuf.

L'enfant s'immobilisa devant ce rire.

– Salut, dit-il.

8

Pas un seul atome ne bougea.

Longtemps Nabucco contempla son squelette, sans mot dire. En vérité, il sentait bien qu'il se devait, en cette circonstance extraordinaire, de prononcer des phrases historiques, répétées ensuite, après sa mort, de générations en générations. Mais sa gorge était si sèche, si serrée! Et même s'il réussissait à ouvrir la bouche, les mots sortants ne seraient que des toux ridicules.

A dire encore plus vrai, le seul véritable souci de l'enfant fut de ne point éternuer. Le vent frais lui chatouillait le bout du nez, et il entendait monter une exaspération grenouillante des muqueuses. Rien ne serait plus ridicule que d'éternuer en des circonstances aussi grandioses. Sans doute cette envie fut-elle aussi provoquée pour déplacer une effroyable émotion. Il y avait bien la solution connue de se boucher le nez en agitant très fort les pieds, mais cela serait aussi ridicule! Et Nabucco éternua! Un atchoum grandiose qui déchira les eaux, provoqua quelques hoquets parmi les taureaux et un éparpillement des rats les plus jeunes. Le piano devint tout rouge d'être l'ami de Nabucco... Non seulement l'enfant éternua du fond du cœur, mais une chandelle de morve blanche se balança au bout de son nez! Ses mains cherchèrent vainement un mouchoir absent de ses poches. Finalement, il épongea la chandelle morveuse avec sa manche et ravala les eaux. Il avait atteint magnifiquement le comble du ridicule. Sa tête devenait si rouge qu'elle fumait au contact du froid. Les taureaux avaient beau serrer les dents, des broubrou de rire s'échappaient en brumes de leurs naseaux. Les rats, moins majestueux, se marraient ferme, les quatre pattes en l'air. Pour couronner le tout, dans le choc de l'éternuement, la valise de Nabucco s'était ouverte, et tous les animaux voyaient son vide. Quant au piano, il ferma son couvercle pour ne pas voir le massacre.

La honte crispait les paupières de Nabucco, la honte resserrait ses doigts de pieds. Il devait faire un geste héroïque, un seul, qui coupe net cette catastrophe.

Les rires des rats et des taureaux s'arrêtent net; leurs yeux s'agrandissent; les molécules de l'air se durcissent; les souris se tapissent sans respirer; les vagues se figent : la main de l'enfant se pose sur la tête de son propre squelette!

On n'entendait même plus l'ombre du vent dans les roseaux du silence. Nabucco osait faire ce que personne ne peut penser faire, et sa main se promena délicatement le long de sa colonne vertébrale. Alors, il se retourne vers le peuple des taureaux et des rats, il n'est plus cet enfant gaffeur, il grandit, planté sur le sol comme un platane pas abattu.

Alors de grands barrissements le saluent : se levaient, d'entre les eaux, les grands éléphants gris, trompe au vent, gros pieds remuants, ils saluaient Nabucco, se balançant d'une tempe à l'autre, et sonnant leur trompette.

Est-ce pour ne pas entendre les battements de sa propre peur que la bouche de Nabucco ne peut s'empêcher de s'ouvrir, laissant couler en fulgurantes baves ce discours sonore à faire pleurer les foules?

– Il est possible que je veuille aujourd'hui prononcer de grandes phrases. Or la chose la plus proche de moi, mon squelette, est sourde à tous mes propos. Jamais tu ne pourras me regarder. Tes yeux sont de grands trous où courent les fourmis. Ce matin, je ne suis pas devant un miroir. Quand on bouge, ce qu'il y a sur le miroir bouge de la même manière. Toi, tu ne bouges pas, tu t'appelles Nabucco. Je ne suis que ton ombre qui s'agite, comme l'ombre d'une colonne immobile peut bouger, tourner et s'allonger selon le cours du soleil. Plus tard, quand je serai mort, je m'appellerai Nabucco.

Devant ce discours, parfaitement génial, les vagues courbèrent le dos des rats, levèrent les cornes des taureaux noirs, autour de Nabucco.

Cet enfant de sept ans allait sans doute continuer son discours, quand des mouettes descendent vers lui, l'agrippent avec leurs becs, le soulèvent, Nabucco crie, se débat, s'envole, les éléphants essaient de le retenir de leur trompe, mais il monte, tiré par des centaines de becs, volé par des centaines d'ailes blanches qui battent; la colline Sacrée est maintenant une petite motte de terre, les éléphants de petites souris grises, il monte dans l'air vert, le vent allonge démesurément toutes les plumes de son ventre, les mouettes le déposent sur le toit de la ville au milieu des bébés.

Septième partie

LES YEUX DE TOI

Comment Nabucco devint invisible, pour échapper à la mort, et quels désagréments rigolos eurent à subir quelques personnalités. Comment voient les aveugles. – Comment, à cette époque, les animaux regardaient les hommes dans leurs cages. – Comment Toi, aveugle et déguisée en vieille femme, retrouva Nabucco à Paris, avec l'aide de Pinocchio, et comment ils partirent sur l'éléphante Rosa. – Dans quel curieux endroit ils s'installèrent, au milieu des singes. Comment Nabucco parla de Toi à Toi sans savoir qu'elle était Toi, et quelles épines la vieille sentit dans son cœur. Comment ne voient pas les aveugles. – Comment, autour d'une bouillabaisse, Pinocchio s'aperçut qu'il était le bon Dieu, et ce qu'il dit à Nabucco, que celui-ci crut entendre parce qu'il se bouchait les oreilles.

1

Non aveugle, qu'aurait vu Toi? Toujours bêtement le même paysage; toujours stupidement des portes qui barrent l'entrée des maisons. Toujours cette fatigante succession de jours et de nuits.

Aveugle, elle découvrit sa peau. L'air est solide. Quand on y tend la main, on y sent des trous, des bosses dures, d'infinies variations de température; et sans cesse des petits objets en suspension heurtent la surface de la peau où les poils se referment sur ces nourritures sauvages. Aveugle, elle découvrit son nez : n'existe pas un quart de seconde sans que les odeurs de l'air ne varient, sans que les vinaigres, les cannelles, les fleurs, les épices, ne se mêlent en des formes uniques. Oh Toi, toutes les respirations de Rome, sous elle, ramifient les artères de son cœur; la veine d'un sang plus large que la mer. Les grignotements des dents des rats contre les bois des tamaris cognent dans sa tête, et sa calotte crânienne enveloppe la terre entière.

Oh, Toi, elle s'étendait jusqu'aux confins du désert; tantôt petite comme un pollen d'abeille, tantôt immense comme un grincement de dents : aveugle, elle n'avait plus de forme.

Souvent, tâtonnant la douceur du ciment de la plate-forme, les murmures des bébés s'approchaient d'elle. Puis des ventres, des bouches, des souffles, des odeurs d'intestins, des cheveux. On passait les journées au soleil. C'est si agréable le froid. Bras et jambes mêlés, ce n'était que tétement de peaux sans poils.

Soudain, Toi entendit des bruits d'ailes, sentit l'odeur de naphtaline de Nabucco. Elle se leva. Couchée ou levée, pour elle, c'était le même paysage. L'odeur de Nabucco s'approcha d'elle. Quand l'odeur devint forte au point d'en rire, Toi tendit le bras, et, bien avant de toucher Nabucco, les antennes de ses ongles en perçurent la rugueur de la peau, le tremblement des nerfs :

– Eh oui, petit Nabucco : maintenant la vie t'est fermée, Regarde ces gros bébés, regarde ce bonheur auquel tu ne toucheras pas. Va-t'en Nabucco, ta place n'est pas ici. Arrange-toi avec ton vieux squelette. Adieu. Va mourir, toi qui es né.

2

Nabucco criait, plus fort que ses cordes vocales :

– Je ne m'appelle plus Nabucco. Je ne suis plus le fils d'Artemisia et de Vladimir. Je ne suis pas mon squelette. Je ne veux pas mourir.

Mais il demeurait toujours le même Nabucco en trois dimensions, planté sur ses jambes tatouées de mercurochrome.

Assise sur le rebord du toit de la ville, dans les nuages, Abrico lève une aiguille enfilée à un fil, la pique dans l'air, comme si elle cousait l'invisible. Puis la bébée tend ses mains vers Nabucco :

– Vite, Nabucco, enfile cette combinaison que je tiens

entre mes doigts et que tu ne vois pas; cet habit, fait de fibres de certains rayons qui rendent invisibles ceux qui en sont entourés. Ton corps tout entier niché à l'intérieur de ce vêtement deviendra absent aux yeux des mortels. Va. C'est ta dernière chance.

– Va, va, va, répètent les mouettes.

Le ciel est vert comme les yeux de Toi.

Les bébés dormaient en boule : beaucoup de poils déjà naissaient des pores de leur peau, et des antennes poussaient de leurs yeux.

Nabucco enfile la combinaison d'invisibilité. Il marche, mais il ne voit pas ses pieds. Il respire, mais il ne voit pas son cœur. Il oublie complètement de penser. Abrico, la maligne, lui tend un miroir; mais Nabucco n'y voit que le ciel d'hiver derrière lui.

– Je suis le ciel d'hiver, dit-il. Où est sa bouche?

– Cette combinaison possède aussi des ailes invisibles, dit Abrico, vole!

– Va, va, va, répètent les mouettes.

Nabucco, transparent et gris comme le ciel d'hiver, s'approche du rebord de la plate-forme. Alors il est pris d'un triple vertige : si bas repose la terre; si petites sont les eaux; si infimes courent les taureaux. Abrico et Toi le soutiennent, mais leurs doigts ne tiennent que du vide!

– Vole, vole, disent-elles.

Il tombe, soutenu par rien. Il tombe, mais rien ne tombe, il ne se voit pas. Les marais s'approchent! Et tout autour les mouettes piaillent, susurrent :

– Tes ailes! N'oublie pas tes ailes!

Il agita des choses transparentes, là où autrefois reposaient ses bras. Et l'air devient de plus en plus solide, plein de bosses comme du sable : il rampe dans ces courants de l'air. Oui, il vole; et bientôt connaît la douceur de flotter.

Les mouettes s'éloignent de lui. L'air vert est comme l'eau, il suffit de bien respirer, de se rendre léger. Il longea des collines et se joua des nuages. Il tournait autour des arbres, filait vers le ciel, aussi facilement que l'on marche sur l'eau.

Ainsi s'envola celui qu'on n'appelle plus Nabucco. Ainsi disparut l'invisible.

3

Son père, le gouverneur de la ville rose, le chercha longtemps et l'appela. Mais peut-on nommer ce qui ne se voit plus? Son père pleura la disparition de son enfant.

L'Invisible épousa l'air, fut le vent qui couche les herbes et étonne le feu.

Ainsi allait-il, transparent. Bleu quand il passait sur la mer; vert de feuille quand il filait devant le vert d'une feuille; orange odorant, quand il passait dans l'odeur d'une orange attendant le soleil; gris et froid sous la pluie; ivoire devant l'éléphant. Et les vents s'appelèrent lui. Ne voyant plus son ventre, il perdit la tête.

Les chênes-lièges du massif des Maures le poussent vers la mer qui tord le bleu de ses coraux. Les vapeurs jaunes du golfe du Bengale, et les grands squales qui s'y dorent, le soufflent vers les arbustes recourbés du désert de Gobi. Les vagues noires des rochers du cap de Bonne Espérance l'éclatent vers l'Amérique; et les montagnes Appalaches le renvoient sur les montagnes Rocheuses, qui l'expédient dans la presqu'île du Labrador, où il rebondit dans le Groenland. Il traversa l'Atlantique, où flottaient les cadavres des baleines mangeuses d'hommes. La terre le parcourut, du tropique du Cancer au tropique du Capricorne; il fut poisson, algues, fleuve et fumée d'usine. Les grands crapauds verts du Missisipi le saluaient. Il fut respiré par les oiseaux bleus du bord du Nil, respiré par les canards borgnes des bords de l'Euphrate. En lui se gelaient les neiges d'Alaska. Il fut l'anneau de Saturne. Et celui de Jupiter. Il fut le vent des oies sauvages.

Sur terre, à cette époque-là, les grandes villes subirent la même évolution que Rome : d'abord gens et choses s'éclataient dans un jeu, où chacun devenait personne et autre; puis quelques malades se donnèrent l'illusion de rétablir l'ordre. Et chacun de nouveau s'encroûta dans une tâche définie, regrettant amèrement le moment éphémère où il avait joué à l'autre. Certes, toutes les opinions étaient admises, mais il était défendu d'en changer. Ces villes se refermèrent sur elles-mêmes; la plupart, ayant adopté l'architecture inventée par les Romains, se couvraient d'un toit, aérodrome pour les commerces, protecteur des intempéries. Entre les cités protégées de la terre, les animaux investirent l'espace.

Sous le ciel bleu, des colonies de singes remontèrent du Missisipi, sac de bananes au dos, casquettes de golf à la tête. Les mers se gonflèrent vers le Sahara, il y eut d'étranges oasis où se miraient des dauphins. Les lapins de Sibérie, tapant de la patte en cadence, vinrent jusqu'en Iran. Les kangourous d'Australie, mettant des poupées dans leurs poches afin d'accréditer la légende, passèrent l'océan Indien sur des petits ponts sages, envahirent l'Afrique désertée par les éléphants et les doux zébus. Les lions visitèrent l'Argentine. Les arbres eux-mêmes, pourtant habituellement si sédentaires, les tilleuls, les platanes, les baobabs, les érables, les peupliers, sortaient leurs racines de terre, et, claudiquant, se déplaçaient en étirant leurs fondations boisées. Puis les sables envahirent la Dordogne.

Si les hommes gardaient leur sérieux, et imaginaient des théories savantes, les chats, les souris, les musaraignes, les araignées, les zèbres, les éléphants, les taureaux s'amusèrent beaucoup à visiter les cages où des maisons s'abritaient sous des toits. Les grandes autruches changeaient d'œil en tournant la tête pour être bien sûres de ce qu'elles voyaient. Des antennes de radio et de télévision reliaient encore les villes entre elles. Et c'est alors qu'une curieuse information circula.

Oh, ça commença d'une manière très amusante : dans une ville (elles se ressemblaient toutes!) un membre du gouvernement prononçait un discours, et soudain sa feuille, tirée par une force inconnue, s'envola! On rit. Peu de temps après, la même scène se reproduisait dans une autre ville, à ceci près que l'éminent lecteur du discours non seulement perdit ses notes, mais resta une minute suspendu dans le vide, soulevé par cette force inconnue. On rit moins. Bientôt un peu partout sur la terre plate, des choses s'envolaient. Des œuvres d'art rares disparurent des musées pourtant gardés sérieusement. Des vitrines brisées, des statues déboulonnées, des automobiles renversées toutes seules, sans aucune ingérence étrangère. On parla d'un fantôme. Il semait le désordre. Bientôt, il fut partout à la fois; la terreur, puis l'amusement, et enfin l'incertitude angoissée se faufilèrent parmi les entrailles des citoyens du monde. Alors qu'on admirait un costume dans une devanture, le pantalon et la veste en sortaient, s'envolaient, disparaissaient. Des gouverneurs de ville furent retrouvés égorgés dans leurs lits : et pourtant une seule issue, une porte gardée sans fenêtre, protégeait leur nuit.

Invisible, il passait. Volant. Inidentifiable, il jouait. Comme le temps, il s'écoulait.

4

Le 25 juin 1981, Toi descendit du ciel de Rome. Toujours aveugle, elle se déguisa en vieille. Sous son ciel, la grande ville brillait de plus en plus rose, de plus en plus fleurie. Les divers soleils, qui alimentaient sa lumière, barraient toute ombre. Les rues demeuraient cependant toujours gardées par des troupes en armes qui empêchaient les gens de ne pas être eux-mêmes. Qui aurait pu prêter attention à une petite vieille, voûtée, le visage ridé, et sans dents ni yeux? Qui aurait pu penser que la vieille était si jeune? Sagement elle marchait, comme on le fait à cet âge, économisant ses pas. Ses cheveux blancs semblaient aimer le soleil; devant le Capitole un marchand ambulant lui proposa une glace, mais la vieille ne le vit pas. Une canne blanche devançait ses pas.

Elle sortait de la ville, connaissant le chemin. Dehors, sous l'autre ciel, les eaux bleues des marais s'amusaient de vagues. Poussaient des fleurs d'été; thym, sarriette, anis, ciboulette. Les taureaux mâchouillaient des genêts. Les rhododendrons se savaient insolents. Les rats se baignaient. Et les mouettes faisaient les blanches sous le bleu du ciel.

Mais la vieille Toi entendait seulement ses pieds craqueler la terre; ses cheveux blancs aimèrent encore plus le soleil.

Bientôt cette vieille femme voûtée se planta sur la via Appia, non loin de la Colline Coupée.

Une voiture ne tarda pas à passer. Le célèbre taxi conduit par Pinocchio :

– Où vas-tu, vieille mère aveugle?

– Je vais, disait-elle, de par le monde chercher cette force lutine qui joue des tours et dont toute la terre parle : je crois savoir qui c'est. Moi seule, aveugle, pourrais le confondre.

– Et moi, disait Pinocchio, je vais de par le monde chercher mon maître, celui qui m'a, il y a bientôt deux ans, loué cette voiture, et qui s'est évanoui dans l'atmosphère. Je le cherche pour lui réclamer l'argent qu'il me doit. Je pense que nous cherchons la même personne.

– Certes, il me semble à moi aussi. Mais ne le nommons pas. Si nous le nommions, il risquerait de surgir, et nous priverait de la joie de sa découverte.

– C'est aussi mon avis. Montez, vieille aveugle, dans la voiture, et cherchons cet être de concert.

Elle monta, la vieille. Toi ne comprenait pas bien pourquoi elle voulait tant retrouver Nabucco. Le fait est qu'elle se maquilla en vieille parce qu'elle ne supportait plus que Nabucco soit devenu une forme indéfinie et immortelle, semblable à elle.

Ainsi allèrent-ils, Pinocchio et Toi, par hasard vers Paris, où ils ne savaient pas qu' « il » se trouvait.

Pinocchio conduisait de main de maître : jamais personne n'aurait voulu croire qu'il n'était qu'un pantin de bois. Avec ses culottes courtes et rouges, retenues par des bretelles sur sa chemisette jaune ornée d'un nœud papillon bleu, avec son petit chapeau jaune à plume rouge, avec son long nez, ses yeux bleus et ses joues roses, il avait vraiment l'air d'un grand garçon; et volontiers, une vieille dame lui aurait donné un bonbon sans confession. Mais Toi n'avait pas de bonbon.

La voiture n'ayant pas de volant (pourquoi faire grands dieux!), quand se présentait un virage, l'audacieux conducteur arrêtait ce tracteur, descendait, orientait à la main les roues dans l'axe nouveau de la route, remontait et fouettait son cocher. D'autre part la voiture ne possédait pas de frein, et l'homme de bois devait sauter en marche pour délicatement placer sous les pneus des petits cailloux adéquats, qu'il gardait en secret dans sa poche. D'ailleurs, était-ce une automobile? Ayant oublié, dans sa précipitation, le moteur de cette traction dans un garage, Pinocchio se trouvait dans l'extrême obligation de faire avancer la carrosserie en marchant, ses pieds caressant la route par un trou creusé dans le plancher.

Mais l'aveugle Toi, dans le gris, le marron, le blanc et quelquefois le jaune pâle qui entouraient ses yeux, se croyait dans une voiture ordinaire. Le jeune Pinocchio entretenait la conversation :

– Chère madame, que faites-vous dans la vie d'ici bas?

Le cœur trop usé de la vieille s'effrita un brin : elle crut reconnaître une intonation de voix familière. Néanmoins elle répondit, très sincère :

– Oh vous savez, j'existe si peu, monsieur : rien qu'un nuage dans une tasse de thé!

– Vous avez bien raison, ma chère. Moi-même je ne suis qu'un pantin de bois. Mais voilà : où s'arrête et où commence le commun des mortels?

Tassée sur le siège avant, la vieille voûtée soupira ses poumons pleins de toiles d'araignée : cette conversation lui semblait digne d'un grand inintérêt; et devra-t-elle la subir jusqu'au bout du monde?

Mais le chauffeur continuait :

– Excusez-moi, chère madame, il faut que je négocie un virage.

Les jambes de bois sautèrent de la voiture roulante, les mains de bois pincèrent quelques cailloux de poche, les enfilèrent sous les roues : la voiture cahota, s'arrêta. Pour bloquer les pneus, il avait autrefois utilisé du pain, mais les oiseaux le mangeaient. Il pivota les pneus vers la gauche et remonta faire le moteur.

Durant ces délicates opérations, Toi resta songeuse. Cette prétention, cette maladresse : pas possible, c'est Je, ce Pinocchio! ou du moins si ce n'était point Je, ce sera un autre Je, tout aussi nuisible. Elle ouvrit l'œil : y dansaient des alvéoles noires. L'autre continuait à faire des phrases en bouche :

– Vous êtes sans doute étonnée de ma composition. Effectivement je suis un pantin, mais un pantin articulé. Chacun sa personnalité, voyez-vous?

5

Mais Toi ne voyait rien. Elle a peut-être eu tort de s'habiller en vieille. N'allait-elle pas devenir la mère qu'elle n'avait jamais eue? Ne voulait-elle pas montrer à la « chose invisible » qu'elle était trop vieille pour se croire aimée de lui? Afin qu'il lui fiche la paix de ses assiduités? Pour se débarrasser de ces interrogations, elle imagina le paysage, et, sûre de la réalité de ses rêves, décrivit à haute voix les lieux où devait passer la voiture :

– Nous arrivons à Gênes : le port, les grues métalliques, les pavés, les rails des trains de marchandises, les grands hangars, les docks, les bateaux, cette longue ville coincée entre la montagne et l'eau, et puis ce sera Savona, Bordighera, San Remo, ces rochers jaunes, qui coulent jusqu'au fond de la mer bleue, et ces agaves, ces mimosas, ces eucalyptus, ces villas roses, qui reflètent le soleil, habitées par la bourgeoisie italienne de Turin, de Milan.

– Oui, madame, disait gentiment le bon Pinocchio.

Mais les yeux de bois de cet inquiétant garçon ne voyaient

pas du tout ce que racontait la vieille aveugle. Pour lui, la voiture roulait péniblement dans une forêt de pins parasols, aux écorces rugueuses, creusées de tortures béantes; des milliers de cigales assourdissaient l'air trop chaud.

Pinocchio aurait tant voulu suer, pour montrer sa fatigue de sans cesse descendre, caler les roues, les braquer dans une autre direction, remonter, pousser la voiture de ses pieds qui dépassaient. Mais il restait de bois, frais comme une rose, gentil comme un gardon! Et quand il s'escrimait à rouler la voiture, il aurait tant rêvé que le vent de la vitesse soulève son chapeau, mais ce chapeau restait solidement cloué à son crâne de bois! Il se donnait des coups pour décapiter ce couvre-chef, que le vent l'emporte! Impossible même de pleurer de rage! A-t-on jamais vu un pantin qui pleure? Et les cigales, kseu, kseu, le prenant pour un arbre, se collaient à lui, avec leurs petites moustaches et leurs ailes bleues; et ça faisait un bruit d'osselets!

On roule vite! Les os de Toi se choquaient les uns sur les autres, ses vieux os. Elle était vraiment devenue vieille, sans possible retour! Elle toucha ses mains, y sentit des taches brunes. Pourtant le soleil chauffait ses yeux. Elle continuait à imaginer le monde, Toi; pauvre petite Toi vieille :

– Le soleil, disait-elle, oh nous sommes sur la montagne au-dessus de Nice, sur la grande corniche, ça sent les fleurs des poivriers, et l'orange, et le citron, tant de fleurs partout, et, plus bas, la mer, entre les maisons blanches, on y voit les petits poissons dedans, tiens bien ton volant, Pinocchio, le soleil se reflète sur les vitres brûlantes, figuiers de Barbarie, oliviers, lavandes, thym.

– Oui, madame, disait gentiment le bon Pinocchio.

En vérité dans les yeux de bois de Pinocchio, le ciel vibrait noir d'orages frémissants. Puis les pluies fouinèrent dans les abîmes de la terre. Et les éclairs creusaient la montagne sauvage si haute que le ciel noir se déchirait en tonnerre à ses crêtes. D'étranges reptiles se vautraient sur le sol : de gros lézards noirs, des varans, des crocodiles pâles. Quelques Ptérosauriens abattirent leurs ailes noires sur la voiture apeurée. De la boue, sortaient, en bruit de succion, des têtes de diplodocus, de dimorphodons. Les pieds de Pinocchio s'enfonçaient dans la vase; il soulevait la voiture ruisselante, avec dedans la vieille heureuse de soleil. Il aurait tant voulu sentir les gifles des eaux, mais son visage de bois demeurait sans brûlure, rose et frais, bien peint; ses culottes rouges ne se déchiraient pas. Pourquoi suis-je inaltérable?

Plus tard, ce fut le soleil, le sable et le désert. Pinocchio marchait toujours. Il ne suait pas. On aurait dit qu'il ne traversait nulle souffrance. Les bras écartés, il portait toujours la voiture, conduisait bien. Il aimerait bien avoir des sentiments vibrants, le pantin!

La vieille continuait de délirer, se fiant aux lumières de ses yeux aveugles pour magistralement décrire le monde :

– Nous sommes en France, sur l'autoroute du Sud. Y vaguent quelques nuages. Nous voyons des villages, lointains. Beaucoup d'arbres peuplent la campagne. Nous avons dépassé Lyon; souvent nous croisons des postes d'essence, des resto-routes. Et ça roule, les voitures succèdent aux voitures.

– Oui, madame, répondait gentiment le bon Pinocchio.

En vérité dans ses yeux de bois, il n'y avait que du sable, et plus loin encore du sable, régulièrement planté de poteaux télégraphiques de bois droits vers le ciel. Sans discontinuer, les jambes de Pinocchio piétinaient les grains innombrables. Il traînait la voiture et la vieille, depuis des milliers de kilomètres, mais ses joues étaient bien peintes comme s'il sortait d'un musée! Ils dépassaient le deux cent douzième poteau.

Rapidement, ils croisèrent la façade toute nue d'une mairie.

Un jeune homme, un couteau à la main, criait : « Je vais vous marier! » Et l'autre folle qui disait, tout doucement, dans les petites taches rousses qui bâtissaient sa vue à l'intérieur de ses paupières sourdes :

– Nous sommes sans doute vers Orly. Le ciel est gris. S'envolent des avions au loin. L'autoroute, maintenant à huit voies, bientôt à seize voies. Bientôt Paris.

Ils dépassaient le deux millième poteau, quand une masse d'arbres apparut à l'horizon bleu. Ah Paris! hurla Pinocchio dans sa cervelle de bois.

6

Parce que, contrairement à ce qu'on croit, en 1981, Paris existait déjà. Oh réalité, que de crimes a-t-on commis en ton nom!

Ainsi Pinocchio et la vieille pénétrèrent dans la jungle des faubourgs de Paris. Le ciel se cacha aux yeux des mortels, tant les branches des arbres se tressaient étroitement au-dessus des têtes; on pataugeait gaillardement. Des écrevisses et des langoustes géantes grimpaient le long des troncs. Où que l'on mette le pied, le sol se dérobait : en surgissaient des taupes vertes. Dans l'étouffement des feuilles roses, il fit bientôt très sombre. Des têtes de cigognes prolongeaient les ventres des singes, on faillit mourir! Et tous les oiseaux du monde se donnaient la main. Des perroquets borgnes comptaient à voix haute le nombre des hippopotames : des hippopotames à cornes, des hippopotames à bec-de-lièvre, des hippopotames à œil-de-perdrix, des hippopotames gris pour les vagues à l'âme, des hippopotames bleus qui se pensaient poissons. Des singes lançaient des noix de coco, des singes sans poils, des singes avec des lunettes, des singes avec des pantalons et des barbichettes. On riait beaucoup avant de mourir noyés par les marécages où trop de sangsues aiguisaient leurs couteaux. Le ciel fut à deux mille lieues sous la terre. Et voilà qu'entre deux lianes, apparut Paris.

La ville, comme ses consœurs, s'enfermait, recouverte d'un toit, protecteur des saisons et support de son aéroport. Paris s'entourait d'un mur, aussi. Si bien que c'était tout fermé. Par une des portes, moyennant quelques pinces d'écrevisse, on pouvait entrer.

De prime abord, l'œil (celui de bois de Pinocchio? celui aveugle de Toi?) ne saisissait qu'un entassement de maisons grises, aux volets clos, entre lesquelles chaque rue n'offrait que quelques moitiés de mètres...

Mais vite, on savait qu'une subtile organisation engendrait ce paysage. De Montmartre aux bords de la Seine, de Montparnasse aux autres bords de la même Seine, des collines de Passy au centre ville, et des hautes tours de Vincennes au cœur de la Cité, les maisons se dégradaient en escaliers, comme les gradins circulaires d'un cirque. Toutes les fenêtres, progressivement descendantes, s'orientaient vers la piste : une île au milieu de cette arène. Débarrassée des absurdes monuments policiers qui l'habitaient aux siècles précédents, l'île de la Cité se donnait, au milieu des regards superposés sous le ciel gris, l'allure d'une piste de sciure, illuminée de projecteurs. Y tournaient des chevaux enrubannés de plumets rouges. Oh, sous les doux claquements de la chambrière, ils tournaient, douze chevaux, lentement, sabots tapant sur les rebords de bois de la piste, montaient leurs dos, descendaient, les caressait la chambrière, volaient des petits bouts de sciure, oh oui, ils tournaient, les chevaux.

7

Doucement, la vieille donnait le bras à Pinocchio le preux. Ils se perdaient dans les ruelles, sous la verrière grise du toit de Paris, tenue par des croisillons recourbés comme des feuilles. Ils descendaient les Champs-Élysées tels des Rois : un minuscule chemin pavé entre les maisons lézardées. Par les rares trous entre les pierres, on pouvait apercevoir, plus bas, les chevaux galopant sur la piste centrale.

L'aveugle, sans doute riante, radotait allégrement, pour que Pinocchio la croie toujours aveugle :

– Oh les Champs-Élysées! Des dames en crinoline saluent des hommes à moustaches. Il fait bon s'y promener. Ça sent le crottin et le muguet. Entre les arbres, des demi-mondaines dansent le French-cancan.

Le visage de rides de la mère Toi tombait sur l'épaule du pantin rutilant; elle se rêvait des amertumes.

En ce temps-là, pour résister à l'ordre macrobiotique du Dictateur de Paris les habitants se costumèrent en arbres. Toi et Pinocchio se promenaient donc dans une forêt qui bouchait les rues étroites.

Les ouvriers typographes, les bouchers, les modistes, les arpenteurs, les pâtissières, les professeuses de philosophie et d'autres spécimens s'étaient coiffés de petits bonnets d'où s'effilochaient des branches de carton et des feuilles de papiers crépons – feuilles de peupliers froids, d'érables vénérables, de palmiers poussiéreux, de saules pluvieux, de cyprès ensoleillés, de hêtres pensifs – et avaient revêtu leurs corps de tuyaux en contre-plaqué – des troncs aux écorces vivantes qui sentaient la résine fraîche et la terre mouillée.

Ainsi s'entassaient-ils dans les rues, sous ces déguisements, cahotant sous leurs feuillages, s'emberlificotant dans leurs branches, se coinçant les troncs entre les maisons grises bousculées par ces forêts. Les branchages se mélangeaient, les femmes, les hommes, sous leurs masques, inconnus, riaient. Quelques-uns fleurissaient vraiment.

Pour contrer ce jeu marrant, les policiers s'étaient déguisés en oiseaux. Et, sur les arbres circulant difficilement au creux des chemins rétrécis, des éperviers, des moineaux, des rossignols, des perroquets, des coqs, sautaient de branches en branches, écrasaient les feuilles, tentaient d'aligner les troncs. Un ou deux se posèrent sur le nez de Pinocchio, se disant :

– Quel original mimosa que ce monsieur!

– Mon ami, soupirait Toi, vous ne m'aviez point dit que nous étions dans un bal masqué : en quoi suis-je déguisée?

Mais voilà que sur cette grande rigolade de pluies, d'arbres et d'oiseaux, la perturbation vint souffler.

Oh, comme toujours, cela se manifesta d'abord bien sagement. Il volait, invisible, voyant ces forêts vertes d'hommes et de femmes qui se frayaient difficilement un chemin entre les fenêtres grises. Et un souffle coucha les feuilles des bouleaux, des saules, des cèdres bleus, des chênes; et les troncs tremblèrent; et dedans, les cœurs se mirent à battre. Il revient. Les branches de carton craquèrent; les troncs se jetèrent à quatre pattes.

Soudain un oiseau s'envola : horreur! Un perroquet, tout vert, le bec rouge, pendu par les pieds, montait, soulevé par ce « quelque chose », vers le ciel de la ville, les bras écartés, perdant les bouts de papier de ses ailes.

Il criait, l'oiseau :

– Je ne sais pas voler, sais pas voler!

Au niveau du ciel peint sous la coupole du cirque, l'Invisible lâcha sa proie, qui retomba, essayant de voler. Mais un oiseau peut-il voler? Dans ses yeux, les forêts des arbres devinrent de plus en plus proches et menaçantes. Il s'écrasa, l'oiseau, dans un caniveau en pente; l'eau de pluie dégoulina du sang et des plumes de soie, jusque dans la sciure de la piste. Il y eut grande panique parmi les arbres quand soudain une vieille folle aveugle, qui ressemblait à brindille sèche, pointa son doigt vers le ciel :

– Nabucco!

Car, dans ses paupières intérieures, Toi avait vu un squelette en tous points semblable à celui qui vivait au cœur d'une colline de Rome. Elle attrapa les mains de son pantin, son compagnon de jeu, et, avec ces bouts de doigts en bois, saisit le pied du squelette. L'invisible se débattait. Avec ses dents le pantin déchira le vent à goût de nylon.

Alors, du vide, naquit, devint visible, le corps d'un enfant de sept ans, tout blond. Et la vieille criait toujours :

– Nabucco, Nabucco!

Le montrant du doigt, voyant son squelette.

Et c'était comme si, pour cette seconde naissance, la vieille était la grand-mère de Nabucco, le pantin son grand-père. Ils ligotèrent l'enfant, et, courant les ruelles, bousculant les arbres qui piétinaient entre les maisons, jetant un dernier regard aux lointains chevaux blancs qui tournaient dans la piste, ils sortirent du chapiteau du cirque de Paris. Se retrouvèrent dans la forêt vierge.

Ils montèrent sur l'éléphante blanche Rosa; et s'enfuirent.

8

Au loin, le cirque de Paris disparaissait sous les arbres. Rosa était une gentille éléphante très bien élevée par une vieille dame du nom de Babar; la pachyderme marchait sur la pointe des pieds, de peur de casser les porcelaines. Et levait bien la trompe pour écarter les feuillages des Pois de Senteur. Sur les branches de ces fleurs, des renards, des léopards, des vipères, des petits béliers saluaient le soleil, sous la pluie.

Pinocchio, le pantin, dirigeait la puissante marche de l'éléphante blanche, en lui tapant sur la tête. A gauche quand il fallait aller à droite, et vice versa : les éléphants font toujours le contraire de ce qu'on leur dit! C'était le pays des singes perpétuels.

Mordillant leurs poils sur la crête des fleurs géantes, les babouins montraient de leurs doigts boueux l'enfant sur l'éléphant. Qui que voilà? C'est Nabucco! Son grand-père est de bois, sa grand-mère est aveugle!

L'enfant ligoté, sur le dos de la bête rose, regardait le miroir que l'aveugle lui tendait; il y voyait un enfant blond et maigre. Comme il n'y avait personne derrière lui, ça ne pouvait être que lui. Ainsi, Pinocchio, son créancier, avec l'aide d'une sorcière, l'avait retrouvé. Et maintenant, il lui fallait payer. Et rejoindre son père! Et mourir pour renaître encore! Nabucco se mit à pleurer. Mais l'aveugle au miroir devina son astuce diabolique :

– Ne pleure pas, Nabucco. Tu pleures pour brouiller tes yeux. Tu n'oses te regarder dans un miroir. Nabucco, c'est toi que tu vois là.

Et Nabucco se disait : ce n'est que moi, ce n'est pas un arbre.

Après le pays des singes, ce fut celui des maisons-arbres. Si les habitants de Paris se déguisèrent en arbres, les arbres se déguisèrent en maisons. Des fenêtres se taillaient dans les bosquets, on accédait aux branches par des escaliers de bois. Entre quatre arbres minces, les feuilles formaient des planchers, ravissants appartements où il ferait bon venir manger du saucisson. L'éléphante levait bien la trompe. Enfin on arriva devant un grand arbre, d'au moins vingt mètres de circonférence, comme formé de cinquante-trois pattes d'éléphants gris. En haut de ce cylindre, le tronc était horizontalement coupé, offrant une petite scène, entièrement recouverte d'une voûte de branchages amoureusement enlacés.

– Voilà notre maison, dit le Pantin.

– Oh, monsieur, est-ce donc là votre castel? s'étonna la vieille, qui voyait, dans le blanc de ses yeux, ce grand château fort crénelé de tours austères, au bord de la mer. Ils accédèrent au donjon par une échelle toute fleurie de feuilles de nénuphar. N'ayant plus de miroir devant lui, Nabucco put enfin pleurer, pour essayer, non sans peine, de s'oublier.

Or volaient les oies sauvages.

9

Il pleuvait toujours, mais les feuilles de la voûte des branches calmaient les fureurs des gouttes. Ainsi Toi était devenue une méchante vieille grand-mère des contes de fées rousses, qui ferait tout pour obliger l'enfant à mourir. Voulait-elle se débarrasser définitivement de Nabucco, en l'envoyant se faire voir dans d'autres temps, persuadée que, tant qu'il vivrait, elle dépendrait de lui? Maquillerait-elle ce rôle de grand-mère pour ne plus jamais être sa prétendue mère ou sœur? Ils s'installèrent, la vieille, le pantin, et l'enfant-mort-né, sous les branches de leur nouvelle maison. Dans ces frondaisons se trouvaient, pour les recevoir, trois petits lits (un grand pour Pinocchio, un moyen pour l'aveugle, un petit pour l'enfant), trois chaises, une table, un fourneau et un bidet.

Il y avait aussi un paravent. Ce nécessaire ustensile permettait de diviser la scène en plusieurs pièces, offrant ainsi aux personnages la possibilité de nouer, de trancher les liens des intrigues.

Goutte par goutte, on entendait la pluie savamment se poser sur la pointe des pieds au cœur de chacune des feuilles.

Quand on écartait les branches qui voûtaient cette grotte, on avait l'honneur d'admirer les maisons-arbres d'alentour, et les herbes marécageuses qui en constituaient dangereusement le sol; des singes habitaient ces huttes; des rhinocéros broutaient tranquillement autour de ces troncs bruns. La pluie semblait ne chercher nulle envie d'arrêter sa chute : grandes eaux lui fassent!

Un lendemain matin quelconque, Pinocchio, à l'aide du paravent, s'enferma dans une pièce avec Nabucco. Depuis sa reconnaissance et son enlèvement, l'enfant se taisait, ayant beaucoup de mal à penser qu'il devait mourir, tant voir son visage dans un miroir lui paraissait invraisemblable. Quant au pantin, il restait, des heures, immobile comme si on lui avait coupé ses fils. Maintenant, devant Nabucco, soudain il s'agitait. Et l'enfant-né, de regarder cette agitation, agita ses yeux; et d'agiter ses yeux, agita son esprit.

– Monsieur, dit Pinocchio.

Nabucco écoutait avec beaucoup d'oreille, prêt à répondre à l'audace de son ravisseur, qui, grandiose, lui tint ce langage :

– Monsieur, sachez que le moment est venu de me payer. Vous me devez quatre cents millions de lires italiennes, soit : vingt-quatre éléphants, cinquante-deux girafes, deux cent quatre-vingt-quinze lions, huit cent douze panthères, deux mille lapins et un rat. Tant que vous ne m'aurez pas payé, vous ne sortirez pas d'ici.

Nabucco avala sa salive. Quand cette salive eut bien huilé ses cordes vocales, il commit quelques accords pour être dans le ton, puis chanta à l'étonnant adversaire :

– Monsieur, je ne possède point cette somme, ni de tels animaux, qui, j'en suis sûr, feraient une belle arche de Noé. Et si vous me retenez prisonnier ici, jamais je ne pourrai réunir ce que je vous dois. Pour que je vous paye, vous faites en sorte que jamais je ne puisse vous payer.

– Monsieur, répondit le pantin, je n'entends point de telles fausses raisons. Je sais très bien que si je vous laisse partir pour que vous puissiez me payer, vous fuierez, et jamais ne me payerez. Je maintiens mon marché. Payez, ou restez ici, prisonnier. Ceci dit, cette conversation est close. Je vais préparer la bouillabaisse.

Pinocchio avait dit ça pour se draper dans une dignité inflexible : il ne savait point quels ennuis cette phrase déclencherait. A vrai dire, ce pauvre Pinocchio ne se colorait plus de la rutilance de sa peinture d'antan : son nez long s'était cassé de travers; les bords de bois de son chapeau partaient en plaques de mauvaise planche. Mais il gardait sa superbe, et plaça le paravent entre lui et l'enfant captif, le foutant ainsi dehors de ses appartements.

Imaginons la joie de Nabucco. Ce merveilleux Pinocchio, son fidèle compagnon, tout en faisant mine méchante, venait de lui sauver la vie : en effet, s'il ne pouvait partir qu'après avoir payé, tout en ne pouvant payer qu'après être parti, il demeurerait prisonnier toute sa vie : ne pourrait en aucun cas aller mourir à l'ère secondaire, avant sa naissance! Si vous voulez l'immortalité, ne remboursez jamais vos dettes! Il voulut embrasser Pinocchio, pour le remercier de ce don merveilleux, mais se heurta au paravent! Il remercia le paravent. Après tout, comme son ami, il restait de bois, ce gentil paravent.

10

Il chantait, l'enfant. Et de plus chantait juste. Ce qui semblait complètement inutile, sa grand-mère étant aveugle. Il sautait, aussi, l'enfant. Et de plus il sautait haut. Ce qui devenait idiot : il se cognait aux branches. Pour ne pas être si joyeux idiot, il se balança sous les rameaux; il rigolait, plus heureux qu'un bouchon dans l'eau. Inutile de dire qu'une branche se craqua et qu'il tomba le cul sur le tronc. Il pleura au cas où il aurait mal. Puis vérifiant qu'il n'avait pas mal, il pensa qu'il ferait bon de continuer d'émettre des larmes pour se faire consoler par sa grand-mère, qui justement se trouvait dans la même pièce que lui.

Au moment de s'asseoir sur les minuscules genoux de la vieille, l'enfant gai hésita. Il ne pleurait pas pour rien! Souviens-toi, Nabucco, disaient les larmes. Douces, elles coulaient sur ses joues, y laissaient des dessins. Souviens-toi, Nabucco, chantaient les larmes : une petite fille...

Alors l'enfant, le cœur en eaux, s'agenouilla devant la vieille aveugle, lui prit les mains. Nabucco regardait ce visage où les rides marquaient des ruelles perdues entre des maisons serrées. Et ces deux yeux blancs où rien ne tournait.

La pluie n'arrêtait pas de descendre sur les épaisseurs protectrices des feuilles enlacées.

– Oh, grand-mère...

La vieille aveugle toucha les yeux de l'enfant, pour savoir s'ils la regardaient.

– Oh grand-mère, je voudrais te parler de Toi.

– De moi?

– Non, de Toi. Une petite fille que j'aime...

De l'autre côté du paravent, sous les mêmes feuilles, Pinocchio se grattait la tête. Dans son infinie bonté, il avait promis une bouillabaisse à ce mignon petit poucet. Mais où trouver une bouillabaisse dans ces parages? A force de gratter, la peinture de ses cheveux disparaissait. Heureusement qu'il avait toujours sur lui des petits pots de peinture pour redevenir sans cesse le gentil Pinocchio, adoré des enfants, des vieilles et des rats. Où trouver, dans ce pays de sauvages, les Rascasses, les Congres, les Vives, les Saint-Pierre, les Grondins, et les Étrilles pour le fond de sauce? Et les Moules, les Seiches et les Supions? Sans parler des Tomates, des Oignons, et l'Huile d'Olive, et le Thym, le Romarin? Quelle tristesse! Et surtout, où trouver le Safran? Ce brave Pinocchio s'assit sur sa chaise. C'est tout juste si elle cassait pas, tant il avait peine. On sait combien les chaises compatissent.

Le pauvre vieux pantin écarta le rideau d'arbre de sa maison, essaya de trouver la solution. Mais dehors, à part les singes qui mangeaient des bananes, à part les rhinocéros qui, comme chacun sait, n'aiment pas la bouillabaisse : rien! Oh si : la pluie! Mais c'est pas cette pluie-là qui va apporter la Rascasse qui remue encore la queue! Pinocchio espéra un miracle. Se fabriqua une canne à pêche, on ne manquait pas de bois, et laissa tomber dans l'herbe un vague fil avec un pauvre hameçon. On sait jamais. Peut-être, maintenant, les Rascasses et les Grondins et les Congres, ils vivent dans l'herbe. Mais, pauvre de Pinocchio! Son hameçon sous la pluie rouilla, et personne pour le mordiller, lui redonner un peu de vie. Seul un rhinocéros vint un moment le renifler. Faire une bouillabaisse avec un rhinocéros? C'est plus une bouillabaisse, et Pinocchio ne tient plus sa parole à Nabucco! Ou alors c'est plus un rhinocéros, et Pinocchio ne croit plus ses yeux! D'ailleurs le rhinocéros partit brouter ailleurs, battant la queue en cas de mouches. Il n'y avait pas de mouches. De toute façon, les mouches sont inacceptables dans la bouillabaisse.

Pinocchio rengaina ses outils. Et recommença à se creuser la cervelle. Enfin, le pauvre pantin prit son courage à deux mains, déplaça le paravent, se trouvant ainsi dans la même pièce que la vieille et l'enfant, leur disant :

– Dites, en fait de bouillabaisse, vous voulez pas des patates douces comme tous les autres jours?

Mais la scène qui se planta dans ses yeux peints lui pinça une épine de rascasse dans le gosier : l'enfant et l'aveugle se regardaient, immobiles et glacés. Penaud, le nez entre les pattes, Pinocchio remit le paravent entre lui et eux, restant seul dans l'angoisse de sa cuisine.

11

Quand la vieille entendit le mot « Toi » sortir de la bouche de Nabucco, son cœur reçut des plombs. Longtemps déjà qu'elle n'était plus la petite Toi, et sa peau de vieille l'avait tant habillée qu'elle s'y croyait. Alors ce mot, « Toi », la décapita. Oui, elle s'appelait Toi, une petite fille. Alors elle serra les mains du jeune enfant; et jetait les huîtres sèches qui lui servaient d'yeux vers la direction supposée du regard de Nabucco afin qu'il puisse découvrir sur elle le visage de Toi.

Mais, sous les arbres mouillés, Nabucco ne pouvait pas savoir le nom de l'aveugle. Et Nabucco continuait à parler d'elle :

– Oui, grand-mère, j'ai fait souffrir une petite fille. Je l'ai fait souffrir avant de naître, quand je croyais qu'elle était ma mère; ta fille, peut-être! Je l'ai fait souffrir après ma naissance, l'obligeant à m'aimer par tous les moyens possibles, y compris celui de refuser qu'elle m'aime. Je l'ai fait souffrir en voulant dépendre d'elle : mon amour!

Dans le cœur de Toi, les cigales disaient kseu kseu kseu. S'enfonçaient durement dans ses veines les aiguilles des pins. Oh ciel, dans la chambre ciselée de dorures du château où elle imaginait vivre, elle entendit les miroirs se briser, lui blesser son œil dur. Elle serrait, à les casser, les mains de Nabucco, qui voyait cette vieille devenir de plus en plus sa grand-mère.

– Oh mamé, écoute-moi. A qui je peux dire tout ça, si ce n'est à toi? Oui, la petite Toi, maintenant, je la fais souffrir encore plus en te disant cela : car je m'imagine qu'elle est triste, qu'elle est malheureuse, qu'elle me déteste, donc qu'elle pense encore à moi, qu'elle dépend encore de moi. Tu comprends, petite grand-mère?

Et l'aveugle sentait les mains de l'enfant planter des épines dans ses vieilles mains.

– ... Oh tu comprends : je ne peux pas m'empêcher de penser qu'elle me hait, qu'elle passera sa vie à me prouver sa haine, et que je serai donc la raison de son existence.

La vieille essaya d'arracher son visage; mais sa peau ridée tenait à son squelette. Et, l'arrachant, que montrerait-elle à l'enfant? Son propre crâne nu? Le déguisement lui tenait vraiment dans la peau. Elle avait quatre-vingts ans, la fillette!

Et l'enfant plongeait sa tête dans les jupes de la vieille. Ça sentait le pipi fané.

– Oh mamé, vieille mamé : pensant à elle, ainsi, je ne peux que la faire encore souffrir!

La vieille aveugle se levait, tendait la main, attrapait une feuille, sans doute un bouquet de fleurs dans cette chambre blanche et dorée du donjon du château. Elle s'étonnait, d'ailleurs, du nombre de plantes qui ornaient cette chambre : chaque fois qu'elle ouvrait la main, elle tombait sur les fruits d'un vase. Elle fit quelques pas : le château se trouve certainement au milieu d'un parc, ça sent les feuilles mouillées. Elle tâtonna dans le gris de ses yeux, et sa main rencontra la joue de celui qui se croyait son petit-fils.

– Nabucco, Nabucco, disait-elle...

Et sa voix se coupait, pleine de roses. L'enfant étouffa de baisers les doigts d'argile de sa grand-mère :

– Oh, mamé, écoute : tu le sais, je suis condamné à rester ici. Heureux de ne pas mourir. Mais ma vie, à quoi sert-elle, puisque je ne peux pas oublier Toi? Oh je voudrais tant lui demander pardon. Je voudrais tant la revoir une dernière fois, pour être sûr qu'elle ne m'aime plus et qu'elle ne dépend plus de moi. Pour la regarder en face sans y lire aucun regard.

Et la vieille touchait Nabucco, ses yeux verts, ou bleus, ou rouges, qui sait? Et pouvait-elle dire, maintenant, à l'enfant : « je suis Toi », sans qu'il comprenne qu'elle ne pouvait plus se passer de lui? Elle tombait assise, encore, renversait sa tête en arrière, regardant sans le voir le plafond où – croyait-elle – des anges jouaient de la flûte. On entendait d'ailleurs cette flûte, comme le bruit de l'eau sur des feuilles. Elle était venue pour le haïr, et en cela brûlait ses mains au fer rouge.

Et Nabucco se tordait la tête dans les vieilles jupes, sous le vert des feuillages, tâtait les seins tombants.

– Oh, vieille mamé : il faut qu'elle vienne. Moi, de ma vie, je ne pourrais sortir de ces arbres, au risque de mourir et de devoir renaître. Il faut qu'elle vienne pour que je ne pense plus qu'elle pense à moi. Mais si elle venait, elle penserait à moi. Oh je ne peux plus vivre comme ça!

Et les pluies tombaient sur les épaules de l'enfant. Il voulait mourir pour être sûr que Toi l'oublie, mais ce criminel de Pinocchio l'empêchait de mourir. Il se levait. Et la vieille ne savait plus où il était :

– Toi, Toi, je ne veux plus que tu te souviennes de moi. Va-t'en!

Où pouvait-elle aller la vieille aveugle, perdue dans des lieux qu'elle croyait autres? Ces paroles lui arrivaient comme des fouets. Nabucco sautait sur sa grand-mère, lui pétrissait les jupes comme s'il voulait les attendrir :

– Oui, grand-mère : il faudrait qu'elle vienne sans venir. Par exemple qu'elle vienne déguisée et que je ne la reconnaisse pas. Et que je lui dise tout ce que je t'ai dit. Alors elle enlèverait son masque, et apparaîtrait, complètement indifférente, comme si, au lieu d'être aveugle, elle était sourde, se moquant complètement de mes propos.

La vieille sentait les lanières de cuir lui brûler les paupières, les seins, le haut des cuisses. Elle se tapissait sur elle-même, se protégeant des mains, des pieds, comme pour les offrir aux coups. Pourquoi avait-elle tant besoin de tout faire pour haïr les hommes?

Même sans yeux, elle n'y verrait pas plus clair. Elle s'imagina se trouver dans un piège de branches qui lui empêchaient toute sortie.

Quant à Nabucco, au fond, il avait tenu toute cette conversation avec sa grand-mère pour ne pas penser à ce qui le préoccupait le plus : rester ici, oui, mais Je? Cet ignoble compagnon de sa vie n'allait-il pas le rechercher? A chaque instant, il craignait de le voir surgir; et, maintenant, il écartait les feuilles de sa prison, regardait l'horizon des arbres, des herbes, des singes, des pluies et des rhinocéros, ne prêtant nulle attention aux convulsions de l'aveugle qui s'amusait comme elle pouvait. Qui sait si les rhinocéros n'étaient pas Je? S'il ne se cachait pas parmi les singes? Derrière les feuilles? Oh oui, il allait surgir, avec sa bouche trouée d'un sourire élégant, dire : il est l'heure. L'enfant se cachait derrière les feuilles, espérant que ces barreaux de prisons soient vraiment des chaînes qui le retiennent en vie. Derrière sa cage de bonheur, il regardait le ciel de l'automne où volaient les oies sauvages...

12

Toutes ces plaisanteries de famille n'arrangeaient pas le problème de la bouillabaisse. La vieille et l'enfant allaient avoir faim, et pas étonnant qu'ils se fâchent! Le pauvre Pinocchio avait beau tous les quarts d'heure se repeindre le bois avec ses pinceaux, pour avoir l'air présentable, le quart d'heure d'après c'était à recommencer, tant il se grattait la tête avec cette histoire de bouillabaisse! De l'autre côté du paravent, on entendait des engueulades, des grincements de dents et de gencives. Quand on a faim, on crie dans les familles, c'est bien connu.

Il avait cherché partout, le pantin; il avait retourné les feuilles. Mais, pauvre, pas la queue d'un poisson. Il aurait pu pleurer qu'il en aurait pleuré. Mais un pantin pleurer, ça ferait pas rire!

Les heures tournaient autour de la terre. Et le ciel se faisait plus mauve. Ce qui n'empêchait pas la pluie de tomber. Pourtant, toute cette pluie, ça devrait créer des fleuves, des mers, et des Rascasses, et des Grondins, et des Congres. Et puis, pas question de se tuer : une balle de revolver sur du bois, ça fait ploc, c'est tout. A bout d'angoisses, le grand-père pantin invoqua le ciel. Il était si gâteux qu'il disait tout haut :

– Si j'étais le Bon Dieu, moi, je me donnerais une Rascasse!

Et voilà, soudain, qu'entre les branchages, sous les feuilles, quelque chose remua, et tomba sur la table de la cuisine : une rascasse! Une rascasse descendue tout droit des mers du Ciel! Le vieux pantin resta de bois, mais quelle émotion dans le bois!

C'est peut-être un hasard idiot, pensa-t-il; et il recommença l'expérience.

– Si j'étais le Bon Dieu, moi, je m'offrirais une autre Rascasse!

Et plaf, une autre rascasse tombe! Et de « Bon Dieu » en « Bon Dieu », tombèrent du plafond de feuilles tressées : des Saint-Pierre, des Grondins, des Rougets, des Congres, des Vives, des Merlus et des Colins, tous les poissons du Paradis! Et des Tomates, des Têtes d'Ail, des Peaux d'Oranges sèches, du Thym, du Poivre, du Romarin, et tout, et tout, et des Pommes de Terre, et enfin magistralement du Safran!

Tant et si bien que le pantin pensa : pas possible, je suis le Bon Dieu! Et il se mit à genoux pour s'adorer. Et il prépara une superbe bouillabaisse, selon les rites.

Quand tout fut bouilli, dans les vapeurs de safran, et quand le jus doux des poissons se mélangea dans l'intimité la plus propice, le divin Pantin sépara le bouillon des poissons, le liquide et le solide. Les reposa dans deux plats distincts, écarta magistralement le paravent qui séparait le ciel et la terre; et dans le grondement de l'Abîme, s'écria :

– C'est servi.

Hélas le chaos avait fait son œuvre : la vieille se secouait, luttant contre des puces sauvages, essayant de se gratter.

Mais elle faisait cela si maladroitement qu'on aurait pu croire qu'elle s'imaginait recevoir des coups de bâton. Quant à Nabucco, il tremblait tant de peur qu'on aurait dit qu'il distribuait éventuellement des coups de bâton. On se serait cru dans un asile de singes, et pourtant l'arbre avait les pieds sur terre. Ce brave Pinocchio arrivait-il trop tard? La bouillabaisse pourrait-elle les sortir de leur fadaderie affamée?

Sous la charmille tombait le crépuscule de la jungle et les grillons jouaient les cordes de la pluie; Pinocchio posait les plats sur la table, disant :

– Femme et fils, prenez. Mangez.

Le ciel devint noir. Tranquillement les rhinocéros rentraient dans leurs maisons, afin de coucher leurs cornes. Les singes se hissèrent au plus haut des cimes des arbres de la jungle, pour saluer de mouchoirs blancs les derniers rayons du soleil. La terre tournait tranquillement, en attendant que d'autres calculs démontrent le contraire. Alors le Roi des singes ordonna le coucher des singes. Et tous les bébés singes se couchèrent dans leur lit blanc, ouvrirent par-dessus un parapluie, tentèrent de s'endormir en comptant les gouttes, mais s'aperçurent qu'il se passait de drôles de choses chez leurs voisins.

Devant sa bouillabaisse, le pantin aux couleurs vives n'avait pas plus de mouvement qu'un bout de bois auquel on ne dit rien. La vieille aveugle arrêtait de se chercher les puces, et, tâtonnant dans l'intimité de son monde, attirée par une vague odeur, s'approcha de la table, attrapa ce qu'elle croyait être une patate douce, commença à mordre dedans, comme d'habitude.

Nabucco s'approcha de la table pour manger les poissons. La première arête ne rata pas son gosier : il toussa, cracha, se racla. Toi, entendant Nabucco manger du poisson alors qu'on mangeait des patates douces, voulut un moment le détromper; puis y renonça. L'enfant pourrait reconnaître sa voix, comprendre qu'elle n'était pas celle qu'il croyait. Et Nabucco, délicatement, séparait les arêtes de la chair des poissons, jetait la chair, avalait les arêtes : se coudre le gosier pour que jamais la possible oreille présente de Je n'entende sa voix!

Pinocchio, content, admirait ses amis se régaler avec sa bouillabaisse. Une légère auréole enveloppait sa tête de bois.

Dehors, les rhinocéros se réveillèrent, tendirent leur tête vers le Tronc des Hommes : y frétillait une lumière étrange. Têtes levées, ils regardaient.

Sous la pluie, la lune se mit au ciel. Les loups, les cerfs, les moutons, les vaches, les cochons, et bien sûr les singes et les rhinocéros, surveillaient cette boule de feu sur l'arbre. Un admirateur de choses rares aurait pu croire qu'ils priaient. Ça sentait le safran.

Dans ce temps végétal, le pantin de bois s'entourait de cierges. La vieille et l'enfant se taisaient comme les animaux.

– Mes enfants, dit Pinocchio, je vais vous en annoncer une bien bonne : je suis le Bon Dieu.

Personne ne se mit à rire. Nabucco et Toi pensaient à autre chose. Et les animaux ne l'entendaient pas de cette oreille.

– Mes amis, ne riez pas. C'est la vérité vraie que je vous dis là. Oh il n'y a rien d'extraordinaire à ça. Quand on est un pantin de bois, comme moi, il vaut mieux devenir Bon Dieu que charcutière à Lisieux.

Pinocchio aurait bien voulu que l'aveugle lui tende un miroir pour qu'il se voie, orné de cierges, statue de peinture ancienne, sous des feuilles tressées. Dans l'herbe, les rats, les chèvres, les ânes, les bœufs et les petits chiens farceurs auraient bien voulu porter des lunettes pour jouir sans entrave de la situation.

Comment parle un pantin? Avec sa bouche, bien sûr.

– Eh bien, je suis le Bon Dieu des plantes, des herbes et des vaches; le Bon Dieu des ânes et des marsouins. Je suis le Bon Dieu des singes. C'est moi qui ai créé le monde, et tout et tout. Vachement bien!

Sous la lune : Brouf brouf, dirent les veaux; tchac tchac, dirent les singes; minou, minou, dirent les chats. Muets de saisissement devant l'Apparition Suprême, Toi et Nabucco pensaient à la même chose.

– Je vais vous montrer que je suis le Bon Dieu, continuait le Bon Dieu. La vieille statue leva les bras vers les feuilles tremblantes :

– Si j'étais le Bon Dieu, je m'offrirais un lapin.

Et d'entre les branches, tombait un lapin. Et du lapin sortait un chapeau de prestidigitateur.

– Vous voyez bien que je suis le Bon Dieu!

Alors, la lune, le ciel, la pluie, les scarabées, les musaraignes, les vaches, les singes, les rhinocéros, se mirent à genoux. Le Bon Dieu distribua des grâces. Les animaux pleuraient de joie. On n'avait jamais vu un Bon Dieu aussi gentil, sur un tranquille autel de feuilles.

Nabucco, ouvrant soudain les yeux, sortant de sa profonde méditation, s'aperçut qu'il se trouvait à genoux, les mains jointes, devant un morceau de bois. Il allait se fâcher quand il vit que des centaines d'animaux de toutes cornes adoraient comme lui le Bon Dieu. Je ne vais pas être moins bête qu'eux, se dit-il. Il continuait à adorer : ça sentait le safran. Seule sa grand-mère se tenait mal : elle se brûlait à tous les cierges, passant de l'un à l'autre, essayant de les compter, murmurant d'une voix de patate douce :

– Les bougies. C'est mon anniversaire. J'ai quel âge? Quel âge?...

Nabucco lui offrait des coups de coude, pour qu'elle se

tienne bien devant le Bon Dieu; mais la pauvre comptait les coups, croyant que Nabucco lui indiquait son âge. Au bout du cent dixième coup de coude, l'enfant s'arrêta. Mais trop tard : elle était trop âgée, la petite Toi! Alors elle se roula en boule, sur le bois contre les feuilles, pleurant, non, je ne veux pas être si vieille, ce n'est pas possible. Avec quoi pleure une aveugle? Avec ses yeux, bien sûr.

Soudain, avec horreur, Nabucco saisit pourquoi il avait la gorge piquée d'épines de rascasse : ce Dieu, il va m'ordonner d'aller mourir! Et les épines devenaient une vraie Rascasse.

Et en effet, le Bon Dieu lui dit :

– Enfant, tu me dois de l'argent. Mais doit-on de l'argent au Bon Dieu? Au Bon Dieu, on lui doit Tout. On lui doit tellement Tout qu'on ne lui doit Rien. Va. Dans mon infinie bonté, je te pardonne! Va. Tu peux partir.

La baleine dans le gosier de Nabucco grossissait. Grignotez, grignotez, petites dents de la baleine. Nabucco se tordait de douleurs exactes. Si le Bon Dieu lui permet de partir, c'est évidemment pour mourir à Rome! Oh je ne veux pas. Si Dieu lui ordonne sa mort, c'est qu'il est Je. Et la baleine arracha les tripes chaudes de l'enfant tordu.

Sous la lune, les cils de tous les animaux battaient doucement leurs tendres yeux. Oh Dieu!

Les dents de l'énorme baleine, plus grosse que le ventre, tranchaient les intestins de l'enfant qui ne pouvait pas ne pas entendre la voix terrible du pantin :

– Nabucco. Écoute la voix de Dieu.

La terre trembla. La lune se voila. Oh, pensait Nabucco, il va me le dire justement et nécessairement. Oh je ne veux pas qu'il me le dise. Et le pantin parlait!

Or il arriva ceci : Nabucco se boucha les oreilles. Pour ne pas entendre la parole de Dieu. Dans les yeux de l'enfant, la bouche de Dieu remuait, les lèvres de Dieu montaient et descendaient. Dans ses yeux, l'enfant savait que Dieu lui parlait. En vérité, Dieu ne faisait qu'articuler : aucun son ne sortait de sa bouche. Mais l'enfant sourd ne pouvait pas entendre que Dieu ne lui disait rien. Il eût suffi que l'enfant débouche un instant ses oreilles pour comprendre la supercherie; mais il avait trop peur d'entendre pour oser écouter qu'il n'y avait rien à entendre. Seule la vieille aveugle pouvait savoir que Dieu ne disait rien, mais elle ne voyait pas que l'enfant n'entendait pas le silence.

Persuadé que Dieu lui avait dit d'aller mourir ailleurs, Nabucco cracha l'arête de poisson, sauta de l'arbre, courut dans les herbes, sur les éléphants et les ânes, courut parmi les lianes, les lunes et les cris de singes, monta sur le toit de Paris, prit le premier avion pour Rome, vers son père et la mort, pensant : pourvu que Rome existe déjà!

Huitième partie

LES ANGES DU XLe SIÈCLE

Comment Toi retrouva la vue. – Comment on vivra au XLe siècle, et ce qui se passera alors. Comment, le 25 décembre 1981, Nabucco revint à Rome, pour mourir, et quels affreux changements il trouvera dans cette ville. Où l'on saura que la terre est creuse. – Où l'on assistera avec émotion au départ de Nabucco dans le temps d'avant sa naissance, sur une oie sauvage empaillée, pour aller mourir. Comment Nabucco, après un long voyage dans le passé et le futur, après sa mort, puis une renaissance, puis une nouvelle vie, se retrouvera le 25 décembre 1981, enfin immortel. – Ce qui termine provisoirement les aventures de nos amis.

1

Dans la jungle, ce fut le matin. Les lueurs pâles de l'aube caressèrent, violettes, les joues peintes du Dieu de Bois. Les derniers cierges s'éteignaient. Alors la vieille Toi aveugle se leva, écarta le rideau des arbres de sa maison.

Dans ses yeux, la terre d'herbe se remplissait de femmes de tous âges et de tous temps : vieilles afghanes voilées, matrones méprisées de Pompéi, esclaves noires, femmes de boucher, cuisinières aux mains incrustées d'ail, secrétaires les doigts diminués de taper les mots des autres, prostituées qui haïssent le plaisir, grosses sans amour, femmes enceintes qui portent seules, naines des foires tristes, tapisseries de bal, amoureuses, blessées, juives des vieux ghettos, rasées des époques impériales, reines vierges, poitrinaires qui meurent sur les scènes, toutes, oh mes sœurs...

A qui parlent les aveugles? Aux autres aveugles. Devant ces femmes, les rhinocéros reculaient; mais les éléphantes étaient heureuses. Le soleil se leva. A qui parlait Toi?

— Regardez ce qu'ils ont fait de moi, Je, Nabucco, Pinocchio, tous ces hommes : une vieille aveugle. Regardez quelle image ils ont dessinée de moi : la Vieille Vierge du Monde! Je ne suis bonne qu'à me jeter dans leur poubelle!

Lentement, de la brume du matin, les voix de femmes montaient; elles disaient, à l'intérieur de la tête de l'aveugle, petites syllabes qui plantaient des petis baisers dans la cervelle de Toi :

– Regarde-toi : tu es une petite fille. Regarde-toi. Ne sois plus aveugle : ne dépends plus des miroirs. Ne dépends que de l'air! Sois une sorcière comme toutes les petites filles.

Alors, au milieu des arbres, Toi s'arracha son masque de vieille, s'arracha ses yeux aveugles et redevint la petite fille brune aux yeux noirs.

Or volaient les oies sauvages. Elles allaient, allaient toujours; entre les larges mouvements de leurs ailes, on pouvait entendre, continuant leur sifflement, le chant des routes, le chant du vent. Et Toi monta sur une des oies.

Elles tournèrent autour de la terre, les grands marécages, les forêts, et tous les animaux couraient sous leurs ombrelles. Elles virent les arbres rouges et les souris vertes; les petits ponts où chantaient de grands nains. Des moulins roses avec des chats dedans. Des rivières, des châteaux en coquillages. De vieux pneus où poussaient des tulipes, maisons des écureuils. Des lacs pour les papillons, des balançoires pour les hannetons. Des petites chèvres en porcelaine; et, à certaines saisons, tant de coquelicots que ça valait la peine d'être une abeille. Et des lapins bûcherons. Et des tortues qu'on n'arriva jamais à rattraper.

De temps en temps, mollement couchée sur les duvets d'oies au soleil, Toi regardait les rares villes des humains : ces forêts de maisons, protégées par de larges plates-formes de béton, enfermées dans des coupoles de verre, où se posaient des avions violets, indigo, bleus, verts, jaunes, orangés, rouges. New York, Téhéran, Moscou, Perpignan, Copenhague, Tokyo, Toronto, Abidjan, Louxor... Et la terre tournait dans le sens des aiguilles des montres.

2

Le 25 décembre 1981, sur le toit de la ville de Rome, Abrico s'adressa à la multitude des bébés. Il leur raconta la légende des Anges du XLe siècle :

– *Nous sommes en l'an 3900. De l'ancienne civilisation du XXe siècle, il ne reste rien. Du super-béton couvre toute la surface de la terre; c'est lisse et beau. Les humanoïdes sont heureux, qui marchent, vivent, travaillent sur cette nouvelle terre.*

Beaucoup de choses ont changé depuis les périodes de grandes confusions des XXe et XXIe siècles. Ont changé les poumons des hommes, aujourd'hui aussi transparents que le verre; ont changé leurs pieds et leurs mains, aujourd'hui palmés; les crânes n'ont plus de cheveux : à qui servaient ces poils? Se sont radicalement modifiées les structures mentales, les structures économiques : n'existent plus de luttes entre les individus. Les possibilités du cerveau s'étant développées à l'extrême, chacun possède, dans sa tête, une vision globale des gestes, des pensées, des actes, des rêves de tous les autres. Il n'y a donc plus de chefs, ou de sous-chefs : chacun, de par cette vision globale de l'univers, se rend compte immédiatement de ce qu'il désire faire, de sa tâche dans l'ensemble, sans qu'on lui impose quoi que ce soit.

Chim et Chom, deux humanoïdes de cette époque, se reposent au soleil. Aucun nuage ne plane dans le ciel. C'est tout le temps le soleil.

Sans interruption, dans les têtes et les ventres de Chim et de Chom, pénètrent, bruyantes et mêlées, des informations sur tout ce qui se passe dans le monde. Tiens, à deux mille kilomètres de là, une invasion de virus attaquent les vésicules biliaires d'un groupe d'humanoïdes. Faut-il y aller? Non, le message ayant été reçu en même temps par les six milliards d'humanoïdes qui parcourent la terre, ceux qui se trouvent à proximité de cet événement s'en occupent pour apprendre aux virus à ne pas faire mal. Par contre, tout près de Chim et de Chom, l'enfant Clok se demande pourquoi son ballon rouge rebondit sur le sol. Nous intervenons, pensent Chim et Chom, et tous les autres humanoïdes entendent ces pensées, et sont rassurés sur le sort de Clok. Chim et Chom s'envolent.

Le ciel est merveilleusement bleu, quel bonheur! Leurs mains et leurs pieds étant palmés, les êtres peuvent voler. Chim est ce qu'on appelait autrefois une femme, Chom ce qu'on appelait autrefois un mâle. Aujourd'hui ces différences n'existent plus. Circule la même tendresse, sans rivalité.

Chim et Chom volent devant l'enfant Clok. Clok est aussi grand que Chim ou Chom : il y a bien longtemps qu'on ne fait plus de bébés petits. On naît de la taille adulte, issu de petits bocaux qui ressemblent aux anciens choux. On ne vieillit pas, non plus, en ce nouveau monde. Les cellules du cerveau sont simplement programmées pour cent ans de sensations globales; au bout de ce temps on meurt heureux d'ennui. L'enfant Clok se demande toujours pourquoi son ballon rouge remonte vers le ciel quand on le lance sur la terre. Bien sûr, ils ne se parlent pas avec des mots : il suffit de penser bien fort. Chim et Chom pensent, de leurs yeux verts, dans la tête de Clok : Écoute-moi : la petite boule rouge du ballon aime beaucoup la grosse boule de la terre, alors elle veut la toucher et la câliner. Mais la petite boule rouge aime aussi regarder la grosse boule : alors elle s'éloigne un peu dans l'air, pour admirer son amie; mais là, elle a vite envie de l'embrasser de nouveau, alors elle retombe. Et ainsi de suite.

La science a fait des progrès. On est loin des théories simplistes sur la pesanteur.

Pendant cet éminent échange de pensées, dans les corps de Chim, de Chom, de Clok, circulent les bruits, les rêves, les désirs, les informations de tout ce qui passe sur l'atmosphère. Ah! une fissure dans le super-béton est signalée, et huit cent quatre-vingt-douze humanoïdes volants s'y dirigent; la brèche sera colmatée avec efficacité. A cette époque-là, bien sûr, tout le monde peut pratiquer n'importe quelle tâche, puisque tout le monde sait tout.

Évidemment, dans les ventres et les poumons, ça vibre une drôle d'agitation, ces six milliards d'informations qui circulent en même temps, ces six milliards de demandes, de réponses, de conseils, d'ordres, d'envies, de rêves, de contradictions. Et nous autres, sourds et aveugles, de la fin du XXe siècle, nous aurions été bien incapables de discerner quoi que ce soit dans cette sur-inflation de bruits, ces six milliards de confidences.

Soudain une information monopolise l'attention de tout le monde. Un humanoïde vient de trouver une image, un petit tableau peint sur papier, qui représente un homme miniature dans un petit lit, entouré de deux étranges choses à forme presque humaine, mais l'une avec des grandes oreilles, et l'autre avec des cornes, devant lesquelles sont agenouillés des personnages avec les imbéciles figures connues des époques antérieures. Sous cette image, sont gravés ces énigmatiques mots : « Joyeux Noël. » Impossible d'en saisir un sens précis! En tout cas, les six milliards d'humanoïdes se passionnent pour cette découverte. Chacun devient archéologue. A cette époque d'abondance, il est courant d'abandonner les tâches usuelles pour se consacrer à des occupations qu'un esprit borné du XXe siècle aurait taxées de farfelues. Chacun recherche des images de ce type. Quelques millions d'images sont découvertes, dans les fissures de la plate-forme infinie de super-béton. Six milliards d'humanoïdes en déduisent que cette image devait être importante pour les anciens hommes. Mais que pouvait-elle bien signifier?

Soudain un rêve, un murmure, projeté d'un quelconque humanoïde, entre dans toutes les cervelles, est pensé immédiatement par tous, sans qu'on puisse savoir qui a pu le penser le premier : il y a, paraît-il, à trois millions d'années-lumières d'ici, une planète où sont conservées les traces vivantes de tous les grands mythes des anciennes civilisations de la terre. On pourrait y retrouver, peut-être, la signification de cette image.

A cette époque, les voyages interplanétaires, qui avaient excité comme des puces l'humanité pendant des siècles, n'intéressent plus personne. Seuls Chim et Chom acceptent d'aller faire ce voyage. Et tout le monde le sait en même temps qu'eux. Et tout le monde est très content.

Et chacun reprend ses activités, chacun sachant à quoi les autres rêvent, oh cette douceur, et l'un tend la main droite, sans même regarder, sachant qu'une fourchette, qui vient d'être fabriquée, arrivera là, puis tend la main gauche, sachant qu'un couteau, qui vient d'être fabriqué, arrivera là, puis donne ce couvert à un autre qui vient d'attraper une banane mangeable de matière plastique bleue, pendant qu'encore un autre tend la main, sachant que la peau rose de la banane bleue va tomber, pour la mettre aux poubelles, tous, toutes, au même moment, sachant que Ran a un rhume, que Stuc fabrique un cadre, et qu'il le passe à Bruck qui pose une roue dedans, et qui le passe à Nack, pendant que Clac ouvre une porte pour laisser marcher Bac qui porte un bac de matière plastique, pendant que Bip, Bong et Bang fabriquent du CHO^3 *pour nourrir Fim et Fum qui reçoivent le cadre avec la roue, pendant que Chim et Chom s'envolent dans la fusée pour aller rejoindre la planète des souvenirs de l'ancienne terre, voyant s'éloigner la foule d'humanoïdes de cette planète lisse, au milieu d'objets incohérents définissant leur propre cohérence provisoire, d'escaliers croisés, de tuyaux sans fin ni commencement, de montres sans heures, de triangles éternels, de damiers de tous les verts, jaunes, rouges possibles. Et Chim, Chom, se dégagent de ces pensées communes; se retrouvent tout seuls dans l'espace.*

Ils sentent leur tête bien vide, ils ne savent plus que penser, ils n'ont rien à se dire! Leurs corps se maigrissent sans ce délicieux gonflement de toutes les ondes. Ils filent en méta-espace-temps. C'est tout blanc.

Enfin ils arrivent devant la planète-souvenir. Une vilaine chose avec des algues et des monstres. Des tas d'animaux plus que préhistoriques : des poules, des chats, des lamas! Cette planète est toute recouverte d'herbes! Que c'est étrange! pense Chim dans la tête de Chom et Chom dans la tête de Chim. A cause de tous ces poils qui encombrent ces lieux, ils ont beaucoup de mal à atterrir, leur fusée en perd ses plumes. Devant eux les monstres font des remue-ménage à perte de sons. Avec des pincettes, ils écartent les herbes et les branches, les langues velues de crapauds. Ils pénètrent dans une suite de grottes.

Dans la première grotte, une forme recouverte d'un drap regarde par le trou d'une serrure deux autres formes aussi recouvertes d'un drap. Au-dessus, il y avait écrit : « Complexe d'Œdipe. »

– Qu'est-ce que ça veut bien pouvoir dire? pense Chim dans la tête de Chom.

– On ne saura jamais, pense Chom dans la tête de Chim.

Chom essaie de happer les pensées des personnages, mais rien ne répond. Ce sont des fauteuils sous des housses, pensent Chim et Chom.

Dans la seconde grotte, une dame toute nue mange une pomme, et un monsieur tout nu la regarde, et puis il y a aussi un serpent autour d'un arbre. La légende du tableau vivant est effacée.

Dans la troisième grotte, un vieux monsieur en clair-obscur sur une chaise fatiguée admire quelqu'un de plus jeune, habillé en rouge, avec une plume au chapeau. La légende dit : « Faust et Méphistophélès. »

– C'est le père et le fils, pensent Chim et Chom; une façon bien saugrenue de s'aimer.

Devant la quatrième grotte, Chim et Chom s'écrient l'un dans l'autre : c'est ça! Il y a les deux monstres avec les longues oreilles et les cornes; il y a le petit monstre miniature dans ce petit lit; il y a les anciens humains prosternés devant. Au-dessus du petit lit, une ancienne femme avec des cheveux chante à la curieuse miniature. Sous ce tableau vivant, s'écrit : « La Crèche. »

Chim et Chom ne comprennent pas mieux. Chom essaye de communiquer avec l'un des membres du tableau vivant, celui qui a le visage tout barbu, un turban sur les cheveux. et qui porte une chose dorée entre les deux mains. Il le regarde fixement, pour aspirer ses rêves. Mais les pensées de cet ancien homme sont rouillées. Et Chom a beau élargir ses yeux, ses poumons, sa tête, il ne reçoit rien.

Chom, alors, se tourne vers Chim, pour enfin communiquer avec quelqu'un d'ouvert, mais à son grand étonnement, Chim s'est fermée. Chim regarde la miniature d'homme. Elle est sourde, Chim, maintenant! Et Chom appelle dans sa tête : Chim... Chim..., mais la pensée n'entre pas dans Chim, et revient douloureusement en écho dans le corps de Chom.

Chim écoute l'ancienne femme qui chante devant la miniature d'homme, et n'écoute qu'elle, cette voix si douce, fermant ses autres capacités. Chom hurle dans sa tête, il étouffe, tout lui revient en écho. Chim est ailleurs, plongée dans cette voix humaine d'une autre époque qui chante : dans le mitan du lit, dans le mitan du lit, la rivière est profonde, lon la, la rivière est profonde, et soudain elle se précipite, Chim, arrache du petit lit la miniature d'homme, prend sa place. Prend sa place, n'ayant d'yeux ou d'oreilles que pour cette voix humaine d'une autre époque : tous les chevaux du roi, tous les chevaux du roi, pourraient y boire ensemble, l'on la, pourraient y boire ensemble.

Mais Chom ne peut plus supporter cette ancienne langue inconnue de lui. Il ramasse le monstre miniature que Chim a laissé tomber pour prendre sa place. Il le serre dans ses bras, ce monstre, se précipitant dans la fusée, se précipitant dans le méta-espace-temps.

Quant à Chim, elle reste dans la planète des souvenirs, sur le petit lit de paille. La dame en bleu chante toujours. Chim écoute : aux quatre coins du lit, des bouquets de pervenches. Puis un jour, on l'attrape, Chim, elle ouvre les yeux, essaie de penser dans la tête de ceux qui l'enchaînent, la battent, la clouent sur une croix de bois, mais ils sont sourds comme leurs coups. Elle essaie de hurler sa douleur, mais en son monde on ne parlait plus, alors elle ouvre la bouche sans rien dire. Puis on l'enlève de la croix, on l'installe sur un petit nuage, avec un sceptre à la main; encore elle essaie de crier, mais aucune syllabe pour dire : laissez-moi partir... Et de nouveau elle se trouve dans le petit lit blanc. De nouveau la femme chante : c'est un p'tit cordonnier. Puis, de nouveau, on la cloue sur la croix. Puis, de nouveau, le nuage, le sceptre et l'odeur de l'encens. Puis encore, la dame en bleu chante :

nous y serons heureux, et puis, de nouveau, mais personne n'entend ce que Chim pense, elle n'entend pas ce que pensent les autres, elle n'arrive pas à articuler dans ce pauvre langage oublié : laissez-moi partir... Puis les marteaux, puis le nuage doux, puis le petit lit, puis encore, encore, et ça fait mal, et l'odeur de l'encens, et cela sans fin, sans fin...

Pendant ce temps-là, entre le méta-espace-temps, dans la fusée qui ramène Chom et la miniature vers la terre, l'humanoïde examine l'avorton. Chom essaie de se mettre doucement en communication avec lui, avec toutes les ondes électriques qui s'éparpillent dans son corps. Chom pense très fort, regardant cette petite chose à travers sa cervelle :

– M'entends-tu?

Et Chom écarte toutes les cellules de son corps; quelque part ça répond :

– ..... ou... i.....

Et Chom pense très fort :

– Je vais t'amener dans un monde différent du tien; dans un monde où l'on sait tout ce qui se passe, tout ce qui se dit, un monde de tendresse au travers de six milliards d'individus différents. Tu entends?

Et quelque part dans Chom, on entend, venant de quelque part de la petite chose :

– .... ou.. i....

Et Chom pense encore plus fort :

– Sens tout ce qui traverse ton corps, ces forces; suis leurs rythmes, écoute-les. Tu n'es ni homme ni femme. Vont résonner dans toi toutes les voix du monde; tous les gestes des humanoïdes... Écoute ton corps se réveiller de mille voix, de milliards de bonheur...

Alors Chom, dans tout lui, comme une extraordinaire jouissance, entend celui qui, autrefois, avait été un dieu irrémédiablement oublié, cet enfant, lui répondre par tout son corps :

– ... Oui... je vais essayer d'apprendre... à écouter...

3

Pendant qu'Abrico rêvait tout haut cette belle histoire, ce jour de Noël 1981, tout à fait naturellement, l'avion, où se tenait Nabucco, se posa sur le ciel de Rome. Cet auguste enfant en descendit. Sur la bâtisse de la tour de contrôle, des lettres du mot « Rome » ne subsistait qu'un R. Était-ce bien Rome ou sa pâle ombre? La présence d'un tas de bébés et d'Abrico à un bout de la piste du ciel soulagea un peu le cœur de Nabucco. Certes, les bébés avaient grandi, mais c'étaient toujours des bébés.

Au sortir du sein chaud de l'avion, l'enfant attrapa ses affaires, son Ibis de bois, son réveille-matin, son tambour et sa grande cape magique; et s'en alla à pas de lapin, portant toutes ces choses qui avaient au moins l'avantage de ne servir à rien. Sur la piste du ciel, des gens erraient, avec des turbans et des robes, dans le vent. Ils n'avaient pas l'air de se dépêcher.

Les ascenseurs brillants ne fonctionnaient plus; l'enfant dut emprunter les échelles légèrement rouillées, mais susceptibles cependant de descendre un corps petit. Dans la ville, sous le toit, l'enfant-né admira le paysage; et fut déçu. En effet la plupart des lampes, qui figuraient le soleil et la chaleur, avaient claqué, et ça faisait des nuages, des ombres, et même des ténèbres; par endroits la voûte des cieux s'affaissait. Ah, se disait Nabucco, faut-il encore que je recrée le monde, que sans cesse j'en sois le parfait architecte? A dire vrai, ces pensées un peu bêtes l'empêchaient de tomber dans le vertige de sa peur : ne venait-il pas ici pour se tuer dans les prochains jours? La chaleur était tantôt suffocante, tantôt froide, et ça sentait le cadavre frais. Sans cesse des bouts de ciel tombaient sur la ville.

La peinture du décor était tout écaillée; pourtant l'ensemble gardait encore son immensité terrible. Et un génial archéologue aurait pu, de son œil superbe, embrasser l'horizon et reconstituer dans sa tête l'ampleur assourdissante de ce temple de la modernité. Nabucco éternua. Un bout de plâtre tomba du ciel et faillit lui donner mal à la tête. Il s'enveloppa de sa cape magique, et, serrant toujours contre son cœur l'Ibis de bois, le réveille-matin, le tambour, évita de pleurer des lames de rasoir en chantant : comme je suis malheureux! Il aurait mieux fait de se taire : malheureux, il l'était.

L'enfant parcourut des rues autrefois majestueuses; la plupart des palmiers, couchés sur le flanc, dévoilaient leur absence d'âme. Il pénétra dans des maisons, mais elles demeuraient vides et pleines d'échos de colonnes cassées. Sa cape n'était plus du tout magique et dégoulinait en lambeaux. Pour se donner de l'existence, Nabucco frappa dans son tambour, et cria :

– Papa! je suis là, je viens mourir, je suis ton fils!

Heureusement, le sens de ses paroles lui échappait totalement. Quitte à dire n'importe quoi, on dit la vérité.

Et l'écho de ses mots brisait les plaques de faux marbre des palais vides. Où avaient filé les belles Romaines?

Nabucco se blottit dans un coin. Il aurait bien aimé que ça se passe vite : se tuer et qu'on n'en parle plus de cette histoire. Créant Rome, il l'avait détruite; comme lui. Il se cogna la tête contre un mur et le bruit se répercuta bêtement dans sa colonne vertébrale. Tout ce qui lui restait encore à faire : trouver son père! lui expliquer! monter dans la machine à remonter le temps! avoir peur des dinosaures! se tuer! Épuisant!

Le bruit de vent enflait la tête : Nabucco se rappela le jour où Artemisia, sa mère, lui avait acheté son petit costume de magicien. Le soir même, devant la famille, il fit disparaître sa mère dans la malle magique et eut si peur qu'elle ne réapparaisse jamais! Maintenant sa mère était morte, enfermée dans un cercueil magique. Oui, il devait se tuer pour arrêter sa mémoire. Les civilisations n'ont plus de futur quand on leur donne un passé. Oh Rome morte! Et son tambour jouait au cœur cardiaque.

4

Puis Nabucco se rendit compte que, pour un mourant, il manquait de cette angoisse mouillée qui donne chair de poule aux os condamnés à mort. Que diable, se disait-il, je risque de mourir en rigolant, comme au théâtre! Il se fabriqua un petit pense-bête où il inscrivit : je vais mourir. Mais à vrai dire cela ne lui fit ni chaud ni froid. A vrai dire seuls ceux qui sont déjà morts peuvent s'en représenter l'horreur.

Ce petit carnet à la main transforma notre ami en voyageur épris de curiosités. Le pense-bête devint un journal de voyage. L'enfant enveloppa son corps dans son cache-poussière, attrapa d'une main ferme ses bagages, et d'un pas solide s'en alla à travers ces contrées qui, bien que légèrement inhospitalières, n'en demeuraient pas moins passionnantes pour tout ethnologue digne de ce nom.

Sous la lumière violette, il s'engouffra vers le centre de la ville. Les rues devenaient de plus en plus boueuses, les maisons petites et terreuses. Ce fut bientôt un amoncellement de petites échoppes basses et colorées où s'entassaient ouvertement des marchandises dans la poussière. Des petites saucisses poussiéreuses se clouaient à des clous.

Et là ça se piétinait de monde! Des gens en longues robes, beaucoup! Des ânes traînaient des charrettes chargées de tant de choses que ça tombait toujours. Et quand ça tombait ça restait là. D'ailleurs tout restait en vrac. Les voitures renversées obstruaient les poussières sans que personne ne rêve de les dégager.

Les maisons étaient de plus en plus en ruine. Des hommes, des femmes levaient les jambes, les bras, ouvraient la bouche comme s'ils rêvaient. Les rues ne furent plus que des champs d'épluchures, sur lesquels se fourvoyaient des murs cassés d'appartements troués. Il était difficile de distinguer les épluchures domestiques (trognons de melons, de courges, d'aubergines, bouts de ragoûts, papiers maigres, boîtes rouillées de conserve, vieux radis, plumes de poules, etc.) des épluchures humaines (os, cheveux, bouts de pieds, dents, tripes, etc.). Ça sentait l'intérieur des estomacs.

Nabucco relevait les diverses couches de la stratigraphie des ordures, et notait : une rondelle de concombre, une rate fraîche, un bras, un vieux spaghetti, un corps hébété, un bout de bois, etc...

Comment Nabucco pouvait-il avoir l'air d'un simple savant distrait, quand cette apparence n'avait pas l'épaisseur d'une feuille de papier? Un seul geste de trop aurait révélé le court-circuit de la panique totale d'un enfant qui ne veut pas mourir. Mais la feuille de papier ne se déchira pas, et Nabucco garda son allure savante.

Il s'aperçut alors que de ces maisons ruinées n'existaient que les façades! Derrière les murs des ruelles, il n'y avait rien.

S'avançant de l'autre côté des décors, les yeux grands ouverts d'étonnement, Nabucco vit des centaines de rats qui, grimpant les uns sur les autres, certains avec des parapluies, d'autres avec des nœuds papillon, ou avec des canotiers farceurs, coulissaient des poulies, manœuvraient des cintres, provoquant ainsi les écroulements de murs, les effondrements de trottoirs, les ruines accélérées, et autres machineries.

Nabucco calma son affolement en se mordant les mains, en suant de grosses gouttes. Il conclut que rire serait la meilleure solution, ayant l'avantage de parfaitement répondre à la situation et de l'éloigner de l'angoisse.

– Qu'est-il arrivé à cette brave Rome? rigolait Nabucco, et il se tapait sur les cuisses à l'endroit fait pour.

Dans la lumière violette, ses pattes nageaient dans les épluchures. Il riait plus qu'un artichaut grand ouvert!

Et il ne riait plus du tout. Deux rides réflexives se creusèrent sur le crâne intéressant de l'enfant. Maintenant il étudiait, en détail et avec inquiétude, les agissements de ces choses humaines des trois sexes, revêtues de vastes robes, de couvertures, de costumes larges comme des tapisseries, qui vivaient au milieu de ce décor de ruines. Certes, la lenteur de leurs gestes, et souvent leur immobilité parfaite auraient pu laisser penser qu'il s'agissait aussi de peintures, de façades, de trompe-l'œil légèrement animés par de savantes variations d'ombres. Néanmoins, à y regarder de près (et Nabucco y regarda de près, découvrant dans une interne poche d'inconnues lunettes), des soubresauts violents les animaient : sortant de leur contemplation merveilleuse du monde, ces êtres de tissus sautaient, dansaient, faisaient quelques pas, puis retombaient dans la poussière.

Nabucco s'approcha de l'une de ces choses humaines qui, pour l'instant, demeurait en repos. Il essaya de lui parler, sans succès. Alors il lui souleva le bras, et s'étonna du peu de poids de ce membre. A y regarder d'encore plus près, il comprit que le corps était creux à l'intérieur, que seule l'enveloppe de la peau subsistait, ce qui donnait cette allure molle et épanouie.

Et Nabucco se mit à rire : un froid glacial lui déchirait le ventre. Qui, de moi ou d'eux, perd la tête? Alors le jeune savant se pencha plus profondément : comment ces enveloppes vides étaient-elles douées de mouvement? Ainsi, le chercheur s'aperçut qu'à l'intérieur de l'enveloppe de peau, dans le noir, des dizaines de rats naviguaient, sautaient, s'amusaient; ils avaient dévoré les entrailles des humains, et c'étaient leurs mouvements qui donnaient aux peaux vides la possibilité de quelquefois marcher, quelquefois respirer, quelquefois lever le bras, quelquefois ouvrir les mâchoires, quelquefois courir!

Et Nabucco riait : il ouvrit largement sa bouche, se griffa les joues, il courait, se cognait aux éboulis, il hurlait.

Les rats eux-mêmes étaient des enveloppes vides, où s'agitaient des milliers de puces qui avaient dévoré les entrailles des rats. Mais les puces, elles aussi, étaient vides : y dansaient des millions de microbes, virus, et autres étoiles dans le noir des cieux!

Et Nabucco riait : les rats, de leurs dents pointues, mordaient ses rates, ses intestins, ses péritoines! J'ai raison de vouloir mourir!

Pour fuir cette ville, il s'enfonça encore plus profond vers son centre. Là, à l'infini s'étendait une mer intérieure. Au-dessus d'elle, le ciel de béton avait perdu toute peinture bleue, et on voyait, à perte de vue, des blocs de ciment très hauts, mal joints, près à tomber, soutenus par des échafaudages chancelants. L'eau était de boue. Un sous-marin bleu en sortait. Je jaillissait du sous-marin. Attrapa Nabucco, et l'enferma dans l'enveloppe de fer vide qui plongea dans la mer de boue. La tête de Nabucco tournait dans du blanc sifflant.

5

Son père se perchait sur lui. Les yeux du fils virent les yeux du père, et, somme toute, il alla mieux, le fils : il aurait presque pu parler.

A l'intérieur du sous-marin, il y avait des manettes partout pour que ça ait l'air d'un sous-marin. Les queues des rats battaient les parois mâchées du cœur de Nabucco, qui fut ému.

– Papa, dit la bouche de Nabucco.

Et l'enfant tendait ses bras vers la pâle figure du père, en barbe blanche, qui tournait en rond à l'intérieur de son submersible, avec une casquette de marin, pour avoir l'air d'un capitaine. Il râlait comme un phoque, le marin-père :

– Et voilà! Regarde où ça nous a menés la recréation du monde! Tu as construit du toc! Tout est creux! Tout est vide! Tout est cassé! Tout est poussière! Et je vais te faire regarder le pire.

Pour y aller, le père manipula des manettes astiquées et cuivrées. Le sous-marin fit glou glou. Au mur, entre les cadrans solaires qui indiquaient la profondeur de l'eau, pendaient les momies royales : celle de Borges, de la Sanseverina, de l'Anastolka. Tout cela était profondément ridicule. On aurait dit des dessins d'enfants. Et d'ailleurs, c'était ça.

Par les gros hublots ronds, le père, le fils et les momies admiraient les poissons rouges qui eux aussi admiraient nos amis, au point qu'on ne savait plus qui était le visiteur et le visité. Défilaient des poissons-chats, ils faisaient le gros dos et tiraient la langue; des poissons-sardines, avec des filets à crevette sur l'épaule; des poissons-requins, avec de grands couteaux à la main; des poissons-langoustes, et leurs robes crinolines mouillées; ils saluaient.

Nabokov poussait souvent des boutons, et quand des voyants rouges s'allumaient, il tirait des manettes bizarres au hasard, pour avoir l'air d'un amiral. Il grommelait dans sa barbe, le père :

– Du théâtre! Du semblant! Du vent! Du cirque! Voilà le monde que tu as bâti! Et fier de toi, tu ne dis rien, tu restes là à me regarder, à attendre que je t'envoie mourir tranquillement! Oh tu es content d'aller mourir! Pour toi, c'est fini. Tu as engendré un monde de carton-pâte où les âmes ne sont que des rats. Tu t'en vas mourir pour te punir d'avoir osé recréer le monde, mais aussi pour échapper à l'horreur de ton nouveau monde!

Tendrement la joue de Nabucco s'appuyait contre le verre du hublot. Il regardait doucement les poissons. Dans eux, sans doute, aussi, manœuvraient des rats (et dans les rats, etc!) qui tiraient sur les ficelles des nageoires et gonflaient, dégonflaient les branchies moites de ces baigneurs en celluloïd.

Sans fin descendait le sous-marin vers le fond de la mer verte.

Nabokov, sous sa casquette, les bras en bataille, les jambes alertes, tournait en rond.

– Et maintenant tu viens poliment me demander de t'envoyer dans le temps. Et comment veux-tu que je t'envoie dans le temps? Je suis tellement sûr que ma machine marche que je ne l'ai pas inventée. Je ne sais même pas ce qu'il faut faire pour fabriquer une machine à remonter le temps! Je ne sais pas comment il faut faire pour partir de cette époque pourrie!

Et ce brave Nabokov se mit à pleurer.

Oh oui, tout partait en ridicule. Et la mer était ridicule, aquarium tout vert avec des algues en matière plastique. Et Nabucco était ridicule, sa joue contre les hublots, les yeux tout bleus. Maintenant tout était fini. Dans lui sans doute s'amusaient les pattes, les dents, les griffes, les poils des rats. L'enfant fermait les yeux. Plus rien n'avait d'importance. Du toc, il était, lui aussi. Il décida de ne s'occuper que des rats qui vivaient son corps. Il les imagina, les uns sur les autres, frisant leurs moustaches, se grattant l'intérieur des pattes, léchant leurs poils; soudain ils décidaient de jouer au train, se posaient tous l'un derrière l'autre, et montaient, descendaient le long de sa tête, de ses pieds.

– Regarde, lui disait Nabokov.

Et sage, Nabucco regardait : par un grand hublot au fond de la mer, on voyait l'intérieur de la terre. Et l'intérieur de la terre était creux.

– Toi, murmura l'enfant.

6

Sous une ombrelle rose, toujours ce même jour, 25 décembre 1981, la petite Toi, lentement, enveloppée de châles noirs, quitta ses amies les oies sauvages. Elle jeta un œil tendre et ironique aux ruines de Rome. Elle jeta une oreille à la fête des rats, dont les bruits d'os entrechoqués s'entendaient à la ronde. Maintenant que les humains, enfin, ne sont que des peaux, des enveloppes vides, ces grands singes vont devenir peut-être intelligents.

Puis la petite fille immortelle et coquine leva les yeux, et les jeta tous les deux vers le ciel où vivaient les bébés. Abrico brandissait sa mitraillette; des gentils rats se promenaient au milieu des bébés et jouaient avec eux au chat et à la souris.

– Salut, petite fille, cria Abrico de haut.

Toi plissa la peau de son visage, et lui lança un sourire entendu des deux yeux. Puis elle s'enveloppa dans ses voiles. Le désert, ocre; ciel bleu.

Elle marchait assister au couronnement de celui qui avait désiré l'illusion de la naissance et de la mort.

Le désert de sable réchauffait la terre à l'infini. Y dormaient des statues. Vraiment quel délice, ce beau temps, ce soleil, et ces cris d'enfants, au loin, comme au bord de la mer. Le bonheur.

Un pied devant l'autre, Toi s'amusait à creuser des pâtés dans le sable. Qu'elle était heureuse, ce matin; et comme il faisait bon. L'air sentait le bout des doigts.

Merveilleux rats qui donnent du mouvement aux choses!

Dans ce monde transformé, ruiné, table rase de rats, de rates, Toi se sentait si légère, flottante de soleil, comme un ballon, un papillon, une boîte de porcelaine, habitée par d'amples mouvements qui rebâtissaient son corps. Elle ouvrit ses yeux verts jusqu'aux dents, et son crâne s'aplatit pour lui faire un petit chapeau, et soulager son ombrelle qui commençait à attraper des coups de soleil. Elle s'amusait à faire des grimaces pour changer la couleur du ciel. Des ailes lui poussèrent sur les bras.

Enfin, elle se trouva devant le fameux Squelette imbécile. La montagne stupide était tombée en poussière, comme tout le monde. Les os dépareillés du squelette reposaient en vrac sur la mince pellicule de sable qui protégeait le vide de la terre. Elle riait, Toi, elle riait, la petite fille douce; ses mille pattes grattaient les étoiles dessinées!

Du fond du décor arrive le cortège. Un âne le tirait. Un âne sur le sable qui ne lui reflétait point ses longues oreilles. Un âne qui doucement s'achemine balin balan berçant sa tête creuse. L'âne, c'est Je, qui, comme tout le monde, s'amusait à déguiser sa peau.

Un cocher fou fouettait : Nabokov!

Toute la famille était là, sur le désert. Les rats riaient beaucoup. Il est vraisemblable que chaque grain de sable soit un œil de rat. Toi se sentait aussi libre qu'un géranium.

Du fond des temps avançait l'âne, traînant la charrette. Sur elle, se laissait porter l'enfant. Vêtu de perruque blanche. Il allait, il allait, l'enfant. Et Je, lentement, appuyait ses pattes d'âne sur l'ocre du sable, montait et descendait ses longues oreilles, tant la charrette lourde, tant l'enfant lourd; oh Nabucco adieu, pensa Toi. Elle avait envie de faire un feu d'artifice avec ses doigts de pieds.

Le cocher fou claquait. Attachée derrière le char solennel, raclait le sable l'oie Chatterley empaillée, creusant un sillon, que nul laboureur ne sèmera.

Toi, aidée par les rats, se fabriqua un balai. Et sur son balai elle tournait autour du cortège funèbre. Il faisait un sacré ciel bleu pour un moment aussi terrible!

Quand l'âne Je s'arrêta devant le Squelette, Nabokov installa l'oie sur ses quatre pattes; elle était si mitée qu'il dut la clouer au sol afin qu'elle ne s'envole point. Le sable ocre de l'infini désert aimait le vent.

Puis le Père se tourna vers le contenu de la charrette, et s'adressa à la chose humaine qui maladroitement s'y tenait :

– Fils, accomplissez votre destin.

Notre ami l'âne se désharnacha, gratta ses poils rebroussés sous les harnais, chaussa ses lunettes, et en langage très châtié, invita le condamné à mourir!

– Monsieur mon frère, voici votre dernier moment parmi nous. Nous espérons que vous avez fait bon voyage.

Et l'âne Je se marra. Toi, sur son balai, ressemblait à un ballon rouge et chantait :

– Nabucco, hi han, Nabucco, hi han!

Le désert de sable ocre à l'infini sur la terre creuse : quel trac! Quel bonheur! Toi sentait les molécules du vent bercer ses cheveux.

Au loin, dans la ville sous son parasol de béton cassé, c'était la fête; les grands rires plus grands que la nuit, il faisait jour! la ville étincelle, et s'émerveille : couraient, couraient les rats, et les peaux des humains s'aplatissaient, se gonflaient, parlaient, se tordaient, dansaient. Les bras s'allongeaient, les têtes se ballonnaient puis rapetissaient.

Sur le sable, Nabucco, Nabokov, l'âne Je et la petite Toi : quel silence!

Le Squelette regardait Nabucco, tout pâle, dans ce petit matin, avec sa robe et sa perruque blanche, et Toi sur son balai s'arrêta de voler, ce fut un beau suspense tout frais, au soleil.

L'âne Je et l'oiseau Toi entourèrent l'enfant humain. L'âne lui tapa sur la tête :

– Regardez : voilà un spécimen d'une espèce en voie de disparition : l'homme! Faites-lui confiance, il ne deviendra pas autre chose que lui-même, avec des idées bien arrêtées; sa tête ne se divisera pas en deux, ses pattes ne se multiplieront pas comme un cancrelat, son nez ne s'allongera pas! Et maintenant il va mourir avant sa naissance pour suivre une logique chronologique : riez de lui. Dans sa peau il y a un squelette : quelle absurdité! Sa peau n'est pas extensible, elle reste bêtement dans une forme admise : quelle maladresse! Riez, riez de lui. Et maintenant, il va mourir alors que ça ne se fait plus.

Et l'âne Je offrait des coups à l'enfant-né! Et Toi riait! Nabucco reçut un coup d'oreille dans l'œil : il se mit à pleurer. Les rats environnants furent émus et grattèrent le sable de leurs griffes pour avoir l'air de compatir.

La petite oiseau Toi caressa Nabucco de ses plumes :

– Nabucco. Ne pleure pas. Tu t'es trompé. Maintenant, tu ne m'embêteras plus. Tu ne vas plus me coller comme un fils ou comme un mari. Meurs, pauvre petit homme. C'est fini.

Le vent se leva sur le désert. Le soleil jaune se frayait des rayons entre les dunes. Mais personne n'avait d'appareil photo.

Le vieux Nabokov claquait son fouet contre ces bêtes.

– Taisez-vous, faux dieux! hurlait le vieillard.

Et il installa tranquillement son fils chéri sur l'oie empaillée; Nabucco pleurait, sa tête ne voyait que le soleil.

– Mon petit. Jusqu'au bout tu as voulu rester mon fils, et pas te transformer en chèvre, en veau, en nuage. Va mourir en des temps plus cléments, va.

Dans le désert Nabucco regardait ce vieux père sans doute déjà mort. Il lui tardait maintenant de se retrouver dans le temps d'avant sa naissance; tout était si vide, ici. Il tenait un revolver très beau dans sa main très propre.

Un moment Nabokov resta la main sur la joue de son fils, puis il recula, lentement. Il savait bien que sonnait le moment de son ridicule. Car jamais il n'avait inventé une machine à remonter le temps, jamais il n'avait imaginé comme ça aurait pu fonctionner, et il n'avait trouvé que ce subterfuge ridicule de monter son fils sur le cadavre empaillé d'une oie, comme s'il espérait que cet animal serait assez magique pour transporter Nabucco deux cents millions d'années avant sa naissance. Et maintenant, sur le sable même de la réalité creuse, le vieux savant se rendait compte de l'impossibilité de ce transport. Il ne lui restait qu'à se tuer, lui, pour ne pas voir son fils rester là, tranquillement à notre époque, ruinant ainsi tout espoir de logique. L'âne et l'oiseau vont rire. Sans penser à autre chose qu'au ridicule où tombaient aujourd'hui la science, la raison et l'université, Nabokov prend une balle de son fusil de chasse et se la pose dans la tête. Boum!

Le coup de feu donna à l'oie le signal du départ dans le temps.

L'oie disparaît de ce temps, vole dans le blanc non vu.

Sur le sable plat ocre ne reste, sous le ciel bleu, qu'un âne, une oiseau, et le cadavre d'un savant débile et père.

Dans la ville, les peaux des hommes ressemblaient à des escaliers, à des maisons, à des rues, toutes blanches, belles, fleuries, et s'appelaient des soleils.

Alors Toi monta sur Je et ils marchaient vers la civilisation des bébés armés et des rats pleins de puces heureuses.

7

Sur le ciel de béton, au milieu des bébés ravis, Abrico jeta un coup d'œil sans paupière à cette scène terrible qui se déroulait sur le sable d'en bas : la disparition, la mort de son ancien ami, Nabucco. Le soleil de cette interminable journée du 25 décembre 1981 ne laissait aucune ombre sur ce mystère. Puis Abrico détourna la tête, comme si cela n'avait pas plus d'importance qu'un pet de puce sur une vague océane. Toi et Je arrivaient au ciel rejoindre cette bébée contemplative; le soleil et le ciel bleu caressaient tous les poils des mains. Les bébés gigotaient, entre les rates et les rats; ils bavaient des bulles multicolores et les jonglaient de leurs pieds nus potelés.

Alors Abrico passa sa main dodue sur ses cheveux frisés,

et, de sa petite voix pas plus forte qu'un sourire de termite, continua l'histoire des anges du XLe siècle :

– *Quand Chom ramènera l'avorton de la crèche dans son monde, il rapportera aussi une petite boîte dorée trouvée dans un petit reliquaire de cette lointaine planète des souvenirs. Et les six milliards d'humanoïdes, qui peupleront cette terre de l'an 3900, examineront cette petite boîte en même temps que Chom, puisque, comme vous le savez, chacun à cette époque pensera, verra, parlera dans la tête des autres. Chom, lentement ouvrira cette boîte : elle contiendra un livre où il y aura écrit des mots curieux. Et Chom lira. Et les six milliards d'humanoïdes, dans le plus grand silence, liront dans la tête de Chom. Et voici ce qu'ils liront. D'abord le titre : « Mémoires de Nabucco. » Puis le texte :*

« Pour mieux aller mourir dans le temps d'avant ma naissance, papa m'avait donné un beau livre sur les animaux de la préhistoire. Comme ça je pourrai les reconnaître avant de me tuer. Je le portais sur moi, ce beau livre, quand j'étais dans la charrette. Sur la couverture, il y avait un gros monstre avec beaucoup de dents qui poursuivait deux petits reptiles vert et jaune avec moins de dents.

« Le jour de ma naissance, j'étais très content. Je savais pas que je commettais une erreur, et que naître d'un père et d'une mère était une chose ridicule de nos jours. Maintenant je le regrette beaucoup. Mais j'ai de la suite dans les idées, et puisque j'ai commis cette erreur, tant pis je suivrai cette route stupide jusqu'au bout : je mourrai. Évidemment je trouve qu'on aurait dû me prévenir, qu'on aurait dû me dire : on peut très bien exister sans papa, sans maman, et c'est beaucoup plus drôle : on peut devenir oiseau, ou âne, ou éléphant (et moi j'aurai beaucoup voulu devenir éléphant, j'aime beaucoup les éléphants). Mais on m'a laissé naître comme si c'était normal, comme si tout le monde devait pas-

ser par là. Et j'étais tout fier! Vite je me suis rendu compte qu'aucun des enfants de ma génération – je pense surtout à Toi, à Je ou Abrico – ne s'était donné le ridicule de naître. Bien au contraire, ils bousculaient, en le recréant, les habitudes du monde de la terre. Ils construisaient des choses sans consistance, plus légères que l'air, et qui seront les vivants futurs, bulles d'eau. Et moi, je restais comme un pauvre lourdaud, embarrassé du fardeau d'une maman et d'un papa.

« Tout ça c'est bien compliqué pour moi. Je suis passé à côté. J'ai écouté mon père, et puis ce monsieur qui se disait être le Bon Dieu. Alors je vais mourir.

« Je suis un petit garçon de sept ans. Toi se moquait beaucoup de moi, et elle avait raison.

« Ils avaient raison de rire, quand j'ai chaussé l'Oie. C'est ridicule de monter sur une oie quand on va mourir. Et papa ne pouvait même pas me consoler. Et puis ma maman était morte.

« L'oie a très bien marché. J'ai eu beaucoup peur un moment, parce que j'ai pensé que mon papa saurait pas me faire mourir. Mais je suis bien parti quand même : j'ai eu des vertiges, et je me suis retrouvé deux cents millions d'années avant. J'ai fermé les yeux. Je pensais à ma maman. J'aurais préféré mieux connaître ma maman. J'y pense tout le temps. J'aurais préféré une maman qui me raconte des choses, qui me fasse visiter des villes et des musées. J'ai vraiment tout raté. J'ai pleuré. Puis j'ai pensé qu'il m'arrivait une chose extraordinaire : j'étais dans la préhistoire, j'étais dans l'ère secondaire. Mon cœur battait beaucoup.

« Je sentais le duvet froid de l'oie entre mes cuisses. On entendait des grignotements. Je pensais : je vais bientôt ouvrir les yeux, et alors je vais voir tout ce qu'il y a dans le livre que je serre contre mon cœur : les étangs froids et

verts, d'où sortent des gros arbres comme des artichauts; des fougères; et des reptiles qui courent partout; des oiseaux avec des becs de crocodile et des ailes huileuses; et des géants aux peaux d'écailles, avec des griffes terribles. J'allais voir tout ça. Mais je préférais attendre un peu, parce que j'avais un peu peur de voir tout ça. Et puis parce que, quand j'aurais vu tout, je devrais me tuer.

« Je suis resté les yeux fermés, à penser. Dans le noir de mes yeux, j'imaginais la petite Toi. C'était mon amie. Elle a eu beaucoup raison de m'abandonner. Comment une petite fille peut-elle supporter ou même aimer un petit garçon qui reste un petit garçon, qui reste toujours avec deux oreilles, un nez, une bouche, un ventre, qui ne se change pas en nuage, en fusée, en boîte, ou en cafard? Moi je ne suis pas intelligent du tout, je suis quelqu'un de très rationnel, qui va logiquement mourir avant sa naissance, pour renaître. Je suis profondément banal. Je fermais les yeux, parce que j'avais peur de moi. Finalement, mes amis m'avaient rejeté de leur temps. Oui, avec mon père et ma mère, j'étais un être préhistorique, un pauvre homme des temps anciens, mon propre temps.

« Je n'osais toujours pas ouvrir les yeux, préférant le noir à la terrible préhistoire que je savais que je verrai, ces forêts froides et humides où coulaient lentement les reptiles.

« Quand j'ai ouvert les yeux, j'étais tellement certain de ce que j'allais voir, que j'ai d'abord vu ce que je croyais voir. Ce n'est que petit à petit que je me suis rendu compte que tout était rouge.

« Il faisait beaucoup de soleil. Des grains rouges me couraient sur le corps. Je sentais des petites pattes. Je m'étonnais dans le silence. J'ai attrapé un point rouge : je l'ai mis devant mon œil : une coccinelle!

« Des nuages de petites coccinelles rouges grimpaient sur

mes mains, mes yeux, mon ventre! Où étais-je? et où étaient les dinosaures? En vérité, pas un pouce de terre, d'herbes, d'arbres, d'eaux et de montagnes n'étaient visibles : il n'y avait que des monticules, des pics, des avenues, des déserts, des lacs de coccinelles, petits points rouges piqués de noir. Avançant dans les coccinelles jusqu'à mi-mollet, je fis quelques pas. Ces bestioles se fichaient partout : dans mes trous de nez, dans mes yeux, dans mes oreilles, dans mes cheveux. J'étais au bout de l'étonnement. A vrai dire, j'étais ravi. Le voyage valait le détour. Mon cœur battait au rythme des ailes des coccinelles. Oh Toi, ma petite Toi, pourquoi ne vois-tu pas ça avec moi? J'avançais. Je riais. J'ai pris une coccinelle sur le bout de mon pouce : toute gentille elle salua, essaya de me dire quelque chose, je l'ai approchée de mon oreille, mais je n'ai rien entendu. Bientôt je me rendis compte, à grand renfort de rires, que de grandes cages avaient été dressées par les coccinelles; de grandes cages de fer noir où étaient renfermés les animaux préhistoriques qui ressemblaient à ceux de mon livre. Nageant dans les coccinelles, je visitais les reptiles, les grands sauriens. Ils pleuraient au fond de leur cage, ils tremblaient. Ils avaient l'air inoffensif, et semblaient beaucoup moins grands que l'imagination les conçoit. Beaucoup avaient la pelade, et manquaient de dents. Dans d'autres cages s'amassaient des décors de théâtre : arbres peints en trompe-l'œil, lions de carton, hippopotames de matière plastique, chevaux de bois sans épaisseur, panneaux peints représentant des temples égyptiens, romains, façades de villes moyenâgeuses, façades de gratte-ciel. De temps en temps le vent soulevait les milliards de milliards de coccinelles, et je n'y voyais plus rien : les coccinelles coulaient le long de mes yeux. J'ai passé les coccinelles de mes mains sur les coccinelles de ma tête et je me fuis gratté les coccinelles.

« Oh maman, puisque tu existes, est-ce cela l'ère secondaire? Le règne des coccinelles? Bien sûr les savants n'ont pu retrouver leur squelette, puisqu'elles n'en possèdent point! Est-ce vraiment ça le temps d'avant ma naissance? Oh j'aurais tant voulu trouver quelque chose de solide où mourir, comme il est écrit dans les livres.

« Je suis un petit enfant de sept ans tellement vieux, tellement fatigué. Et où est mon oie? Elle est perdue sous les coccinelles. Moi aussi je suis perdu sous les coccinelles. Je vais me tuer, je vais renaître, et je ne serai jamais tranquille. Je voudrais bien m'asseoir dans un coin et réfléchir tranquille. Mais j'ai des montagnes de coccinelles remuantes jusqu'à mi-ventre. Si je m'assois, la montagne grouillante de pattes va envahir complètement la bouche!

« Elles me pinçaient les oreilles, sous les bras, me griffaient les mains, je tremblais. Maman est morte. Alors j'ai pris le revolver chinois couvert de coccinelles que m'avait donné papa, et j'ai appuyé le revolver contre les coccinelles. Je suis creux. Je suis un décor. La balle ne fera qu'un petit trou. Oh je voudrais tant pouvoir penser tranquille. La balle a fait un petit trou.

« Et je me suis retrouvé dans une pièce blanche, et il y avait une dame – ma maman! – et un monsieur – mon papa! –, ils disaient tout haut : Nabucco; et Nabucco, c'était moi. J'avais le vague sentiment d'avoir vécu tout ça avant. J'étais un peu fatigué et pas content. Dans la pièce, il y avait aussi une petite fille qui me plaisait beaucoup (elle tenait un poupon dans ses bras) et un petit garçon qui ne me plaisait pas du tout.

« On habitait à Rome, avec papa et maman, et maman est devenue un peu folle, elle croyait avoir changé d'enfance; on l'a soignée, mais on l'a pas guérie. Papa aussi était un peu malade : il se croyait russe alors qu'il était italien.

Comment veut-on qu'avec des parents comme ça, je sois normal. D'ailleurs, j'ai pas du tout envie d'être un enfant normal. D'ailleurs, quand je suis né, j'étais beaucoup trop grand pour mon âge : j'avais cinq ans.

« On m'a montré à un médecin et il a dit : celui-là, il a l'air d'avoir déjà vécu. J'ai beaucoup pensé dans ma tête, et je me suis tout rappelé : la savane pleine de lions, la création de Rome, mon envie de naître, et puis ma mort avant ma naissance au milieu des coccinelles. J'ai failli tout dire au médecin, et puis j'ai pensé qu'il me prendrait pour un fou; alors j'ai simplement regardé très fort le docteur, et le docteur a rien vu.

« Faut bien dire qu'à cette époque, la fin du XXe siècle, le monde n'allait pas bien du tout. On était au début d'une grande mutation, et les humains essayaient de rompre avec leur passé, pour trouver un avenir meilleur. C'était très compliqué.

« J'ai grandi et j'étais pas tellement heureux. J'avais toujours mes trois amis, le petit garçon qui ne me plaisait pas et qui s'appelait Je, la petite fille qui me plaisait de plus en plus et qui s'appelait Toi, et le poupon qui me faisait peur : Abrico. Mais eux, c'était pas comme moi, ils étaient immortels, et papa et maman n'aimaient pas beaucoup que je joue avec eux parce qu'ils pourraient me donner de mauvaises idées.

« Le petit Je était très méchant avec la petite Toi, il lui faisait plein de misères et l'enfermait dans le placard à balais. Alors moi, j'ai sauvé la petite Toi, j'ai été très gentil avec elle, et on s'aimait beaucoup, elle avait des tresses. Mais elle se moquait de moi, parce qu'elle savait que j'allais mourir. Et moi j'avais très peur parce que je savais que papa m'amènerait bientôt devant un squelette et me dirait que c'est mon squelette et que je dois aller rejoindre ma mort

pour renaître encore. J'avais très peur de ça, je redoutais beaucoup ce moment-là, et souvent la nuit je rêvais et il y avait des petits nains qui rigolaient.

« Et puis un jour cette catastrophe tant redoutée est arrivée, mon père m'a dit tout ce que j'avais prévu, il y avait le squelette. A cette époque, papa était gouverneur de la ville. J'avais l'impression de redoubler ma classe, tout se déroulait comme dans mes souvenirs.

« Je suis parti de la maison – maman était morte – pour fuir mon père et ma mort. Je voulais échapper à mon destin, mais je suivais pas à pas les souvenirs de mon destin. Je suis parti de par le monde et les gens étaient déguisés en fleurs, en arbres et en animaux, j'avais très peur. J'essayais de me fondre dans le monde, mais je savais que j'allais mourir et renaître, sans cesse suivre un temps circulaire, jamais je ne saurais ce qui se passera après ma mort, ce que vont devenir et Je et Toi et Abrico, oh je voudrais tant échapper à ce cercle infernal de la naissance et de la mort, oh après ma mort, mes amis éternels, ils vont sans doute bien s'amuser, et moi je vais recommencer, toujours, à faire des gestes que je saurais par cœur, à jouer la même pièce!

« Je savais qu'une vieille femme et un pantin de bois me retrouveraient, que la vieille était Toi, et le pantin le Bon Dieu, et qu'ils m'obligeraient à retourner mourir chez papa. Oh je voulais pas. Et quand la vieille et le pantin m'ont capturé, j'ai voulu leur dire que je savais qui ils étaient, j'ai voulu dire à la vieille : bonjour petite Toi, pour ne pas répéter exactement mon rôle, pour changer ma vie, mais je n'ai pas pu, et j'avais beau forcer ma langue, je disais toujours les mêmes répliques que la première fois.

« Alors est arrivé le moment tant prévu où le Bon Dieu de bois allait me dire de partir mourir, et je savais que je ne pourrais pas faire autrement que de suivre son désir. Comme

la première fois je me suis bouché les oreilles, comme la première fois Dieu m'a parlé, et je voyais sa bouche qui s'ouvrait se fermait, oh il me parlait, Dieu, et puis, je ne sais pas pourquoi, pour l'unique fois de ma seconde vie, je n'ai pas répété bêtement les gestes de la première, et, avant que Dieu s'arrête de parler, j'ai débouché mes oreilles, et j'ai entendu que Dieu ne me parlait pas, qu'il ne faisait qu'articuler, j'ai entendu que je n'entendais rien.

« Alors j'ai compris que je venais de rompre le cercle vicieux de la naissance et de la mort, j'étais très content de moi. J'ai sauté en l'air, et j'étais très léger, et beau, et mignon, et adorable!

« Je suis revenu, l'âme tranquille, chez papa. Il m'attendait, le bougre. Le monde allait de plus en plus mal : des guerres partout, des champs de ruines, des morts bouffés par les rats.

« Et quand, le 25 décembre 1981, je me suis retrouvé devant mon père, il m'a dit : allez, mon vieux, on va mourir, on va échapper à ce monde pourri, j'ai dit : Va te tuer tout seul, pauvre diable, moi je reste ici m'amuser.

« Et j'ai attrapé mon squelette, mon beau squelette tout blanc qui gisait sur le sable, et on est parti tous les deux, bras dessus, bras dessous, et je chantais : je suis immortel, immortel! Enfin je vais pouvoir suivre mes petits amis, Je, Toi, Abrico, et les bébés, et Saïse, dans les temps et les temps, on va être heureux. »

Ici s'arrêtera le manuscrit des Mémoires de Nabucco que Chom trouvera dans la boîte en l'an 3900. Les six milliards d'humanoïdes qui liront ce texte dans la tête de Chom en même temps que lui ne comprendront rien à cette étrange histoire d'un autre temps.

Mais nous (et Abrico, aux yeux de velours, regardait un à un tous les bébés) *nous connaissons bien cette histoire, c'est celle de notre ami Nabucco, qui a voulu naître et mourir et qui, après un long détour, va venir nous retrouver : allons l'accueillir!*

Abrico se tut. Ses joues étaient rouges de bonheur. Les bébés mangeaient de la confiture à la groseille, à même le pot. Alors toutes, tous, et Je, et Toi, et Abrico, et les pots, et les bébés joufflus, et Saïse, se traînèrent vers le rebord du ciel de béton un peu en ruine, et regardèrent plus bas le désert de sable ocre sous le ciel bleu; là, tout petit, s'avançait Nabucco, avec son chapeau melon et son parapluie, il tenait son squelette à la main, et dansait avec lui bras dessus, bras dessous, chantant : Je vais pas mourir, je vais pas mourir.

Épilogue

Toujours volaient les oies sauvages, au-dessus des marées, des histoires, des fleuves et des coups de pied. Aujourd'hui se levait le vent. Et des nuages gris, mêlés de nuages noirs. Le sable des déserts prit sa couleur terne, boudeuse et froide des jours de pluies. Le vent siffla dans les oreilles des oies, et sur terre les arbustes vert foncé courbaient leurs branches humides. De temps en temps, d'entre les nuages, osaient transparaître quelques rayons frileux d'un invisible soleil, et les mouettes du bord du fleuve sursautaient.

Depuis la mort tragique de Lady Chatterley, c'est Anna Karenine qui avait accepté la direction générale du vol des oies sauvages. Elles patrouillaient au-dessus des ruines de Rome et le ciel de béton de cette cité cassée tombait en lambeaux comme une vieille tapisserie. Partout, sur le sol, se traînaient des peaux humaines, vides.

Elles volaient tranquillement, blanches et sauvages, et pour la mille et unième fois se racontaient leur vie, quand soudain, une toute jeune oie, qui s'appelait Temple, tendit une plume de ses ailes vers un groupe de petits humains qui descendaient des plâtres tordus du ciel de la ville abandonnée. Ses compagnes blanches arrêtèrent immédiatement leur vol, et tapant l'air de petits coups secs pour rester immobiles, les têtes plongées vers le sol, les yeux écarquillés, commentèrent ce passionnant spectacle. La Karenine, sentant du remue-ménage derrière son dos, se retourna en équilibre sur une aile et rida son vieux front.

– Que se passe-t-il, mes sœurs, et pourquoi ce vacarme?

– Oh, madame, répondirent les autres oies, regardez ce tas d'enfants quittant Rome et se dirigeant vers une fusée!

En effet, dans les marais aux arbustes secs, sous le gris ciel, attendait une fusée, long et haut cylindre bombé de métal hurlant. Et une foule de bébés s'y rendait, marchant maladroitement sur leurs pattes écartées, tombant souvent, la plupart nus, quelques-uns enveloppés de torchons troués, et traînant des pelles, des seaux, des marteaux en matière plastique, des trains électriques, des poupées, des clairons, des chevaux de bois, des déguisements d'infirmières et de mousquetaires, et des provisions considérables de confitures bien cuites et de couscous. Il y avait aussi une petite fille qui sautait à la corde et ses tresses sautaient plus vite que la corde; elle riait, le vent sifflait entre les roseaux.

Toutes les oies s'étaient réunies autour de la Karenine, chacune se retenant aux plumes de l'autre, et pédalant des pattes pour ne point perdre l'altitude; elles questionnaient leur cheffe à qui mieux mieux :

– Qui c'est la petite fille, qui c'est?

La Karenine, dans le ciel gris, bousculée par les ailes de ses copines, avait beaucoup de mal à étendre les siennes, aux lourdes plumes baguées de rubis; la nouvelle Reine tendit le bec, ouvrit très fort ses yeux de longs cils et reconnut la petite fille :

– C'est Toi, dit-elle; la plus mignonne des petites filles. C'est l'avenir du Monde.

Les bébés, en bas, balin balan, arrivaient tout près de la fusée, et sautaient de joie sur leurs petits pieds si légèrement qu'ils ne laissaient même pas de trace sur le sol mouillé. Devant eux, comme menant cette marche triomphale vers le cylindre de métal hurlant, un curieux poupon, d'une curieuse matière brillante comme du celluloïd, avançait méthodiquement, les yeux grands ouverts et lumineux, les cheveux d'or.

– Et celui-là, qui c'est, qui c'est?, criaient les oies en un bloc de plumes qui s'excitaient de plus en plus.

La Karenine se secoua; ses compagnes lui pompaient un peu l'air, mais elle se devait de faire leur éducation. Plissant les yeux – un rayon de soleil oblique entre les nuages noirs blanchissait les plumages de ces dames – elle reconnut le poupon, et se gratta la tête avec une plume pour trouver une explication adéquate :

– Celui-là, mes sœurs, ou celle-là, c'est un bien curieux personnage. C'est peut-être un Dieu ou une Déesse, et se nomme Abrico. Abrico a des idées sur tout, est un peu ennuyeux, ou ennuyeuse; et peut devenir dangereux et dangereuse!

– Et là? Et là?

Elles perdaient leurs plumes à se cogner, à brasser l'air pour rester au niveau de la scène, les yeux hors des têtes, et les cous blancs à droite, à gauche, pour tout voir; elles montraient un autre personnage, au milieu des bébés, un petit garçon en costume très chic qui marchait vers la fusée bras dessus bras dessous avec un squelette.

– Ça, c'est Nabucco, répondit Anna Karenine; comme tous les autres, il est immortel. Mais il n'a pas toujours été sage : un jour il a voulu naître et mourir, et ça a fait tout plein d'histoires, et ça a embêté tout le monde. Maintenant, il est rentré dans l'ordre.

Elles commentaient, les autres, répétaient les paroles de la Karenine, et de plumes à plumes, d'oreilles à bec, gloussaient, s'effrayaient, secouant leurs ailes de haut en bas, disant : ouh là là, ouh là là! Anna en avait assez, ses plumes baguées lui pesaient, toutes ces questions lui tournaient la tête et puis il faisait frisquet.

– Allons, dit-elle, la récréation est finie, nous devons être à Téhéran ce soir.

Et l'oie gouvernante écarta ses sœurs de ses ailes, reprit son vol, élargissant son buste, fendant l'air, brisant le vent.

Plus bas, dans les marais, Je tenait grande ouverte la porte de la fusée, et engouffrait dedans les bébés, les jouets, les nourritures, les milliers de rats, d'hippopotames, de lions, d'éléphants, de puces, et les brouettes pleines d'ordinateurs. Il avait toujours son costume trop grand d'agent de police, et tenait sur sa tête d'enfant de cinq ans un bonnet d'âne. Il entassait tout ce beau monde dans la fusée; quand Nabucco passa devant lui, il serra très fort la main de son squelette.

Maintenant, tous les enfants, les jouets, les bébés, sont dans la fusée. Je regarde un peu le vent dans les roseaux, puis ferme hermétiquement la porte de métal.

Dans le ciel gris, les oies n'arrivaient pas à détacher leurs yeux de cet avion sans ailes pointé vers l'espace; elles volaient à contrecœur, d'une plume distraite, la tête en arrière.

– Et où vont-ils, et où vont-ils? demandaient-elles.

Anna Karenine, qui volait déjà loin devant, se retourna, regarda la fusée, les ruines des villes humaines, et les eaux tranquilles des marais gris. Des larmes coulaient lentement sur son bec, elle chuchotait :

– Je ne sais pas. Ailleurs peut-être. Vivre de nouvelles aventures. A bientôt, mes enfants.

Et l'oie se détourna, la tête vers le ciel, le cœur comme une éponge d'eau, déployant toutes ses plumes, les larmes aux yeux, voyant dans la brume, plus loin que les nuages gris, les grandes galaxies et les autres soleils.

(A suivre)

DU MÊME AUTEUR

nrf

LA PROMENADE CASSÉE
LES AUTOCOINCÉS

Chez d'autres éditeurs :

MILLE PATTES SANS TÊTE (Hallier, *Prix des Deux-Magots 1976*)
DANS L'INTIMITÉ DU TORO (Hallier)
L'ANTI-ÉDITEUR (Hallier)
ÉCRIRE C'EST VENDRE (Hallier)
VENTRE BLEU (Balland, coll. « L'instant romanesque »)
JE SUIS LESBIEN (Balland)

Cet ouvrage
a été achevé d'imprimer
sur les presses de l'Imprimerie Floch
à Mayenne, le 30 janvier 1980.
Dépôt légal : 1er trimestre 1980.
N° d'édition : 26171.
Imprimé en France.
(17659)

26171